미니탭 14와

서비스 식스 시그마

임성욱 · 윤성필 · 안승철 · 김건호 · 설영덕 · 홍석수 저

자유아카데미

머리말

식스 시그마는 기업으로 하여금 자원의 낭비를 극소화하면서 동시에 고객만족을 증대시키는 방법으로, 일상적인 기업 활동을 설계하고 감독하여 수익성을 향상시키는 "비즈니스 프로세스"라고 정의할 수 있다. 기업들의 이러한 식스 시그마 활동은 도로에서 흔하게 접하는 주유소 상표(sign pole) 등에서 확인할 수 있다.

이 책에서는 요즘 산업 전반에 걸쳐 널리 활용되고 있는 식스 시그마 경영활동의 개념과 추진 전략을 이해하기 쉽게 설명하려고 노력하였다. 또한, 식스 시그마 경영을 추구하는 서비스 기업에서 그 개념을 보다 쉽게 이해하고 적용할 수 있도록 하기 위해서 서비스업종에 맞도록 내용을 구성하였으며 산업 현장에서 많이 활용하는 통계 패키지 MINITAB(윈도우용 Release 14)을 함께 다루었다.

이 책은 크게 세 부문으로 나누어져 있다.

1장에서는 식스 시그마 경영에 관한 보편적 개념과 서비스에 맞는 식스 시그마 경영에 관해 체계적으로 정리하였으며, 2장에서는 식스 시그마 경영의 프로세스(DMAIC)를 실행할 때 널리 사용되는 통계 프로그램인 MINITAB의 기본 활용법을 상세히 기술하였다.

식스 시그마 프로세스 DMAIC에 맞추어 3장에서는 식스 시그마 프로세스 가운데 반드시 해결해야 하는 문제점들을 파악하고, 이를 정의(Define)하는 단계를 주로 다루었으며, 4장 측정(Measure)에서는 고객의 요구 사항과 그 충족 정도를 평가하는 데 필수적인 기초적 통계 지식과 측정 시스템, 서비스업에서 필요한 조사 방법론을 체계화하였다. 그리고 주어진 자료를 분석하여 모집단에 대한 추정과 검정을 수행하는 단계인 분석(Analyze)은 5장에서 다루었다.

6장 개선(Improve)에서는 분석 단계에서 얻어진 중요한 인자를 확인하고 최적화하는 조건을 찾는 방법과 다양한 개선 아이디어를 찾을 수 있는 방법을 소개하였으며, 7장에서는 이를 관리(Control)하는 단계과 사무 간접을 위하여 표준화방법에 대해서 중점적으로 기술하였다.

저자들은 특히, 통계학 분야에 익숙하지 않은 독자들을 고려하여 각 장의 내용을 가급적 이해하기 쉽도록 기술하는 데 많은 노력을 기울였다. 또한, 부족한 부분은 MINITAB 연습을 통해 문제를 스스로 해결하는 능력을 갖출 수 있도록 그 사용법을 체계적이고 상세하게 정리해 두었다.

저자들은 이 책이 품질 관리 현장이나 이를 관리·감독하는 경영자들이 업무를 수행해 나가는 데도 이 책이 유용하게 활용되었으면 하는 바람이다.

끝으로, 어려운 여건 속에서도 이 책을 기꺼이 출판해 주신 자유아카데미사 임직원 여러분께 깊이 감사드린다.

2006년 12월

저자 일동

Contents

목차
contents

Chapter 3 ‖ 정의 Define

Chapter 4 ‖ 측정 Measure

Contents

Chapter 5 ∥ 분석 Analyze

section

Chapter 6 ∥ 개선 Improve

section

식스 시그마

1 chapter

1.1 section 식스 시그마의 개념의 탄생과 발전

모토로라는 일본을 비롯한 신흥국가의 회사들과 품질경쟁을 하면서 강한 위기를 맞게 된다. 아트 선드리(Art Sundry)의 "모토로라의 진짜 문제는 품질이 형편없다는 점이다"라는 발언이 계기가 되어 제품생산에 있어서 고품질과 저비용 간의 중요한 상호관계를 밝히게 되었고 회장이었던 갤빈(Galvin)은 품질경쟁력을 획기적으로 향상시키기 위해 "모든 부문에서 10배의 품질향상"을 발표하였다.

1985년 커뮤니케이션 부서의 엔지니어였던 빌 스미스(B. Smith)는 다음과 같은 아주 흥미로운 사실을 발견하게 된다. 그 내용은 "생산공정 중에 어떤 결함이 발견되어 수리작업을 거친 제품을 소비자에게 판매하면, 그 결함 때문에 보지 못했던 다른 결함들이 사용초기에 발생하며, 생산공정 중에 아무런 결함이 발견되지 않은 제품은 고객의 손에 넘어가더라도 문제가 발생하지 않는다."는 것이다.

이러한 발견은 공정 중에 어떠한 결함이 있었든 지간에, 엄격한 검사와 수리를 통해 출하불량률만 낮추면 된다는 기존의 검사 중심 품질관리의 한계를 명백히 일깨워 준 것이라 할 수 있다. 제품이 소비자의 손에 넘어간 후에 문제가 발생하는 것을 방지하려면, 생산공장에서 최초에 올바른 작업을 수행하여 문제의 발생 자체를 사전에 방지해야 한다는 것이다. 이 보고서에서 사후 검사를 통해서는 품질을 관리할 수 없으며, 프로세스 자체에서 문제의 근원을 찾아 제거해야만 완전한 품질을 달성할 수 있다는 중대한 사실을 알게 되었다.

모토로라의 정부용 전자기기 부문에 근무하고 있던 마이클 해리(Mikel J. Harry)와 그의 동료들은 품질을 향상시키는데 통계지식을 활용한 통계적 기법을 착안하였는데 이것이 1987년 갤빈 회장의 주도로 진행해온 품질개선운동과 결합하여 탄생한 것이 식스 시그마 품질혁신운동이다.

그 후, 해리는 '식스 시그마 인스티튜트'를 열고 연구를 거듭하여 식스 시그마 컨셉에 의한 높은 수준의 엔지니어링 기법과 관련기술을 체계화하여 발전시켰다.

식스 시그마 품질혁신을 통해 강력한 품질경쟁력을 확보하게 된 모토로라는 1988년 제1회 말콤 볼드리지 미국품질상을 수상했고, 미국이 일본에게 빼앗겼던 고객과 시장을 되찾았다.

얼라이드시그널의 CEO인 로렌스 보시디(Lawrence A. Bossidy)는 식스 시그마를 도입하여 모든 종업원에게 식스 시그마 혁신전략에 대해 교육을 실시하였고, 경영활동에 접목시켜 품질경영의 도구로 활용하였다. 보시디로부터 식스 시그마의 성과를 들은 잭 웰치(Jack Welch)가 GE에 식스 시그마를 도입하고 강력하게 추진함으로써 회사의 수익성을 극적으로 향상시킨, 놀라운 성공이 미국 월스트리트의 재무분석가들로부터 인정을 받으면서 식스 시그마의 확산 속도는 급속히 빨라졌다.

1.2 식스 시그마의 개념

section

식스 시그마는 시그마(σ)라는 통계척도를 사용하여 모든 품질수준을 정량적으로 평가하고, 문제해결 과정과 전문가양성 등의 효율적인 품질문화를 조성하며, 품질혁신과 고객만족을 달성하기 위해 전사적으로 실행하는 21세기형 기업경영 전략이다. 시그마란 실제 공정에서는 평균을 기준으로 한 허용한계 내의 산포를 나타내기 위해 사용되고, 시그마 수준은 프로세스의 질을 나타내는 용어로 사용된다. 시그마 수준이란 결함 없이 작업을 수행할 수 있는 프로세스의 능력을 말하는 것으로 공정중심에서 규격한계까지의 거리가, 표준편차(σ)의 몇 배가 되는가를 나타낸다. 기업에서는 이 시그마수준을 제품 및 서비스 프로세스의 질을 평가하는 척도로 사용하고 있다. 식스 시그마란 사실상 식스 시그마수준을 의미하는 것으로 공정중심에서 규격한계까지의 거리가 표준편차의 6배가되는 거의 완전무결한 수준을 의미한다.

그림 1.1은 규격중심이 200이고 규격하한과 규격상한이 각각 188과 212일 때, 각 표준편차별 시그마수준을 나타내고 있다.

식스 시그마 품질수준의 의미를 좀 더 살펴보면, 모든 제품의 불량이 100만개 중 3.4개라는 것을 의미하는 것이 아니라, 생산되는 제품이 무결점 상태, 즉 100만번 기회 중의 결점수(Defect Per Million Opportunity: DPMO)가 3.4개라는 것을 의미한다. 이는 제품 전체에 대한 불량을 의미하는 것이 아니라 100만 번의 기회 중 평균 3.4개의 결함이 발생하는 것을 의미한다.

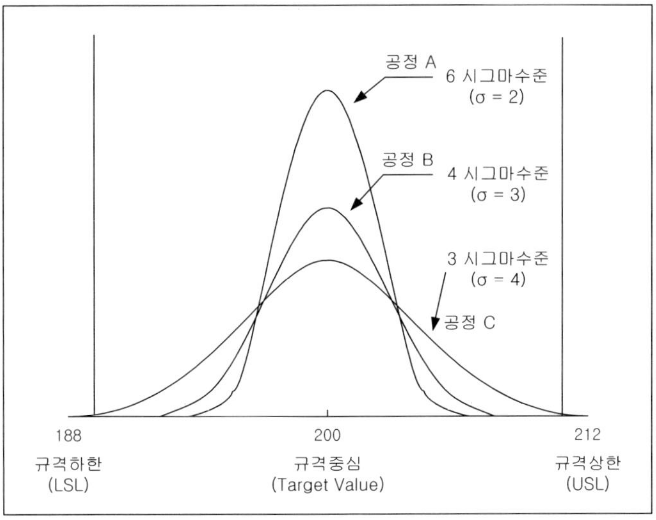

그림 1.1 시그마수준과 표준편차(σ)와의 관계

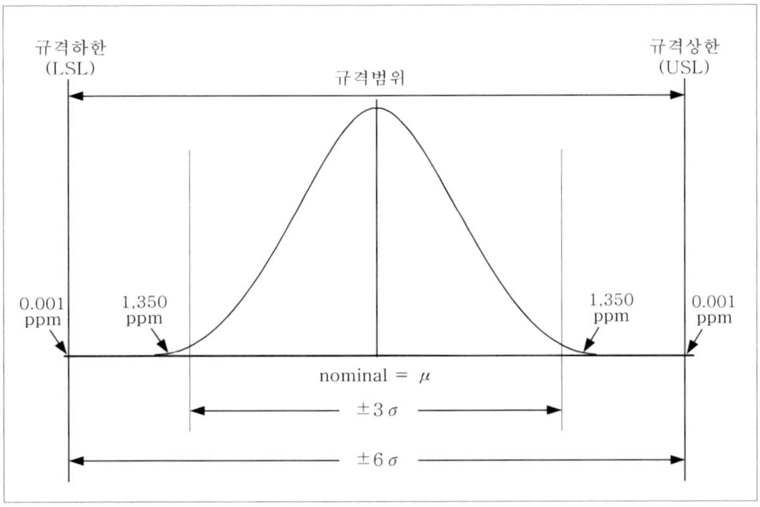

그림 1.2 평균이 명목치에 일치하는 식스 시그마 프로세스

그림 1.2에서와 같이 데이터가 정규분포를 따른다고 가정할 경우, 분포의 중심을 기준으로 ±3σ 내의 면적은 전체 면적의 99.73%를 차지한다. 그리고 ±6σ 내의 면적은 전체 면적의 99.9999998%를 차지한다. 수치상으로 보면 3σ 수준과 식스 시그마수준은 엄청난 차이가 있다는 것을 알 수 있다.

공정중심이 목표치와 일치하는 경우 규격하한과 규격상한을 벗어날 확률이 각각 1,350PPM이고 불량률은 모두 2,700PPM이 된다. 그러나 공정중심이 1.5σ 위로 이동한다면 규격하한을 벗어나는 것은 없지만 규격상한을 벗어나는 것이 66,807PPM으로 대폭 증가하게 된다.

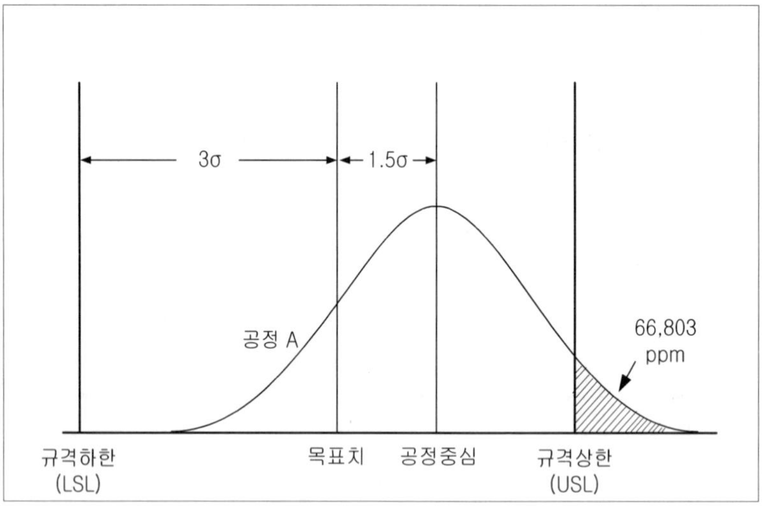

그림 1.3 공정중심이 목표치에서 1.5σ벗어난 경우

장기 공정에서는 여러 가지 원인으로 공정중심이 목표치에서 벗어나 이동할 수 있다고 가정하고 있으며, 보통 모토로라의 경험치 ±1.5σ 를 장기공정에서의 이동 폭으로 사용하고 있다.

| 표 1.1 | 시그마수준별 결함률의 크기 (단위: PPM)

시그마수준	공정중심이 목표치에서 벗어나지 않을 경우	공정중심이 목표치에서 1.5시그마 이탈할 경우
1	317,400	697,700
2	45,400	308,537
3	2,700	66,807
4	63	6,210
5	0.57	233
6	0.002	3.4

1.3 section 식스 시그마의 현실적 의미

100만개 중에 3.4개의 불량만을 허용하는 품질수준이라는 식스 시그마의 정의는 목표치이자 상징적인 의미를 갖고 있다. 식스 시그마 활동은 궁극적으로 기업경영의 수익성을 개선하기 위한 것으로서, 식스 시그마 수준이란 우리가 최선을 다해 노력하면 도달할 수 있는 최고의 품질 수준을 의미하고 있다. 식스 시그마는 "회사로 하여금 자원의 낭비를 극소화하면서 동시에 고객만족을 증대시키는 방법으로, 일상적인 기업활동을 설계하고 감독하여 수익성을 엄청나게 향상시키는 비즈니스 프로세스"라고 정의하고 있다. 식스 시그마의 의미는 "고객의 관점에서 품질에 결정적인 영향을 미치는 요인(CTQ: Critical To Quality)을 찾고 개선 프로젝트를 해결할 수 있는 인재들을 양성하며 과학적 · 통계적 기법을 적용, 경영 전 분야에 걸쳐 무결점 품질을 추구함으로써, 품질불량으로 인한 손실비용을 제거하고, 프로세스의 질을 높임으로 기업경영 전 분야의 원가를 획기적으로 절감하기 위한 기업전략"이다.

일반적으로 식스 시그마는 다음과 같은 복합적인 의미를 함축하고 있다.

① 통계적 척도(Statistical Measurement)로서 모든 프로세스(제조 · 사무 · 서비스 등의 업무를 수행하는 시스템)의 품질수준이 식스 시그마를 달성하여 불량률이 3.4PPM 또는 결함 발생기회수 3.4DPMO이하로 하고자 하는 기업의 품질혁신 전략이다. 과거에는 제조공정의 품질수준만을 지표로 나타내어 사용하였으나, 식스 시그마에서는 모든 프로세스를 시그마수준으로 환산하여 품질수준을 측정한다.

시그마수준은 객관적인 통계수치로 표현되기 때문에 유사하거나 상이한 제품이나 서비스 그리고 프로세스를 비교할 수 있으며, 능력을 측정함에 있어 동일한 척도를 제공한다.

② 기업전략(Business Strategy)으로서 모든 프로세스의 식스 시그마라는 품질수준의 목표를 가지고 있으며, 혁신적인 개선이 요구된다. 기업은 최상의 목표인 비전(Vision)을 설정하고, 이를 달성하기 위해 각 부서의 미션과 구체적인 전략을 세우는 한편, 개선 프로젝트를 선정하여 문제를 해결하는 것이다. 프로세스의 시그마수준을 높이면 제품의 품질이 향상되고 비용이 절감되어, 결과적으로 고객만족과 이익 증가로 이어진다.

③ 효율적인 품질문화 정착을 위한 기업의 경영 철학(Philosophy)으로서 종업원들의 일하는 자세, 생각하는 습관, 품질을 중요시하는 올바른 기업문화의 조성을 의미한다. 효율적이란 열심히 일하는 것(Working Harder)보다 효과적으로 일하는 것(Working Smarter)을 의미하며, 올바른 품질문화란 끊임없는 품질개선 노력을 통해 고객 요구에 맞는 제품을 경제적으로 설계 · 생산 · 서비스하는 기업문화를 말한다.

식스 시그마 활동은 고객의 관점에서 문제를 찾고 통계적 분석을 통해 문제를 해결할 수 있는 방법론을 제시하여, 시그마 활동은 품질을 혁신적으로 개선하고 기업의 경쟁력을 확보하는 기업의 품질경영 전략이라 할 수 있다.

1.4 품질비용
section

업계 평균의 기업들은 3.5~4σ 수준에서 제품 및 서비스를 생산한다고 한다. 이것은 표 1.2를 참조하면, 품질비용이 전형적으로 매출의 20~30%를 차지한다는 것을 알 수 있다. 품질의 총비용을 이해하고 측정하는 것은 기업에게 행동대안을 준비하고, 좀 더 나은 의사결정을 할 수 있는 출발점을 제공한다.

표 1.2 시그마 수준과 품질비용의 관계

시그마수준	불량률 (PPM)	품질비용 (매출액 대비)	비고
2	308,537	적용 불가	경쟁력 상실
3	66,807	25~40%	
4	6,210	15~25%	산업 평균
5	233	5~15%	
6	3.4	1%이하	세계적 수준

다음의 품질비용에 관한 현대적 관점을 보여주고 있다.

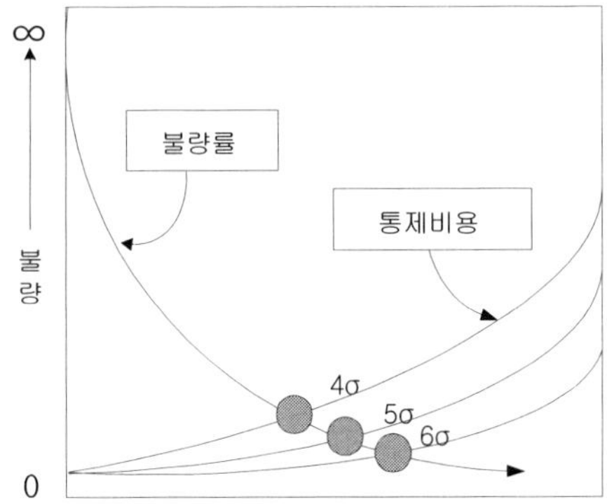

그림 1.4 품질과 비용에 대한 현대적 관점

1.5 공정능력과 공정능력지수

section

공정에서 생산되는 제품의 품질변동이 적으면 그 공정의 공정능력은 좋다고 말하고, 품질변동이 크면 공정능력이 나쁘다고 말할 수 있다. 공정능력이란 공정이 관리상태에 있을 때 그 공정에서 생산되는 제품의 품질변동이 어느 정도인가를 나타내는 양이라 말할 수 있다.

규격은 품질특성에 따라서 규격상한 SU(USL: Upper Specification Limit)과 규격하한 SL(LSL: Lower Specification Limit)으로 나누어진다. 공정을 통해 생산된 제품의 품질특성이 갖는 각각의 값은 공정평균을 중심으로 다양한 값을 갖게 된다. 3시그마 품질수준은 데이터의 99.73%가 규격 내에 속하는 품질수준으로 불량률이 0.27% 정도에 지나지 않으므로 비교적 이상적인 공정이라고 할 수 있다. 식스 시그마 품질수준은 10억개 중 단지 2개만의 불량을 허용하는 품질 수준을 말하는 것으로, 모토로라에서는 식스 시그마를 추진하면서 현실적으로 여러 가지의 산포의 원인에 의해 장기적으로 볼 때 1.5 시그마(σ)만큼 공정중심이 이동한다고 가정하고 있다. 이 1.5 shift (이동)를 감안했을 때, 실제 식스 시그마 품질 수준은 99.9999997596%가 규격 내에 존재하게 되며 불량률이 단지 3.4PPM수준인 품질수준을 달성한다.

공정능력의 평가방법으로 규격의 폭과 공정능력의 비를 공정능력지수(Process Capability index)로 나타내어 평가하고 있다. 특정 프로세스의 품질특성치에 대한 규격상한과 규격하한이 각각 USL과 LSL로 주어진 경우, (USL−LSL)값을 (6×표준편차)로 나눈 값을 공정능력지수(process capability index: Cp, Cpk)라고 한다.

① 공정능력지수(치우침이 없는 경우)

- 공정능력지수(process capability index)

$$C_P = \frac{S_U - S_L}{6\sigma}$$

② 공정능력지수(한쪽 규격만 있는 경우)

- 규격상한만 있는 경우 : $C_P = \dfrac{S_U - \mu}{3\sigma}$

- 규격하한만 있는 경우 : $C_P = \dfrac{\mu - S_L}{3\sigma}$

③ 공정능력지수(치우침이 있는 경우)

프로세스의 평균이 규격의 중심으로부터 한쪽으로 치우쳐 있는 경우를 말하는데 이는 장기적인 설비의 노화나 작업환경의 변화, 작업자 숙련도의 차이와 같은 피할 수 없는 원인에 의해 평균값이 목표값과 일치하지 않는 경우를 말한다. 여기서 K값은 공정평균과 규격평균(중심점)의 차이를 규격공차(규격폭)의 절반 값으로 나누어 구한다.

$$\text{치우침度: } K = \frac{\text{공정평균} - \text{규격평균}}{\text{규격공차}/2}$$

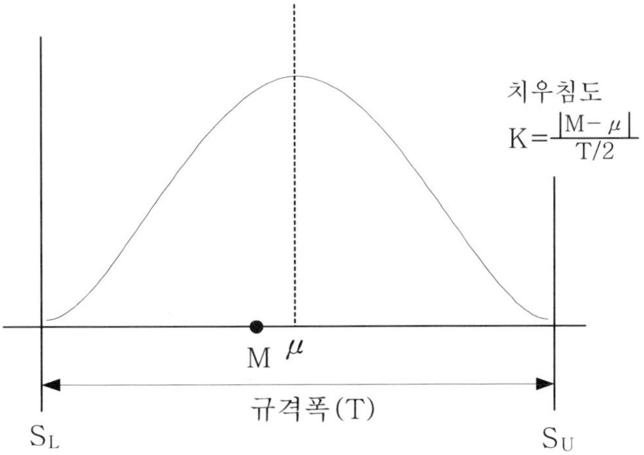

그림 1.5 치우침이 있는 경우

- 치우침의 度를 고려한 공정능력지수 : CPK

$$C_{PK} = (1-K)C_P \qquad 0 < K < 1\text{인 경우}$$
$$= 0, \qquad K \geq 1\text{인 경우}$$

- $M < \mu$인 경우

$$C_{PK} = \frac{S_U - \mu}{3\sigma}, \qquad \mu < S_U\text{인 경우}$$
$$= 0, \qquad \mu \geq S_U\text{인 경우}$$

- $M > \mu$인 경우

$$C_{PK} = \frac{\mu - S_U}{3\sigma}, \qquad \mu > S_U\text{인 경우}$$
$$= 0, \qquad \mu \leq S_U\text{인 경우}$$

| 표 1.3 | 공정능력 유무의 판단과 조치내용

등급	$C_p(C_{pk})$	분포와 규격과의 관계	공정능력 판단	조치내용
최상	$C_p \geq 1.67$	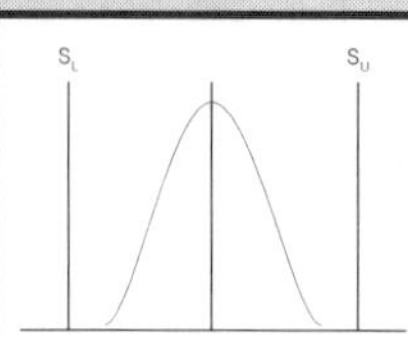	공정능력이 남아돈다.	관리의 간소화 Cost 절감방법을 고려
A급	$1.67 > C_p \geq 1.33$	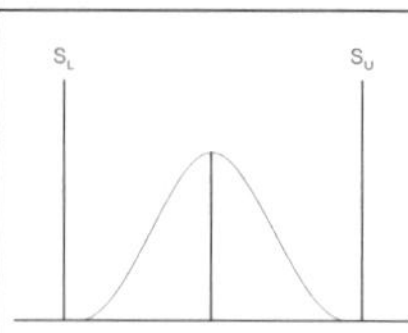	공정능력이 충분하다.	현상태를 유지한다.

B급	$1.33 > C_p \geq 1.0$	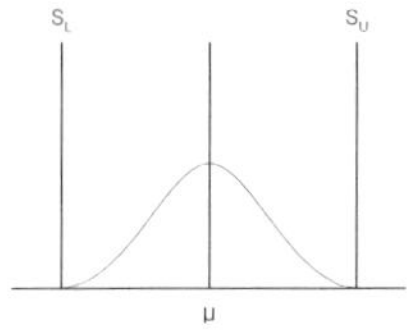	공정능력이 양호하다.	1에 가까워지면 불량이 발생할수 있으므로 필요시 조치한다.
C급	$1.0 > C_p \geq 0.67$	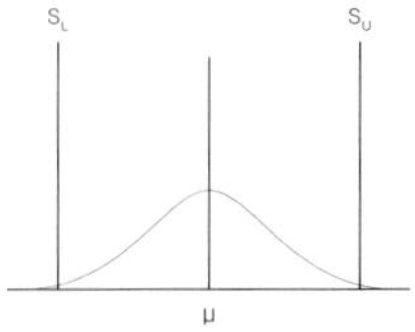	공정능력이 부족하다.	전수선별 검사와 함께 공정관리 및 개선
D급	$0.67 > C_p$	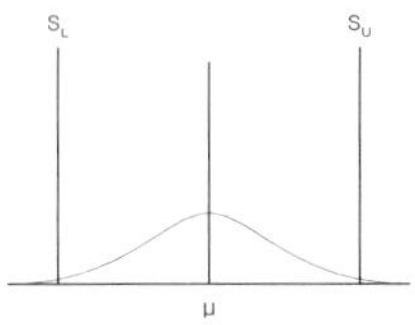	공정능력이 대단히 부족하다.	품질개선 활동과 원인을 규명하여 대책을 세우고 규격의 재검토

기존의 공정능력을 평가하는 척도는 보통 제조 프로세스에만 한정되어 적용되지만, 시그마수준은 제조, 연구개발, 사무간접 등 모든 프로세스의 품질 성능을 비교할 수 있도록 기준을 제공해줄 뿐 아니라, 품질개선 정도를 객관적인 수치로 측정할 수 있게 해준다.

1.6 section DPMO의 의미

식스 시그마에서는 제품 단위당 결함수(DPU: Defects Per Unit) 대신 불량발생 기회당 결함수(DPO: Defects Per Opportunity)를 측정단위로 사용한다. 기회란 제품이나 프로세스 활동에 있어서 결함이 발생할 수 있는 가능성의 수를 의미하며, 복잡한 제품/프로세스와 단순한 제품/프로세스를 비교할 수 있도록 해준다. 결함은 고객이 원치 않는 품질이나 서비스의 특성을 일컫는 말로 한 개의 제품이나 한번의 서비스에 여러 개의 결함이 나올 수도 있다. 이것을 기존의 불량의 개념에서 살펴보면 한 개의 불량품 또는 한번의 불만족스러운 서비스에 불과한 것이다.

① 제조부문

식스 시그마의 척도를 좀더 쉽게 이해하기 위해 다음과 같은 예를 들어 생각해 보자. 그림은 드릴링 가공의 예로서 제품 한 개당 5개의 구멍(hole)을 가공해야 하고, 불량이 발생할 수 있는 기회는 제품당 5개이다.

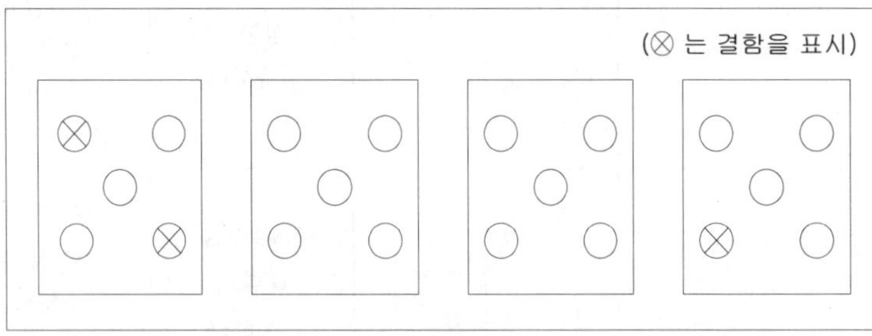

그림 1.6 드릴링 가공의 예

그림 1.6에서 불량률과 제품 단위당 결함수(DPU) 및 불량발생 기회당 결함수(DPO)는 다음과 같이 계산된다.

- 불량률 $= \dfrac{\text{불량갯수}}{\text{총생산갯수}} = \dfrac{2}{4} = 0.5$

- DPU $= \dfrac{\text{총결함수}}{\text{총생산갯수}} = \dfrac{3}{4} = 0.75$

- DPO $= \dfrac{\text{총결함수}}{\text{총결함발생기회의 수}} = \dfrac{3}{5 \times 4} = 0.15$

그림 1.6에서 불량률은 50%이지만, 불량 발생 기회당 결함수(DPO)는 15%가 되는 것을 알 수 있다. 여기서 중요한 문제는 불량 발생기회의 수를 어떻게 정하느냐에 따라 불량 발생수준에 차이가 난다는 것이다. 또한 여기서 계산된 결함률을 종래의 불량률과 단순 비교하는 것은 잘못된 것이다.
흔히들 식스 시그마수준을 불량률 3.4 PPM이라고 하는데 이것은 엄격한 의미에서 잘못된 표현이며, 3.4 DPMO가 보다 정확한 표현이다. 하나의 제품에 불량이 발생할 수 있는 기회가 여러 개 있으므로, 식스 시그마수준은 제품 백만 개당 불량품의 수를 측정하는 PPM단위와는 다르다고 할 수 있다.

앞의 예를 가지고 PPM과 DPMO의 차이점를 비교해 보면 차이를 명확히 알 수 있다.

◗ 제품 100만 개당 불량품수(PPM 단위)

$$= \frac{\text{불량갯수}}{\text{총생산갯수}} \times 1,000,000$$

$$= \frac{2}{4} \times 1,000,000 = 500,000(\text{PPM})$$

◗ 결함발생기회 100만 개당 결함수(DPMO 단위)

$$= \frac{\text{총결함수}}{\text{총결함발생기회의 수}} \times 1,000,000$$

$$= \frac{3}{5 \times 4} \times 1,000,000 = 150,000(\text{DPMO})$$

② 사무간접부문

결함발생기회 100만 개당 결함수(DPMO)의 사용은 서로 다른 프로세스나 제품간의 비교뿐 아니라 측정하기 힘든 사무간접부문의 비교에도 적합하다. 프로세스의 현재 품질 수준을 파악하기 위해 시그마수준을 측정하는데, 이때 특정 프로세스의 결함 발생 기회수를 어떻게 정하느냐에 따라 시그마수준이 변하게 된다. 주의할 점은 측정할 프로세스의 기회발생수의 어떻게 정하느냐 하는 것인데, 지나치게 높게 잡거나 낮게 잡으면 측정하고자 하는 프로세스의 상태를 올바르게 파악할 수 없다. 그러므로 누구나 인정할 수 있는 객관적인 기준으로 결함발생기회수를 정의해야 할 것이다.

다음은 사무간접부문의 한 예를 들어 시그마수준을 계산 절차를 보여준다.

표 1.4 청구서 발급 프로세스의 시그마 수준 계산 예

단계	행 동	공 식	계 산
1	어떤 프로세스를 대상으로 할 것인가?		청구서 발급
2	몇 개가 이 프로세스를 거쳐갔는가?		1,283
3	이 중에서 몇 개가 제대로 되었는가?		1,138
4	프로세스의 수율을 계산한다.	= (3단계)/(2단계)	0.8870

5	불량률을 계산한다.	= 1-(4단계)	0.1130
6	결함을 발생시킬 가능성이 있는 중요한 요소들의 수를 파악한다.	= CTQ의 수	24
7	CTQ 특성당 불량률을 계산한다.	= (5단계)/(6단계)	0.0047
8	백만 기회당 결함수(DPMO)를 계산한다.	= (7단계)×1,000,000	4,709
9	DPMO값을 시그마수준으로 환산한다.		4.1
10	결론을 내린다.		평균을 약간 상회하는 수준

1.7 벨트체계

section

그림 1.7은 식스 시그마의 성공에 필요한 지원부대를 가장 상징적으로 표현하고 있다. 바닥에는 전체 구조를 지원하고 균형을 유지하는 최고경영층의 리더십이 있다. 최고 경영층이 숫자상으로는 소수이지만, 그들의 의지와 열정이 식스 시그마 경영혁신의 성공에 토대가 된다.

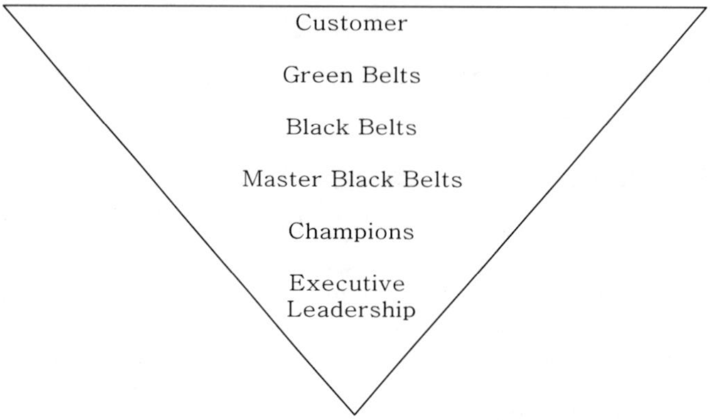

그림 1.7 식스 시그마 추진조직

① 챔피언(Champion)

챔피언은 현장에서 하나의 직능 그룹을 담당하는 부서장 중에서 선발될 수 있으며 추진 챔피언과 프로젝트 챔피언의 두 종류로 나눌 수 있다. 추진 챔피언은 전략 및 전술적 차원에서 경험이 풍부하고, 다양한 분야에서 선발된 팀을 이끌어 본 경험이 있으며, 식스 시그마의 결과를 토대로 경영 전반에 걸쳐서 재무상의 목표를 수립할 수 있어야 한다. 프로젝트 챔피언은 사업부 차원에서 임무를 수행하며, 프로젝트 차원의 식스 시그마에 중점을 두고 블랙벨트를 감독한다. 이들은 부서간의 장벽을 허물고 지원 시스템을 개발하며 재정적인 지원과 아울러 개선 프로젝트를 결정한다. 전 부서에 걸쳐 식스 시그마 추진계획을 수립하는 한편 관리 및 기술적 차원에서 마스터 블랙벨트와 블랙벨트들을 지도해 나간다.

특정 프로젝트를 선정하고, 식스 시그마 전략 및 전술의 실행을 시작하는 사람들이 바로 이들이다.

표 1.5 식스 시그마 추진요원

구분	주요 인력	역할	교육
챔피언	사업부 책임자	식스 시그마 추진에 필요한 자원을 할당하고 블랙벨트의 개선프로젝트 수행을 뒷받침한다. 또한 성과에 따른 보상을 실시한다.	1주일간의 챔피언 교육
마스터 블랙벨트	교육 및 지도 전문요원 (식스 시그마 전임)	블랙벨트 등과 같은 품질요원의 양성교육을 담당하고, 블랙벨트를 지도·지원한다.	블랙벨트 교육을 받을 후, 2주일간의 추가교육
블랙벨트	개선프로젝트 추진책임자 (식스 시그마 전임)	식스 시그마 개선 프로젝트의 책임자로서 활동한다.	4주간의 교육 포함하여, 총 4개월
그린벨트	현업담당자 (모든 임직원이 가능)	블랙벨트의 개선 프로젝트에 파트타임으로 참여한다.	블랙벨트와 동일한 교육을 받는 것이 좋으나, 통상 1~2개월의 교육 및 실습

② 마스터 블랙벨트(Master Black Belt: MBB)

마스터 블랙벨트는 혁신전략을 조직 전체에 보급하기 위한 회사내부의 전문가로, 챔피언과 함께 프로젝트를 선정하고 훈련을 조율한다. 식스 시그마에 풀타임으로 일을 하면서 챔피언이 개선 프로젝트를 선정하는데 도움을 준다. 또한 블랙벨트와 그린벨트들을 훈련하고 지도하며, 자신의 분야 또는 사업부내 프로젝트들의 진척상태 및 전반적인 진척상황을 전달한다. 이들의 훈련은 광범위하게 이루어지는데 통계적인 문제해결 방법뿐 아니라 챔피언 훈련까지 포함한다. 이들은 주로 인원배정, 직능간 실험설계, 프로젝트와 회의의 구성 및 조정, 교육, 지도, 정보의 수집과 정리에 상당히 많은 시간을 소비한다. 이들은 식스 시그마에 대한 깊은 이해, 강의능력, 리더십 등을 겸비한 블랙벨트의 조언자이자 코치로서의 역할을 담당한다.

③ 블랙벨트(Black Belt: BB)

블랙벨트는 마스터 블랙벨트의 지도 하에 식스 시그마 혁신전략의 도구들과 지식을 이용하여 프로젝트를 리더하고 추진하는데 풀타임으로 일한다. 또한 리더로 인식되기 때문에 관리 및 기술상의 기법들을 습득뿐 아니라 그린벨트와 화이트벨트의 양성 교육을 담당한다. 식스 시그마의 가장 핵심요원인 블랙벨트의 중요성을 GE의 잭 웰치(J. Welch) 회장은 다음과 같이 말하고 있다.
"우리는 블랙벨트 훈련을 받은 사람들만이 미래에 이 회사(GE)를 이끌어 나갈 수 있다고 말해야 한다."

④ 그린벨트(Green Belt: GB)

그린벨트는 각 해당 업무의 실무자로서 그린벨트 교육과정을 이수하고 인증을 받은 사람으로서 조직의 각 분야에서 식스 시그마를 파트타임으로 실행하는 종업원이다. 주로 자신의 일상적 업무와 관련된 프로젝트에 참여한다. 자신의 업무와 관련된 프로젝트에 배정되어 프로젝트의 성공적 추진을 돕고, 각 분야의 소규모 프로젝트를 이끌어 나간다. 이들은 블랙벨트와 함께 일을 하면서 식스 시그마 도구를 실제 업무에 적용하여 프로젝트를 수행하고 경험을 쌓는다.
식스 시그마 프로젝트만 전담하는 블랙벨트가 너무 많으면 본업에 지장을 주게 되지만, 그린벨트는 많을수록 좋다. 1996년 초 GE의 웰치 회장은 "1998년 1월까지 그린벨트 과정을 이수하지 않으면, 어떠한 관리직 후보자도 될 수 없다"는 방침을 정하여 식스 시그마 활동을 강력히 뒷받침하였다.

식스 시그마 프로젝트의 수행방법이 과거와 다른 점 중 가장 중요한 것은 혁신활동만 전담하는 별도의 추진요원을 둔다는 점이다. 블랙벨트와 이들을 양성하고 지도하는 마스터 블랙벨트가 바로 전담요원이다. 종래와 같이 현업을 수행하면서 혁신활동에 참여하거나 이를 지원하는 추진요원들은 챔피언과 그린벨트이다.

표 1.6 벨트구성체계와 역할

벨트제도	역 할
챔피언 (Champion)	· 식스 시그마 비전을 창출하여 제시 · 조직 전반에 걸쳐 식스 시그마 실행을 위한 로드맵을 정의 · 블랙벨트와 프로젝트의 선정 · 혁신전략 실행을 위한 포괄적 훈련 계획을 개발 · 필요자원의 적절한 배분 · 추진상의 장애 요인 제거를 통해 식스 시그마 프로젝트를 지원 · 각 기능집단간의 협조 유도
마스터 블랙벨트 (MBB)	· 비즈니스의 큰 그림을 이해하고 챔피언과 협력 · 조직의 다양한 계층에 대한 훈련 프로그램을 개발하고, 훈련을 제공 · 프로젝트 업무에 있어서 블랙벨트를 코치하고 지원 · 각종 기법을 개발하고 전파한다. · 최상의 업무 처리를 조직 전체가 공유할 수 있도록 돕는다.
블랙벨트 (BB)	· 혁신전략 전문가로 활약하며, 혁신전략의 열성분자로 챔피언의 사고를 자극 · 프로젝트 수행 시 팀을 리드하고 방향을 제시 · 해당 상부에 진척상황을 보고 · 가장 효과적인 적용 도구를 결정 · 현장 지식의 운전자, 감독, 팀 리더 등으로부터 데이터 획득 · 그린벨트의 양성교육 담당 · 프로젝트 위험을 관리
그린벨트 (GB)	· 정규업무를 수행하는 한편 파트타임으로 참여한다. · 기존업무를 유지한 채 블랙벨트 프로젝트팀에 참여한다. · 식스 시그마가 특정 프로젝트에 적용될 때 그 방법을 학습한다. · 프로젝트 완성 후에도 계속해서 식스 시그마 방법과 도구를 학습하고 익힌다.

1.8 블랙벨트의 역할과 교육과정
section

식스 시그마에서 가장 핵심적인 역할을 하는 사람을 '블랙벨트(Black Belt)'라고 한다. 이것은 가라데와 같은 무술 유단자들이 매는 띠의 이름에서 유래한 것이다.

블랙벨트는 식스 시그마를 주도하는 핵심적인 리더로 충분한 훈련과 교육을 받은 혁신가, 사내컨설턴트로서, 프로젝트를 책임지고 수행한다. 블랙벨트는 조직내의 혁신적인 개선을 달성하기 위한 방법을 개발하기도 하며, 자신의 프로젝트를 수행할 뿐 아니라 그린벨트의 프로젝트 수행을 지도하면서 전업으로 일을 하고 있다. 이들은 여러 가지 이름으로 불리는데 보통 GE나 모토로라에서는 블랙벨트로, 그리고 얼라이드 시그널에서는 공정개선전문가로, 폴라로이드에서는 산포절감 리더로 불린다.

블랙벨트의 역할은 다음과 같이 6가지로 정리할 수 있다.

① 선도자(Mentoring): 관련 조직에서 식스 시그마 요원을 양성하며 팀원들 사이에 네트워크를 형성한다.
② 교사(Teaching): 구성원들에게 새로운 전략과 툴을 활용한 양성교육을 제공한다.
③ 코치(Coaching): 구성원들에게 일대일 지원을 제공한다.
④ 전달자(Transferring): 양성교육, 워크숍, 사례연구 등을 통해서 새로운 전략과 도구를 전달한다.
⑤ 발견자(Discovering): 기업내외에서 사업기회를 찾는다.
⑥ 세력가(Influencing): 식스 시그마 전략과 도구를 사용하여 기업에 득이 되게 한다.

식스 시그마 혁신 활동에 있어서 가장 중요한 것은 사람과 그들이 가진 지식이라고 할 수 있다. 이러한 지적자산이 없다면 아무런 개선도 이룰 수 없을 것이다. 식스 시그마 수준의 품질에 도달하기 위해서는 새로운 지식의 적용을 요구하기 때문에 지식 없이는 어떤 개선과 진보도 이룰 수 없기 때문이다.

식스 시그마 교육은 다음과 같은 특징을 갖는다.

- 사내에서 식스 시그마 경영의 전도사 역할을 하는 블랙벨트를 우선적으로 양성한다.
- 그린벨트의 교육은 블랙벨트들이 주로 담당하며, 프로젝트와 연계한 실무위주의 교육을 한다.
- 교육내용은 기업의 성격에 따라 요구되는 내용이 달라진다.
- 주입식 교육을 탈피하여 개인의 창의성이 발휘될 수 있도록 한다.
- 사무국은 각 자격별로 대상과 교육내용, 시간, 방법 등의 규정을 정하여 과학적이고 체계적으로 교육을 시행한다.

일반적으로 블랙벨트는 4개월 간의 교육과 실습을 통해 양성된다. 다음은 블랙벨트 교육과정의 내용을 요약한 것이다. 주로 프로젝트의 추진 4단계인 MAIC의 각 단계별로 1주일간의 교육과 3주간의 실습이 반복적으로 수행된다.

표 1.7 전형적인 블랙벨트 교육과정

기 간	내 용	비고
1주차	식스 시그마 개요(Overview) 프로세스 매핑 품질기능전개(QFD) FMEA 통계 패키지 활용방법 공정능력 측정시스템 분석	측정(Measure)에 필요한 교육
2주차	통계적 사고 가설검정(F, t, etc.) 상관분석(Correlation) 회귀분석(Regression) 팀 평가(Team assessment)	분석(Analysis)에 필요한 교육
3주차	실험계획법(DOE) 팩토리얼 실험 블록설계 EVOP(Evolutionary Operation) 반응표면분석 ANOVA 다중회귀분석	개선(Improvement)에 필요한 교육
4주차	관리계획(Control Plans) 통계적 공정관리 실수방지(Mistake-Proofing) 팀 개발 도구활용 총정리	관리(Control)에 필요한 교육

식스 시그마란 고객의 만족을 극대화하면서 자원과 낭비를 최소화하는 일련의 비즈니스 활동을 제어함으로써 기업의 수익률을 혁신적으로 개선시키는 비즈니스 프로세스이다. 따라서 실행에 있어 가장 중요한 요소는 올바른 프로젝트의 선정과 올바르게 추진하기 위한 추진전략일 것이다. 올바른 식스 시그마 추진전략이란 단순히 통계교육을 중심으로 한 식스 시그마 BB/GB교육 등에만 힘을 쏟는 것이 아니라 기업의 경영전략이며 일하는 방법이라는 것을 이해해야 한다.

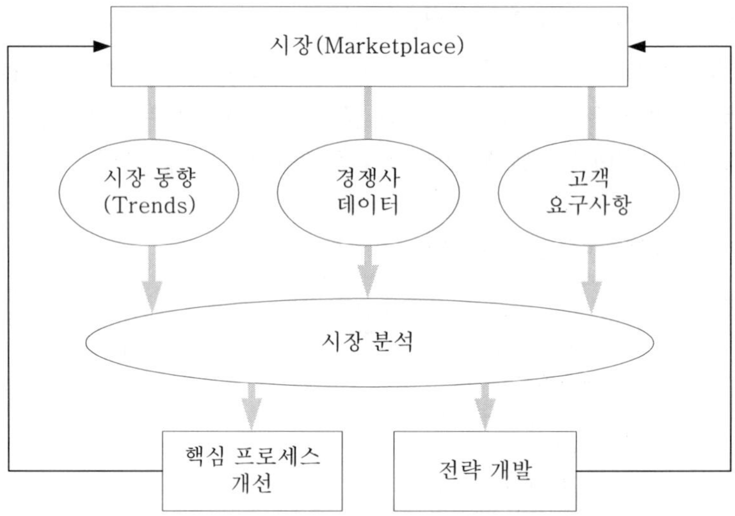

그림 1.8 고객과 시장 요구사항 정의

식스 시그마를 성공적으로 추진하고 있는 기업들은 다음과 같은 공통점을 가지고 있다.

(i) 식스 시그마 추진에 대한 Top의 강력한 리더십(Top-Down)

(ii) 성공할 수 있는 식스 시그마 프로젝트의 선정

(iii) 올바른 인력의 선정과 체계적인 교육

(iv) 프로젝트에 적당한 식스 시그마 방법론 적용

(v) 프로젝트의 성과에 대한 올바른 측정과 평가제도

(vi) 프로젝트의 성공에 대한 적당한 보상시스템

모든 불량발생의 기회를 다 고려한다는 것이 현실적으로 어렵기 때문에 중요한 품질특성에 대한 결함만을 고려한다. 식스 시그마 품질 혁신전략은 고객의 입장에서 중요한 품질특성이 되는 것을 CTQ(Critical To Quality)로 정의하고, CTQ의 개선을 통하여 품질 향상을 추구한다. CTQ는 식스 시그마 품질 프로그램의 전체 방향을 결정하는 중요한 요소이며 프로젝트 개선의 대상이 된다. CTQ 개선을 통하여 기업이 성과를 거두기 위해서는 개선 효과가 크고 중요한 문제들을 선정해야 한다. 한정된 시간과 비용, 인력으로 모든 문제를 해결할 수는 없으므로 가장 중요한 문제부터 해결해 나가야 된다.

1.9 문제해결 프로세스(DMAIC)

section

식스 시그마에서는 종전보다 좀더 과학적이고 체계적인 해결방법을 사용하고 있다. 실제 현실의 문제를 통계기법을 적용하여 통계적인 문제로 바꾼 후 통계적인 분석을 통해서 통계적인 해결책을 찾고 제시된 통계적 해답을 현실적인 문제의 적용하여 실제 현실의 문제를 해결한다.

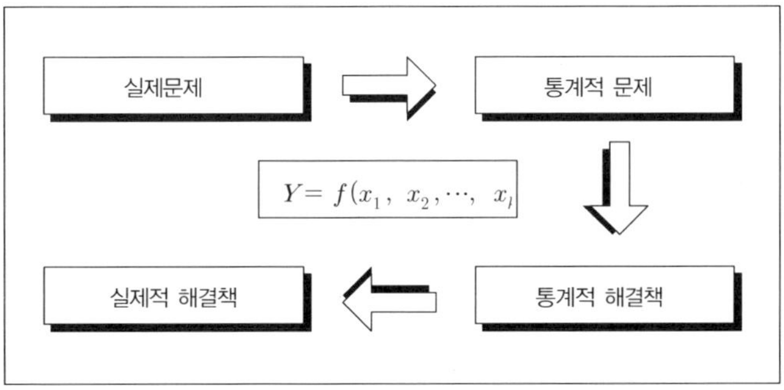

그림 1.9 식스 시그마 문제해결 접근법

식스 시그마 개선 프로세스는 추진하는 기업의 성격에 따라 달라질 수 있겠지만 일반적으로 GE에서 식스 시그마를 추진하면서 개발하여 사용하고 있는 DMAIC라고 하는 추진 로드맵을 사용하고 있다. 정의(Define), 측정(Measure), 분석(Analyze), 개선(Improve), 관리(Control) 절차에 따라 개선 과정을 반복 수행하여 품질과 업무 개선활동을 진행한다.

① 정의(Define)

정의 단계에서는 주요 고객을 정의하고 고객의 관점에서 고객이 요구하는 품질특성에 영향을 미치는 모든 요인을 도출하여 이 중에서 품질특성에 결정적 영향을 미치는 요인(CTQ: Critical to Quality)을 파악하여 개선 프로젝트를 선정한다. 또한 이 프로젝트를 담당할 개선 팀을 조직한다.

② 측정(Measure)

측정 단계에서는 고객 핵심 요구 사항의 충족 정도를 평가하기 위해 프로세스의 성과를 측정하기 위한 자료를 수집하고 방법을 탐색한다. 이때 목표설정의 기준을 정하는 것이 중요한데, 세계적 수준의 기업(World Class)나 동종업계 최고의 기업(Best in Class)을 벤치마킹(Benchmarking)하여 기준을 정하는 것이 바람직하다. 고객이 원치 않는 품질이나 서비스의 특성 즉 CTQ의 허용범위를 벗어나는 것을 측정하여 시그마 수준으로 환산한 후 기업의 베이스라인(Baseline)을 선정한다.

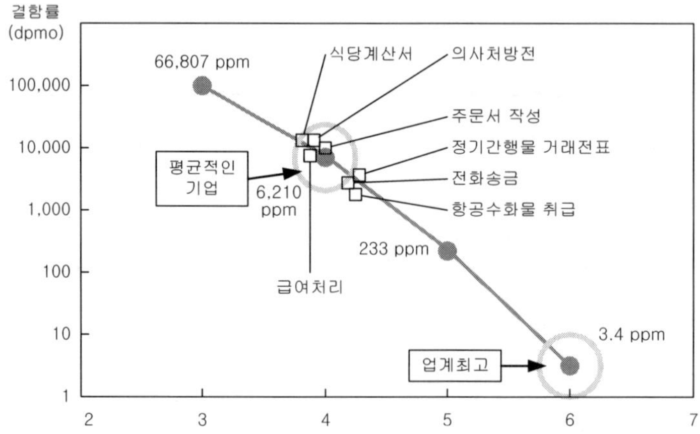

그림 1.10 평균적인 기업과 세계최고 수준의 비교

③ 분석(Analyze)

분석 단계에서는 문제의 인과관계를 파악하고, 핵심 근본 원인과 원인이 되는 핵심 프로세스를 규명한다. 또한 프로세스 중에서 문제를 야기하는 것과 그 원인을 찾는다. 이때 프로세스에 영향을 미치는 중요한 소수(Vital Few)를 정의하기 위해 담당자와 브레인스토밍(Brainstorming)을 실시하기도 한다.

- 프로세스의 인과관계 규명

$$Y = f(X_1,\ X_2,\ \cdots,\ X_n)$$

- 핵심요인(Key X i's)의 확인

최고 품질의 제품이나 서비스를 생산하기 위해 어떤 특성치의 관리 및 개선에 초점을 맞춰야 하는지를 분석한다. 이때 중점관리의 대상을 파악하기 위한 기법으로 파레토 분석을 실시하여, 실제 중요한 소수를 확인하고, 그들 전체변량에 대한 기여도를 파악하기 위해 분산분석(ANOVA)을 실시한다. 문제의 잠재적 요인(원인)과 특성(결과) 사이의 인과관계를 논리적으로 파악하기 위한 기법인 특성요인도와 FMEA(Failure Mode and Effect Analysis)기법 등을 활용한다.

④ 개선(Improve)

개선 단계에서는 분석 단계에서 얻어진 중요한 인자를 확인하고 Y를 최적화하는 인자의 최적조건을 찾는다. 문제에 대한 통계적 해답을 정의하는 단계로서 주요한 소수를 어떤 방향으로 변경할 것인지를 결정하고 조정을 위한 최적의 변량을 결정하기 위해 실험계획법(DOE: Design of Experiments)을 실시하는 단계이다.

⑤ 관리(Control)

관리 단계에서는 개선 단계에서 발견된 최적화된 상태를 유지할 수 있도록 한다. 통계적인 해답을 현실의 실제적인 해답으로 해석하여 적용하고 관리한다. 새로 설정된 공정 조건으로 작업방법을 표준화하고, 통계적 공정관리 방법을 통해 공정을 모니터링 한다. 공정능력을 재평가하여 앞에서 실시한 MAIC 사이클의 재 실시 여부를 결정한다.

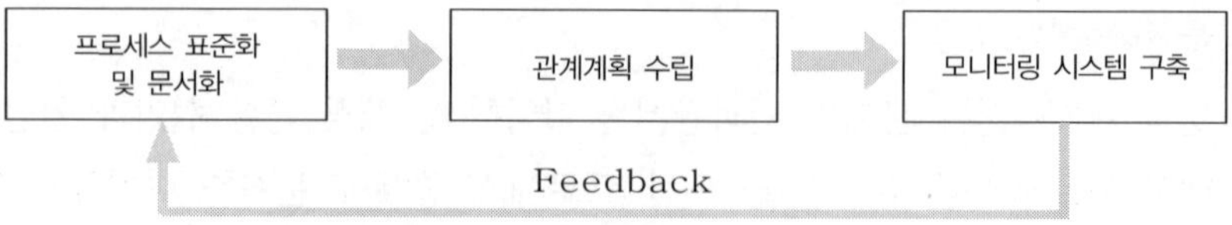

그림 1.11 관리의 절차

정의 단계는 고객의 품질에 결정적 영향을 미치는 CTQ를 선정하고, 측정 단계는 주요 특성치의 규명과 성과기준을 측정하고, 분석단계는 변동의 원인을 규명하기 위한 분석을 실시하며, 개선 단계는 주요 요인의 최적조건을 도출해 내며, 관리 단계는 개선된 프로세스를 통제 · 관리한다.

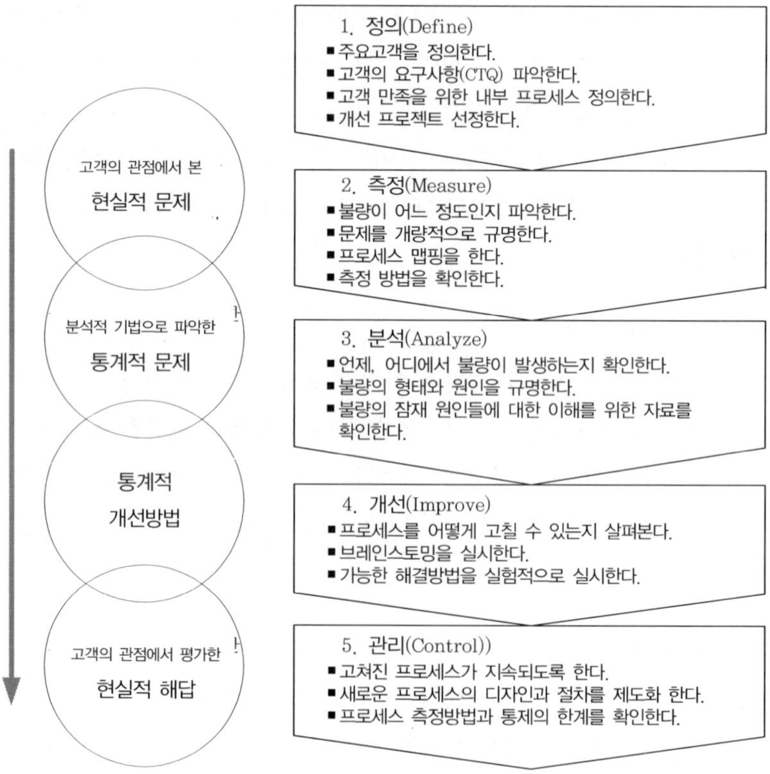

그림 1.13 DMAIC 각 단계별 역할

1.10 section 서비스 식스시그마(Service Six Sigma)

최근 많은 기업들은 6시그마에 대해 많은 관심을 가지고 있다. 미국의 경우 제조업을 비롯하여 금융업과 의류, 유통, 행정기관 등 사무간접 부문에서 6시그마를 도입하여 프로세스의 향상 및 고객만족, 비용절감 등의 실질적인 성과를 거두고 있다. 이처럼 혁신이 쉽지 않은 서비스 조직에서 6시그마를 도입하고 있는 것은 고객중심, 데이터를 바탕으로 한 과학적인 문제해결, 가시적인 재무성과 창출 등 6시그마가 가지고 있는 장점 때문이다. 또한 정보기술의 발달로 업무프로세스 파악이 용이해지고 업무처리 결과를 데이터로 축적할 수 있게 된 것도 서비스 6시그마 도입을 촉진하고 있다.

[서비스 6시그마의 효과]

GE 캐피탈 서비스 그룹은 신용카드 보험, 지불 보험 및 소비자 금융 대출 판매와 관련하여 숨겨진 비용을 절감하기 위해 6시그마를 적용했다. GE 캐피탈의 영업담당 책임자 겸 사장인 데니스 네이든은 다음과 같이 말하고 있다.

"6시그마는 원래 제조 부문을 위해 설계된 것이지만 거래를 위한 서비스에도 적용될 수 있다. 한 가지 분명한 것은 GE가 고객들에게 보내는 수백만 장의 신용카드 청구서를 정확하게 발송함으로써 오류를 시정하는 비용을 상당히 절감했다는 것이다. 금융업에서 비용이 많이 드는 분야 중 하나는 신규 고객을 확보하는 것이다. 따라서 우리가 고객을 잘 관리하면 고객을 계속 붙잡아둘 수 있기 때문에 고객 유치비용을 절감할 수 있다."

서비스 산업의 6시그마 적용현황

서비스의 형태나 고객은 업종별로 서로 다르지만 서비스 기업에 적용된 6시그마 과제는 공통적인 특징을 보여준다. 모든 서비스는 여러개의 프로세스로 구성되어 있으며, 그 프로세스의 주요성과제표, 즉 CTQ(Critical To Quality)는 유사한 속성을 갖고 있다.

표 1.8 서비스 업종별 CTQ

	고객만족도	신뢰성	사이클타임
IT 서비스업	고객만족도	장애율	장애복구시간
금융업	고객만족도	미납율/통화실패율/계산오류율	대기시간
의료서비스업	고객만족도	임상정확도/청구요금정확도	대기시간

서비스 산업의 6시그마 문제해결 기법

제조업 6시그마 문제 해결 기법으로 DMAIC(Define, Measure, Analyze, Improve, Control)와 신제품 개발시 DMADV(Define, Measure, Analyze, Design, Verify)라는 문제해결 기법을 사용하고 있다. 이 기법들은 서비스 산업에서도 동일하게 접목되어 사용되는데 그 이유는 이러한 문제해결 기법이 타 경영혁신기법보다 체계적이고 과학적으로 정리되어 있기 때문이다.

표 1.9 서비스 산업의 6시그마 문제해결 기법

Step	문제해결 기법
Define	고객만족도 조사, Kano 분석, Project Selection Process
Measure	QFD, 시그마 계산, 산포도, C&E Diagram
Analyze	FMEA, 체크시트, 회귀분석, 로지스틱 회귀분석, ANOVA
Improve	DOE(Design of Experiment), 부가가치와 비부가가치
Control	SPC(Statistical Process Control), Fool Proof 분석

▌서비스 산업의 6시그마 성공조건

6시그마의 성공 조건은 간단히 'SIPOC'로 요약할 수 있다. [그림1.14]를 참고하도록 하자.

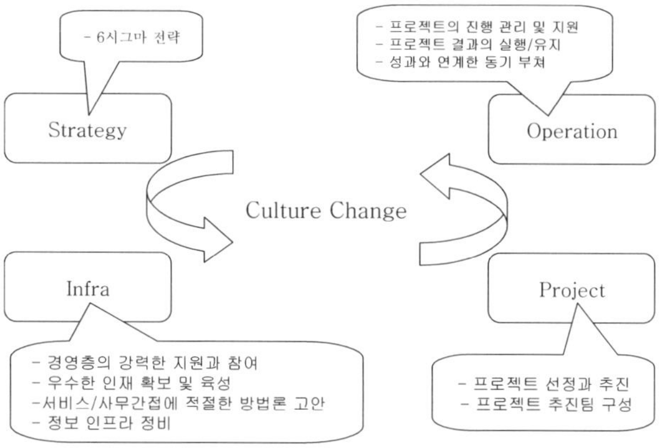

그림 1.14 서비스 산업의 6시그마 성공조건 모델

- S(Strategy) : 자사의 상황과 업계의 경영환경에 맞추어 6시그마의 추진전략을 올바로 수립해야 함을 의미한다.
- I(Infra) : 경영층의 강력한 지원과 참여, 우수한 인재확보 및 육성, 서비스 및 사무간접 부문에 적절한 방법론 고안, 정보 인프라 정비 등 6시그마를 추진하는데 필요한 인프라가 제대로 구축되어 있어야 한다는 것이다.
- P(Project) : 프로젝트 선정과 추진, 프로젝트 추진팀 구성등 누가, 어떤 6시그마 프로젝트를 수행할 것인가를 명확히 하는 것이다.
- O(Operation) : 프로젝트 진행관리 및 지원, 프로젝트 결과의 실행 및 유지, 성과와 연계한 동기 부여등 6시그마 활동들이 기업 내에서 지속적으로 유지되고 성과를 창출 할 수 있도록 하기 위한 프로젝트 운영과 관련된 것이다.
- C(Culture Change) : 문화적 변화이며, 6시그마를 통해 생각하는 방식의 변화, 일하는 방식의 변화가 수반되어야 함을 의미한다.

미니탭 기초

2 chapter

1장은 식스 시그마 경영에 관한 간단한 이론을 알아보았다. 식스 시그마 경영의 프로세스(DMAIC)를 실행 할 때 가장 널리 사용되는 통계프로그램이 미니탭 R14이다. 2장에서는 통계프로그램의 활용도를 높이기 위하여 우선 미니탭의 기본적인 활용방법에 대하여 공부할 것이다.

2.1 section Minitab R14의 구조

Minitab을 시작하면, 다음 그림과 같이 세 개의 창이 나타난다.

Data window	이 창은 열(column)과 행(row)으로 구성되어 있으며, 처리하고자 하는 data를 기입하는 창으로 Excel이나 Lotus와 같은 스프레드시트가 아니다.
Session Window	한 모든 명령어 또는 통계적 결과(수치적 요약 및 통계적 분석, 그래프)와 오류 메시지를 보여주는 창으로 고해상도의 그래프는 제외된다.
Project Manager	이 창은 project의 여러 부분에 대한 처리과정 등을 보여주는 폴더들로 구성된다.

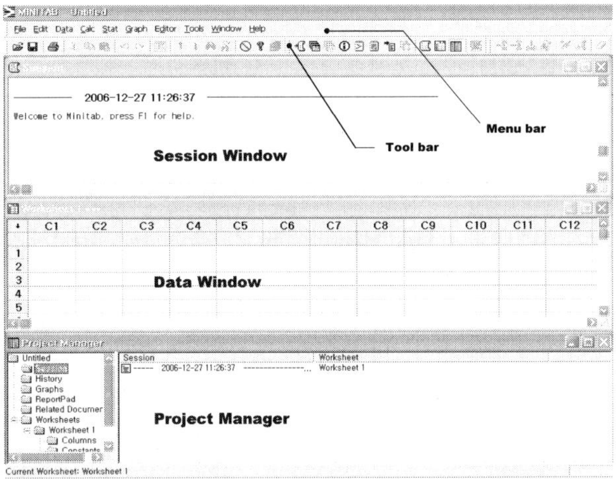

각 창과 메뉴바 그리고 툴바에 대한 설명은 다음과 같다.

2.1.1 메뉴바

메뉴를 열기 위하여 메뉴바에 있는 항목을 클릭한다. 그리고 어떤 통계적인 작업을 실행하기 위하여 메뉴 항목을 클릭하거나 하위 메뉴를 클릭하여 대화상자를 열 수 있다.

File Edit Data Calc Stat Graph Editor Tools Window Help

Tool bar는 다음 그림과 같이 Standard tool bar와 Project Manager tool bar로 구성되어 있다.

Standard tool bar

Project Manager tool bar

2.1.2 Data 창

아래 그림은 marks.mtw 파일을 Data 창에 불러온 결과이며, 이 Data 창은 행과 열로 주어진 자료를 보여준다. 이 창에서 자료의 명칭은 열에 기입하며, 이 경우에 자료값은 숫자 또는 문자를 사용할 수 있다. 특히 문자 자료에 대한 열의 번호에는 "T"가 생긴다. 한편 날자와 시간을 나타내는 자료를 사용할 수 있으며, 이 경우에는 "C6-D"와 같이 열 이름이 만들어 진다.

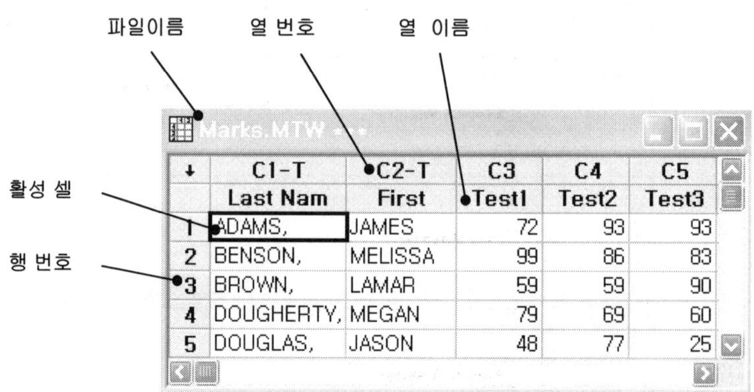

2.1.3 Session 창

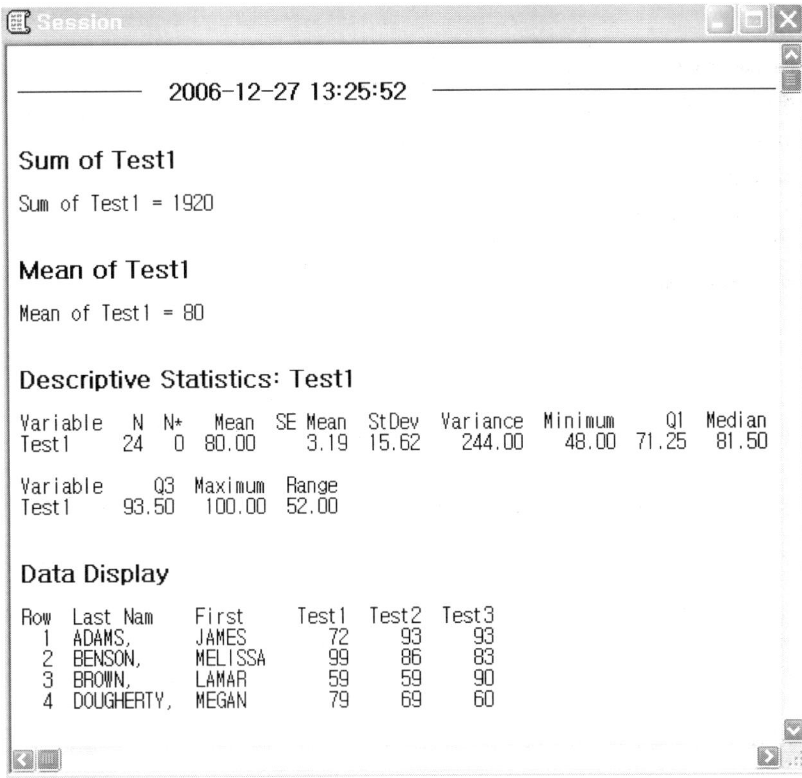

이 창은 Character 모드에서 Data를 처리한 결과를 보여준다. 다음 그림은 marks.mtw 파일안의 data Test 1을 가지고 합, 평균 그리고 기초통계자료 및 data display를 작업한 예이다.

2.1.4 Project Manager 창

이 창의 Project folder는 프로젝트의 작업에 대한 여러 가지 내용을 보여주는 폴더로 구성되어 있으며, 창의 오른 쪽은 각 폴더별로 작업한 파일명과 내용을 담고 있다. 다음 그림은 앞의 Session 창에서 얻은 결과에 대한 작업내용을 나타낸다.

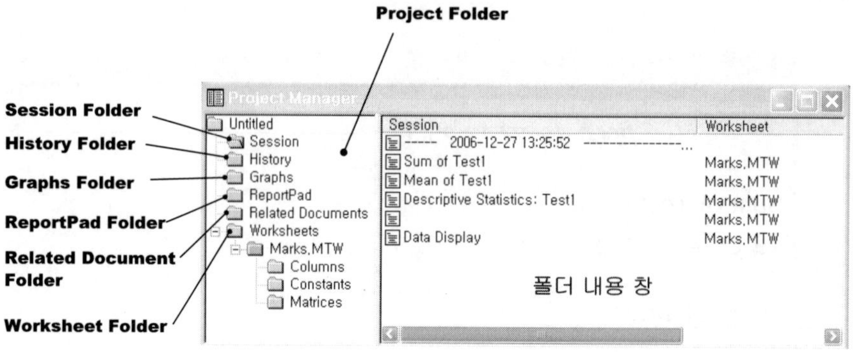

Project folder를 구성하는 각 폴더는 다음과 같은 내용을 포함한다.

- Session Folder: 명령어에 의하여 얻은 모든 결과와 모든 그래프의 리스트를 제공한다.
- History Folder: 일련의 통계처리를 위하여 사용한 모든 명령어를 보여준다.
- Graphs Folder: data로부터 얻은 여러 가지 그림의 리스트를 제공한다.
- ReportPad Folder: ReportPad 기본 용어를 포함한다.
- Related Document Folder: 프로그램 파일, 기록 또는 작업한 프로젝트와 관련있는 인터넷 URL을 보여준다.
- Worksheet Folder: 이 폴더는 Columns, Constants, Matrices 등의 서브폴더를 갖고 있으며, Columns Folder는 Columns Name, Columns Count, Columns Missing(결측값), Columns Type, Columns Description 등을 보여준다. 그리고 Constants Folder는 통계처리과정에서 얻은 상수(예를 들어, 평균, 표준편차 등등)를 보여준다.

다음 그림은 marks.mtw 파일 안의 data Test1을 이용하여 작업한 통계처리에 대한 Project folder 안의 각 폴더의 내용을 보여준다.

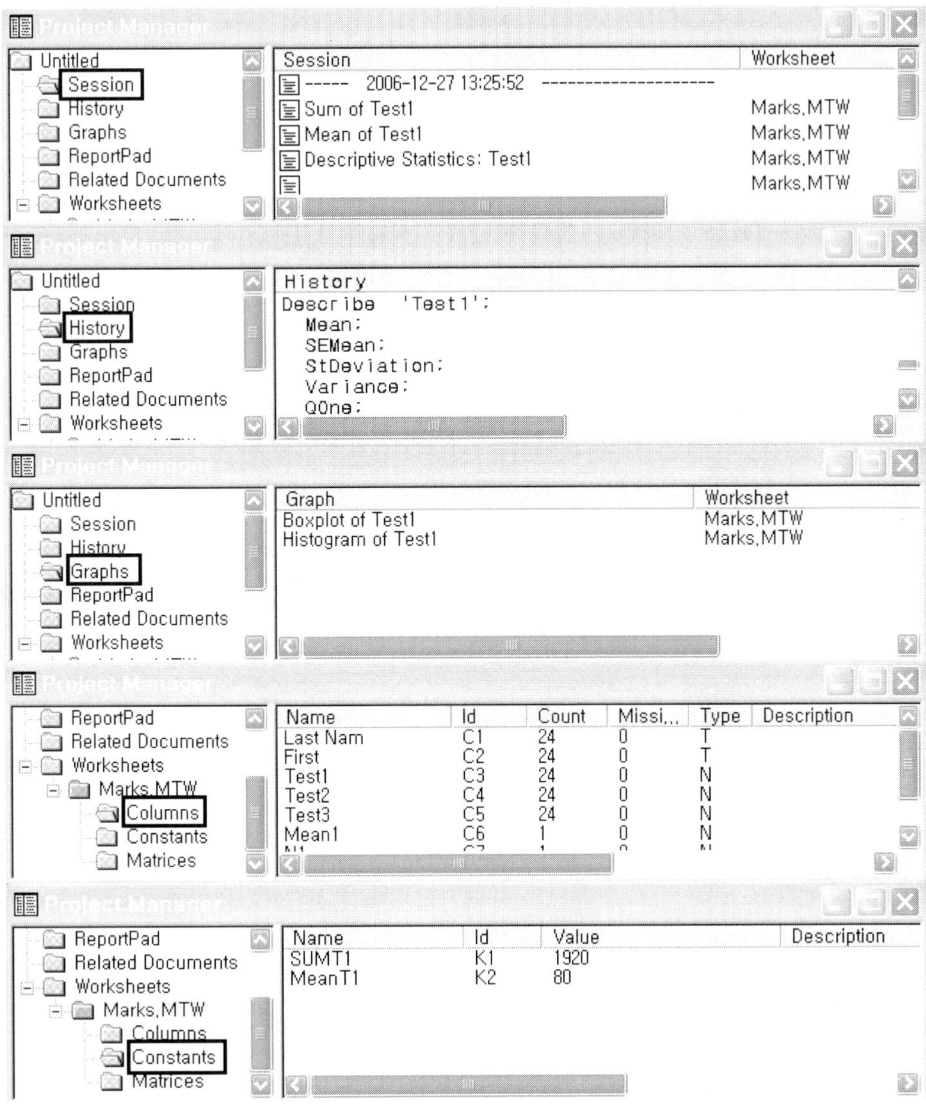

2.2 파일 불러오기와 Data 입력
section

2.2.1 파일 불러오기

- Minitab Project 파일을 불러올 경우, 메뉴에서 다음 그림과 같이 File → Open Project...를 선택하거나 Ctrl+O를 누른다.

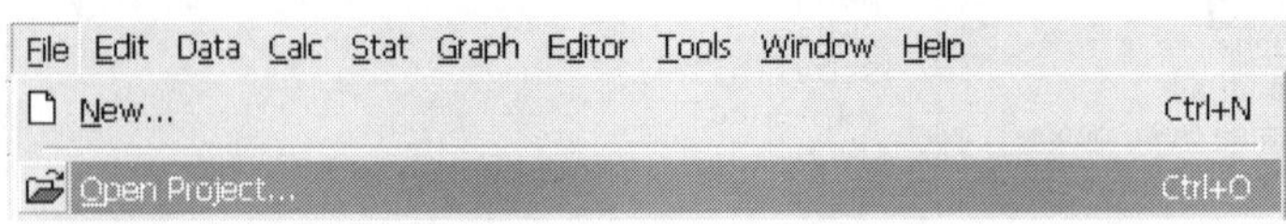

- 그러면 아래 그림과 같이 Open Project 창과 더불어 확장자 명이 mpj인 파일들이 나타난다. 이제 불러오고자 하는 파일을 두 번 클릭하여 파일이름(N)에 삽입하고, 열기(O)를 클릭한다.

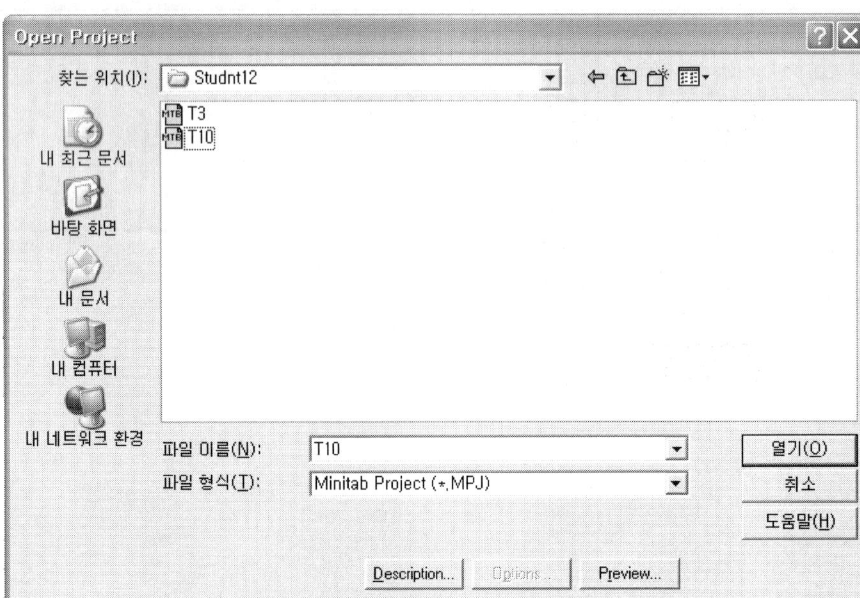

또한 확장자 명이 mtw인 파일을 불러오고자 한다면, File → Open Worksheet...를 눌러서 Open Worksheet 창을 연다. 그리고 원하는 파일을 찾아서 파일 이름에 삽입하고 열기를 누르면 mtw 파일을 열 수 있다.

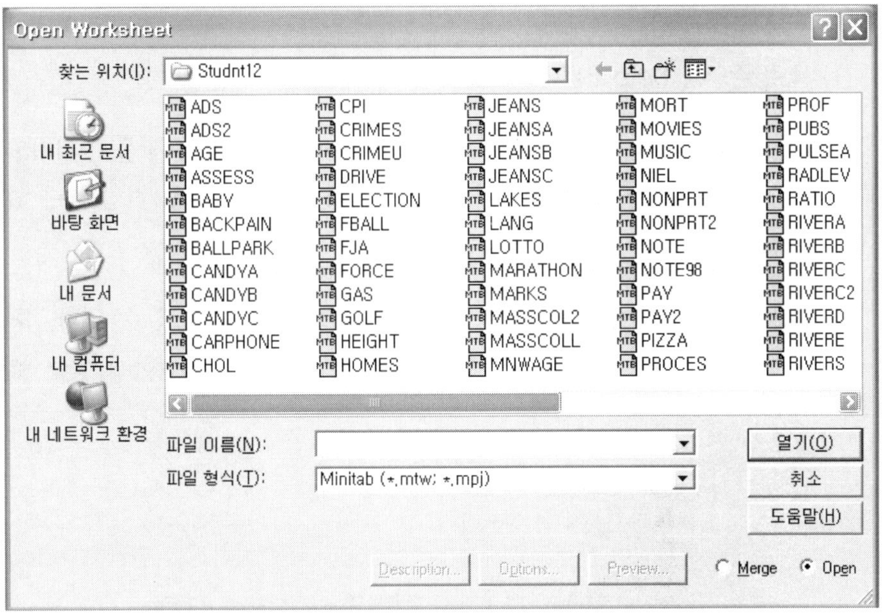

한편 새로운 파일을 작성하고자 한다면, File → New 또는 Ctrl+N을 눌러서 New 창을 연다.

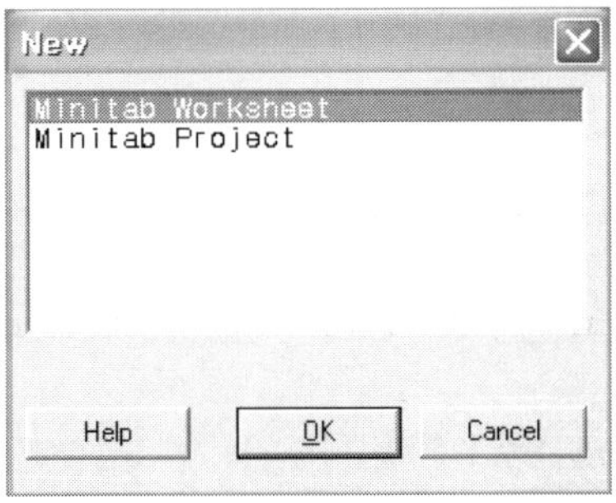

그러면 Minitab Worksheet와 Minitab Project 선택사항이 나온다. 여기서, Minitab Worksheet는 새 워크시트를 열어서 빈 워크시트를 현재 사용중인 Project에 추가할 때 사용한다. 그리고 Minitab Project는 현재 사용중인 프로젝트를 닫고 새 프로젝트를 열 때 사용한다.

2.2.2 Data 입력하기

우선 새 창을 열기 위하여 File → New를 선택하고 New 창에서 Minitab Worksheet를 선정한 후, OK를 클릭한다. 그러면 번 워크시트가 나타난다.

(1) 열로 주어진 Data 입력하기

Data 기입방향을 나타내는 화살표 부분을 클릭하여 화살표가 ↓을 가리키도록 한다. 그러면 여러 가지 방법에 의하여 활성 셀을 옮기면서 자료를 기입할 수 있다.

- Enter↵ 키를 누르면, 아래방향으로 셀을 옮길 수 있다.
- Ctrl+Enter↵를 이용하여 다음 열의 제1행으로 셀을 옮길 수 있다. 또는 메뉴에서 Editor → Go To → Next Row을 선택하면, 동일하게 셀을 옮길 수 있다.

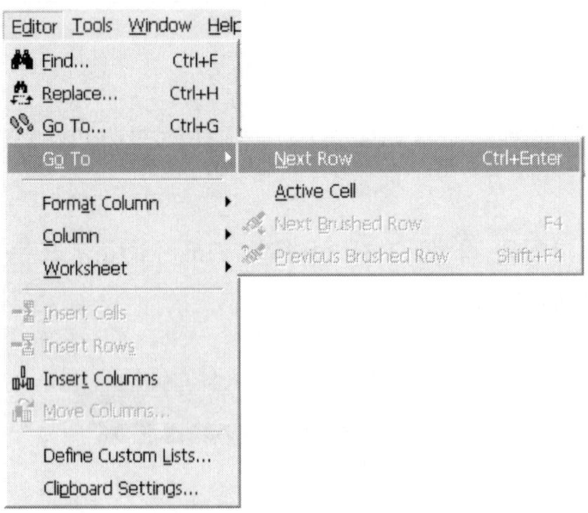

다음 그림은 SW Im Enter↵ SP Yoon Enter↵ SS Hong으로 작성한 것이다.

방향키

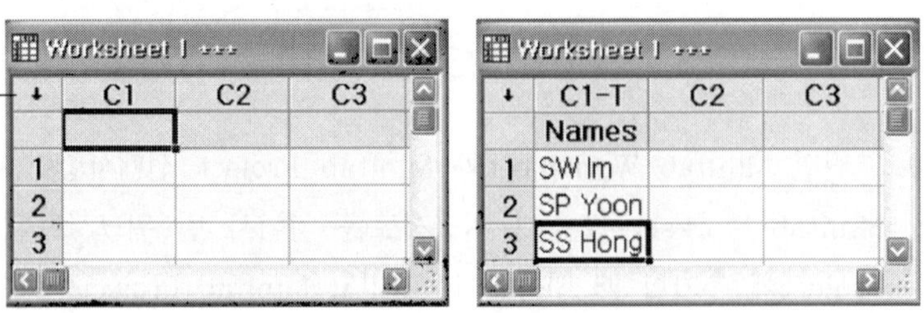

또한 방향키 부분을 클릭하거나 메뉴창에서 Editor → Worksheet → Change Entry Direction을 선택하면 Data 기입 방향을 바꿀 수 있다.

(2) 행으로 주어진 Data 입력하기

앞의 방법으로 기입 방향을 바꾸어 화살표가 → 을 가리키도록 한다. 그리고 열로 주어진 자료를 기입하는 방법과 동일하게 자료를 기입한다.

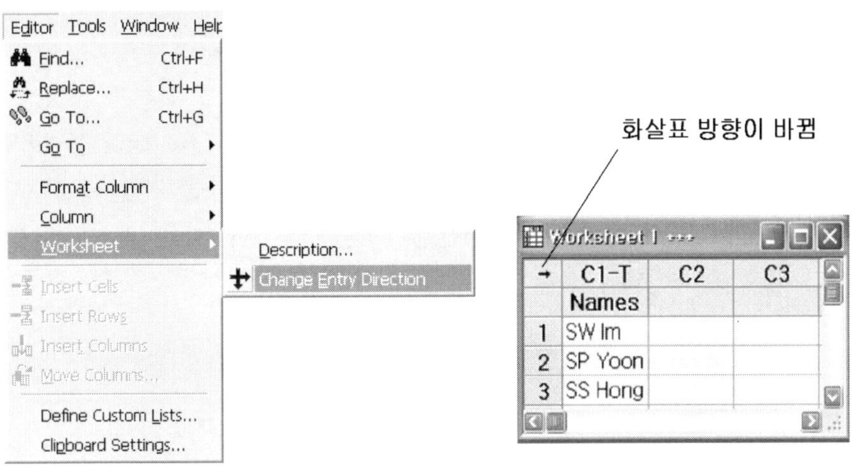

- Enter↵ 키를 누르면, 아래방향으로 셀을 옮길 수 있다.
- Ctrl+Enter↵를 이용하여 다음 행의 제 1열로 셀을 옮길 수 있다. 또는 메뉴바에서 Editor → Go To → Next Column을 선택하면, 동일하게 셀을 옮길 수 있다.

그리고 특정한 블록 안에 Data를 기입할 수 있으며, 이 경우에는 우선 기입하고자 하는 영역을 마우스의 왼쪽 버튼을 누른 상태에서 다음 그림과 같이 선택한다.

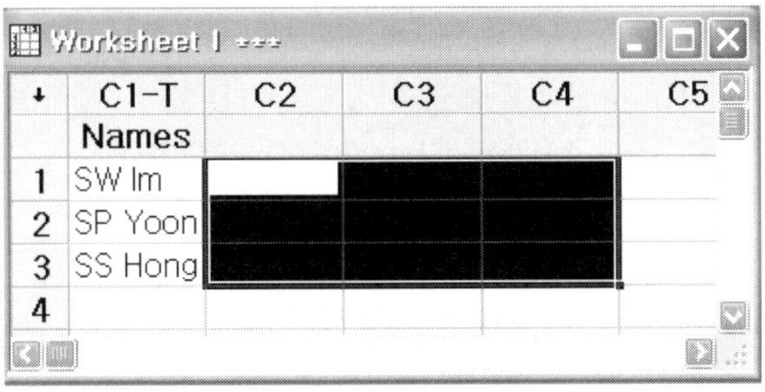

그러면 이 영역 안에서만 자료를 기입할 수 있으며, 그 방법은 [자료]+ Enter↵ + [자료]를 반복하여 기입한다.

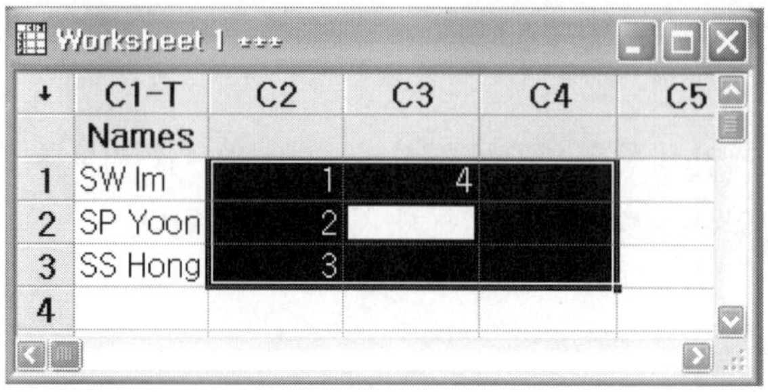

물론 어느 특정 셀로 이동할 수 있으며, 메뉴창에서 Editor → Go To를 선택하여, Go To 창을 열고 Enter column number or 대화상자에 열의 수를 기입하고, Enter row number: 대화상자에 행의 수를 기입한 후 OK를 클릭한다. 다음 그림은 C3열의 제1행으로 이동함을 나타낸다.

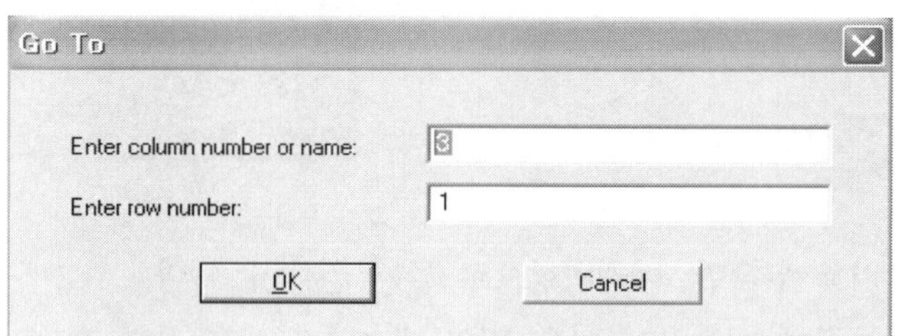

2.2.3 셀의 삽입 및 삭제

(1) 특정한 셀의 data를 수정하기

앞에서 살펴본 바와 같이 Editor → Go To를 선택하여, Go To 창에서 수정하고자 하는 위치로 커서를 옮긴다. 그리고 새로운 data를 기입하고 Enter↵를 키를 누른다. 또한 특정 자리의 수만을 수정하고자 한다면, Alt + ←를 이용하여 수정하고자 하는 위치로 커서를 옮길 수 있다. 다음의 예는 C3열의 2행에 있는 data 12345를 13345로 수정하는 방법을 나타낸다.

- 메뉴바에서 Editor → Go To를 선택하여, Go To 창을 열고 Enter column number or 대화상자에 "3"을 기입하고, Enter row number : 대화상자에

"2"를 기입한 후 OK를 클릭한다. 그러면 다음 그림과 같이 C3열의 제2행으로 셀을 이동할 수 있다.

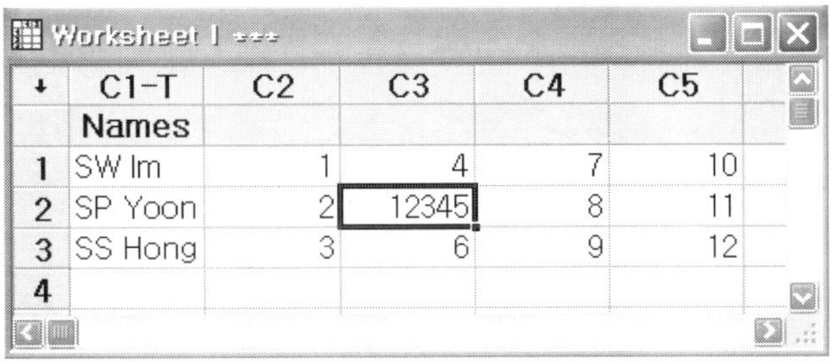

- 이제 Alt + ←를 이용하여 다음 그림과 같이 수정하기 위한 위치로 커서를 이동한다.
- 그리고 수정하고자 하는 숫자 '2'를 '3'으로 수정한 후, Enter↵ 키를 누른다.

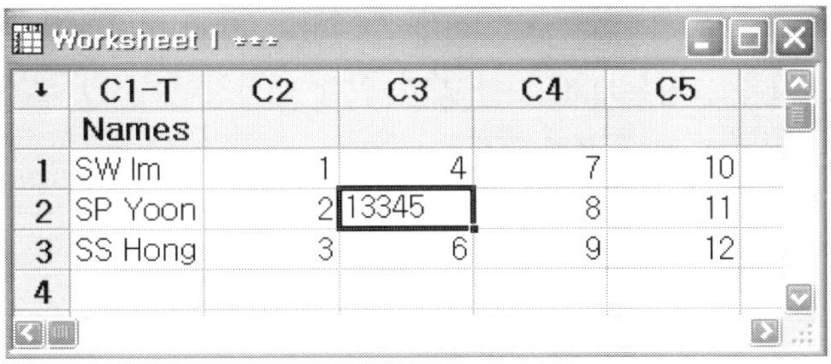

한편 수2정한 data 13345를 기입하고 Enter↵ 키를 누르기 전에 본래의 data를 그대로 사용하고자 한다면, Esc 키 또는 Ctrl + Z를 누른다. 그러면 본래의 data인 12345가 다시 기입된다. 그리고 Ctrl + Z를 다시 누르면, 13345를 다시 기입할 수 있다. 또한 수정한 data 13345를 기입하고 Enter↵ 키를 누른 후에 본래의 data를 그대로 사용하고자 한다면, 메뉴바에서 Edit>Redo typing...을 선택하거나 Ctrl + Z를 누른다. 역시 본래의 data로 수정한 것을 다시 13345로 변경하고자 하면, Edit>Undo typing...을 선택하거나 Ctrl + Z를 누른다.

(2) 특정한 data를 찾기

- Data 창 안에 들어 있는 문자 data 또는 숫자 data를 찾거나 대치시키기 위하여, 메뉴바에서 Editor → Find...를 선택하여 Find in Data Window 대화창을 연다.

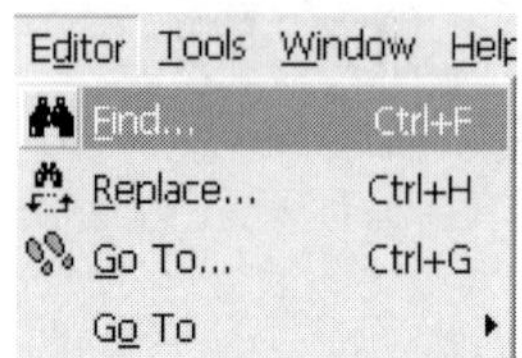

- 이 대화창의 Find What: 대화상자에 찾고자 하는 data를 기입한 후, Find Next를 클릭한다.
- Data 창 안에 들어 있는 문자 data 또는 숫자 data를 찾거나 대치시키기 위하여, 메뉴바에서 Editor → Find를 선택하여 Find in Data Window 대화창을 연다. 다음 그림은 data 9를 찾기 위한 대화창이며, 그 결과로 Data 창의 9가 있는 위치로 셀이 옮겨진다.

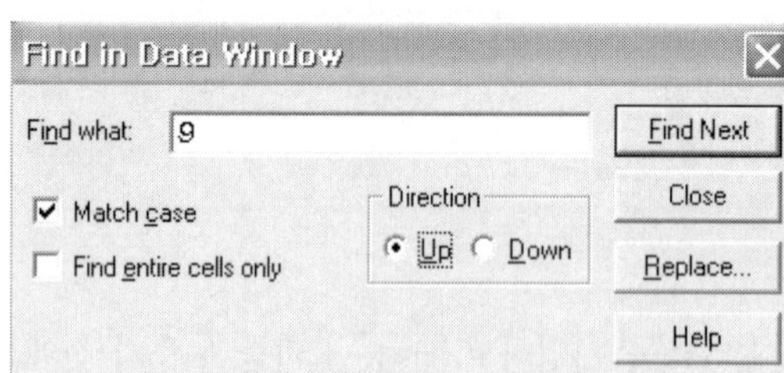

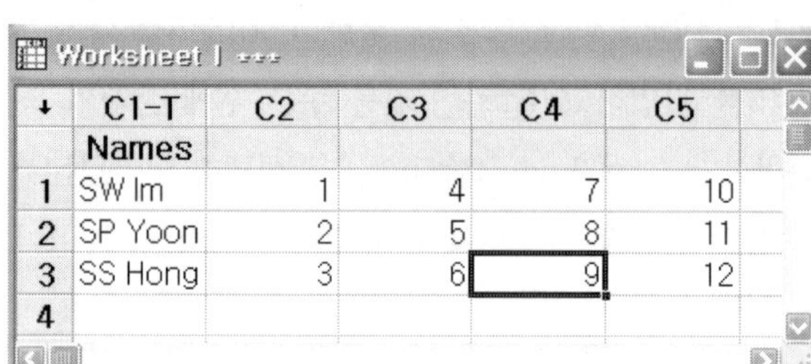

또한 특정 data를 새로운 data로 변경할 수 있으며, 이 경우에는 메뉴바에서 Editor → Replace... 를 선택하여 Replace in Data Window 대화창을 연다.

- 이 대화창의 Find What: 대화상자에 찾고자 하는 data를 기입한 후, Find Next를 클릭한다.
- Data 창에 들어 있는 문자 data 또는 숫자 data를 찾거나 대치시키기 위하여, 메뉴바에서 Editor → Find를 선택하여 Find in Data Window 대화창을 열고, Find What: 대화상자에 9를 기입하고 Replace with: 대화상자에 2를 기입하고 Replace를 클릭한다. 그러면 Data 창의 data 9를 data 2로 바꿀 수 있다.

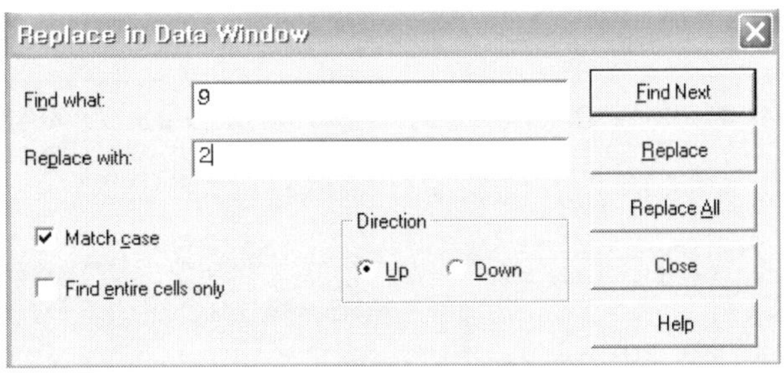

(3) 셀의 삭제

어느 하나의 셀을 지우거나 특정 부분의 셀을 지울 수 있으며, 특정 행에 있는 셀 또는 특정 열에 있는 셀을 모두 지울 수도 있다.

- 어느 특정 셀을 지우는 경우에, Ctrl + G 또는 Editor → Go To...를 선택하여 지우고자 하는 셀로 이동한다. 그리고 Back Space를 이용하여 기록되어 있는 data를 지우고 다른 위치로 셀을 이동하면 아래 그림과 같이 지워진 셀에 '*'가 기록된다.

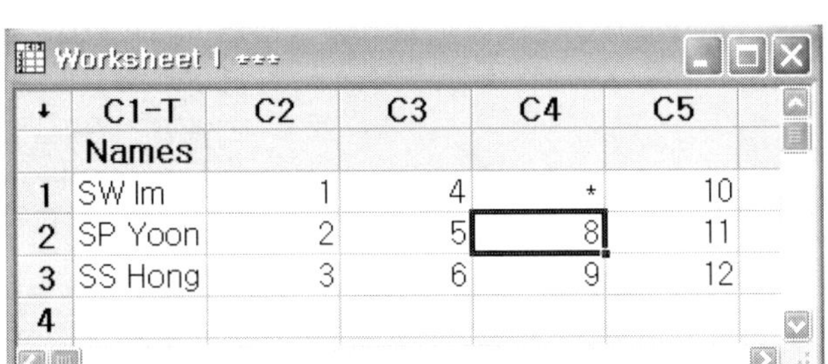
Worksheet 1 ***

↓	C1-T	C2	C3	C4	C5
	Names				
1	SW Im	1	4	*	10
2	SP Yoon	2	5	8	11
3	SS Hong	3	6	9	12
4					

▶ 또한 특정 부분에 있는 셀들을 모두 지우고자 한다면, 지우기 원하는 부분을 마우스로 블록을 지정하고

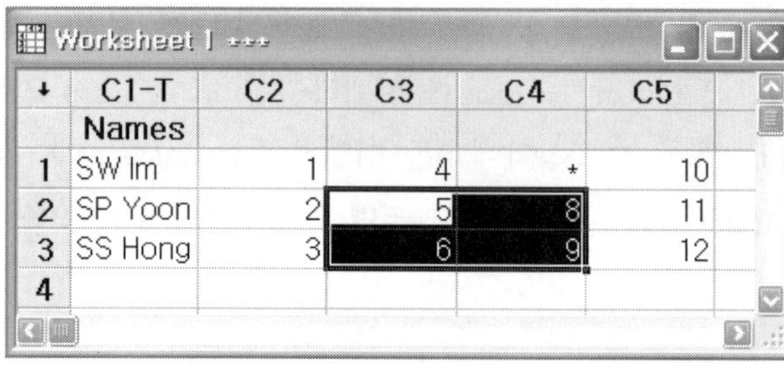

▶ 메뉴바에서 Edit → Delete Cells를 선택하면 블록으로 지정된 부분이 모두 삭제되고, 삭제된 부분은 다음 행의 자료들로 채워진다.

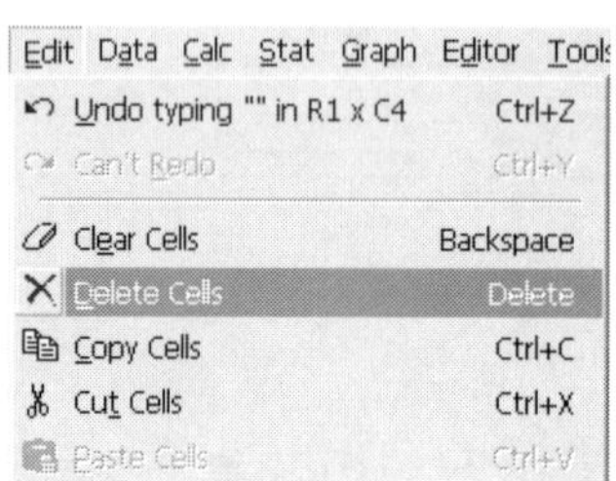

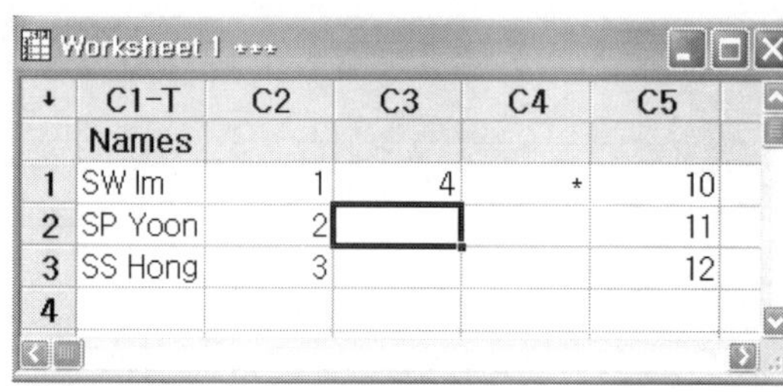

▶ 행으로 주어진 data를 지우기 위하여, 메뉴바에서 Data → Delete Rows... 를 선택하여 Delete Rows 대화상자를 연다.

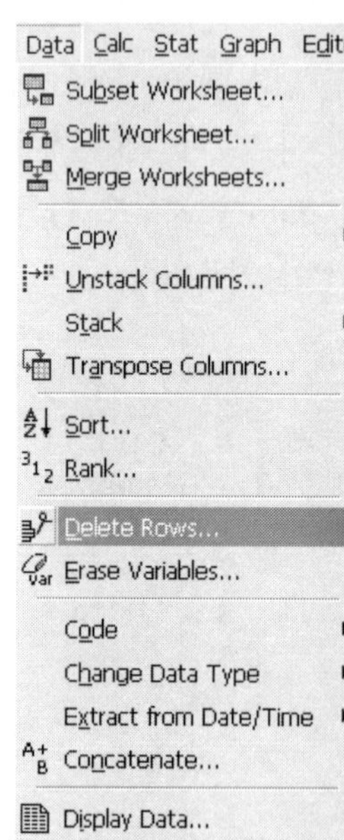

▶ Delete Rows 대화상자에 삭제하기 원하는 행을 지정한다. 이때 삭제하고자 하는 행이 연속적이면 다음 그림과 같이 ':' 기호를 이용하고 연속이 아니면 1칸의 스페이스를 띄우고 원하는 행을 기입한다. 그리고 From columns: 대화상자에서 삭제를 원하는 변수열을 지정한 후 OK를 클릭한다. 다음 그림은 C3, C4열의 1행과 3~5행의 data를 지우는 경우이다.

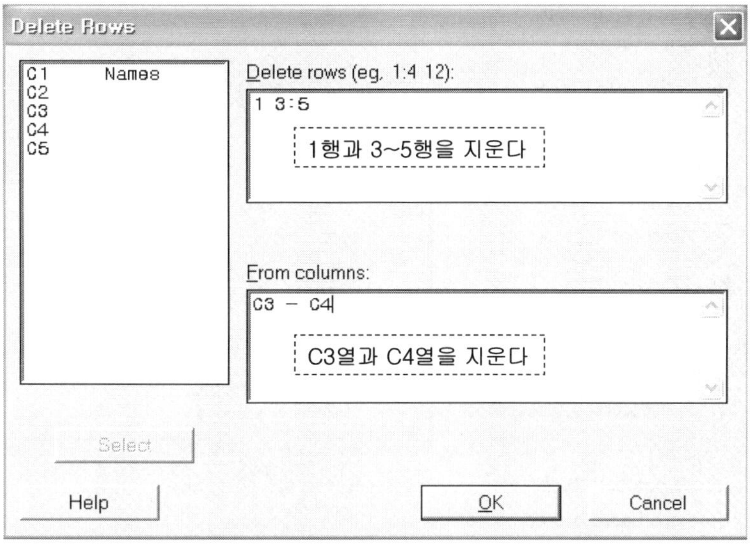

▶ 그러면 지우지 않은 행의 data가 다음 그림과 같이 제1행에서부터 채워진다.

Worksheet 1 ***

↓	C1-T Names	C2	C3	C4	C5
1	SW Im	1	5	8	10
2	SP Yoon	2			11
3	SS Hong	3			12
4	HJ Goo	2			8
5	TY Kim	3			9
6					

● 한편 열의 data를 지우는 방법은 메뉴바에서 Data → Erase Variables...를 선택하여 Erase Variables 대화상자를 연다. 그리고 왼쪽의 상자에서 지우고자 하는 변수열을 한 번 클릭하여 Columns, constants, and matrices to erase: 대화상자에 삽입한 후, OK를 누른다.

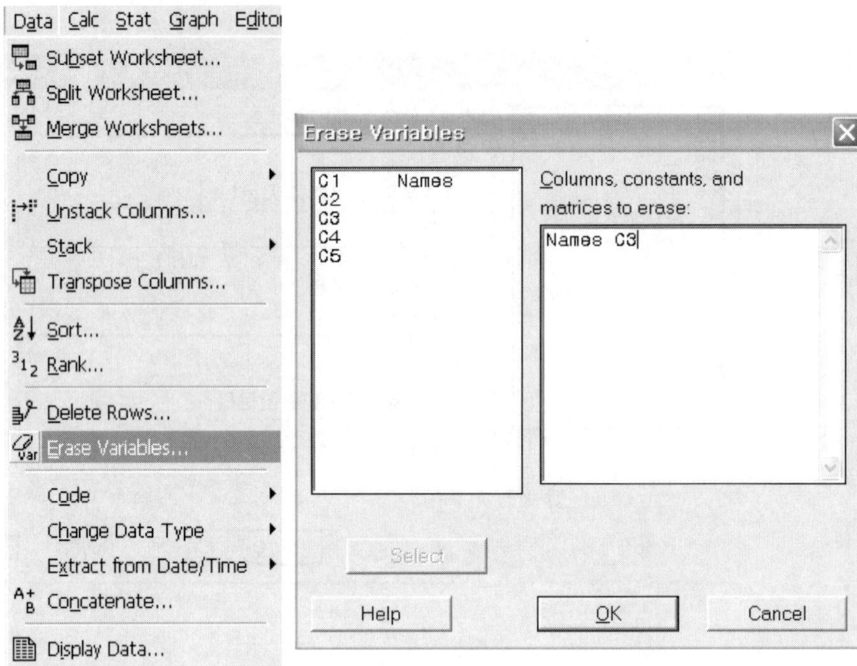

그러면 다음 그림과 같이 C1열과 C3열의 data가 삭제된다.

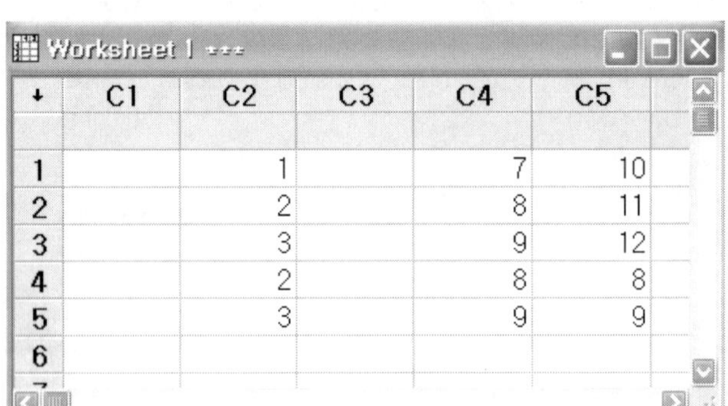

● 또는 지우고자 하는 열의 변수명을 한 번 클릭하여 지우려는 열 전체를 블록으로 지정한다. 그리고 Edit → Delete Cells를 이용하여 data를 삭제한다. 물론 이 경우에 Edit → Undo Delete를 사용하여 삭제된 data를 되살릴 수 있다.

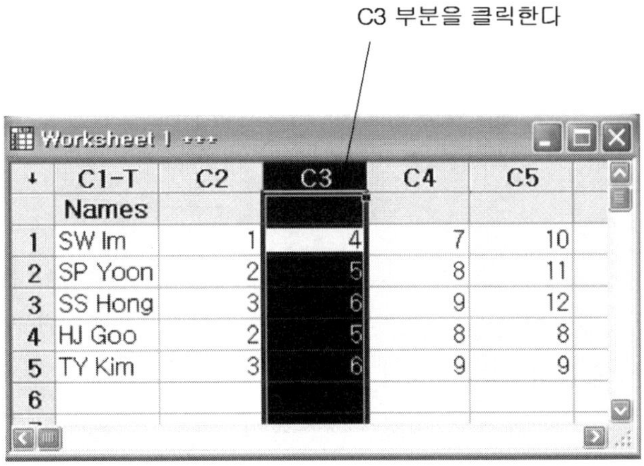

(4) 셀의 복사 및 붙여 넣기

Data 창의 data들을 동일한 Data 창 또는 다른 Data 창에 복사할 수 있으며, 또한 hwp나 txt 파일 등에 붙여 넣을 수 있다.

● 복사하고자 하는 열의 data 또는 행의 data를 블록으로 지정한다. 또는 복사하고자 하는 특정 부분의 셀들을 블록으로 지정한다.

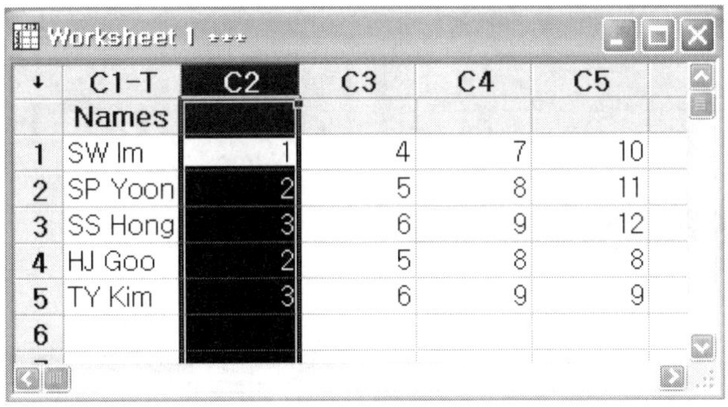

- 메뉴에서 Edit → Copy Cells 또는 Ctrl + C를 사용하여 복사를 한 후에, 붙여 넣을 위치로 커서를 옮긴다.

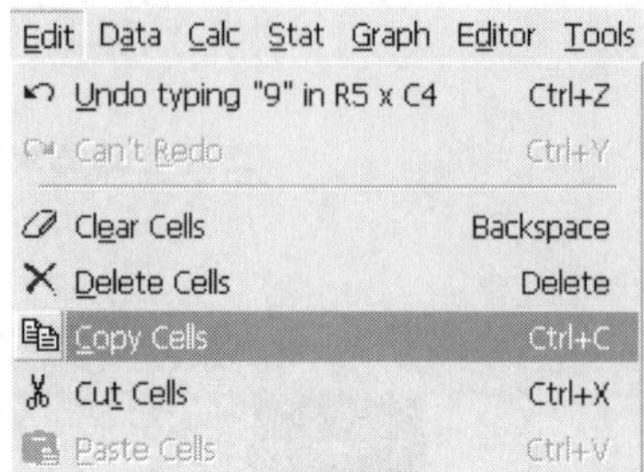

- 메뉴에서 Edit → Paste Cells 또는 Ctrl + V를 사용하여 붙여 넣는다. 다음 그림은 C2열의 data를 복사하여 C6열에 붙여 넣은 것과 동일한 방법으로 2행을 6행에 붙여 넣은 것이다.

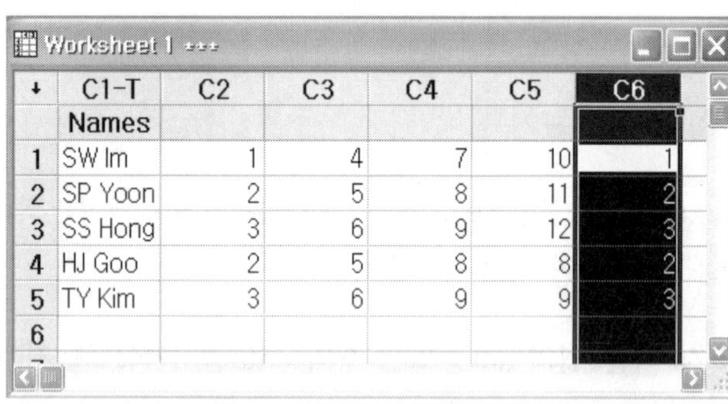

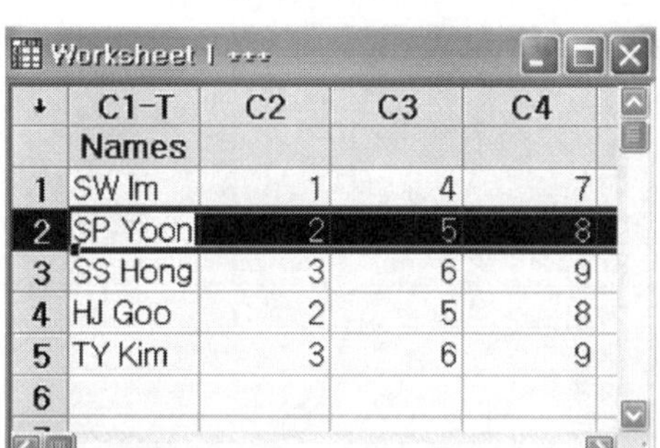

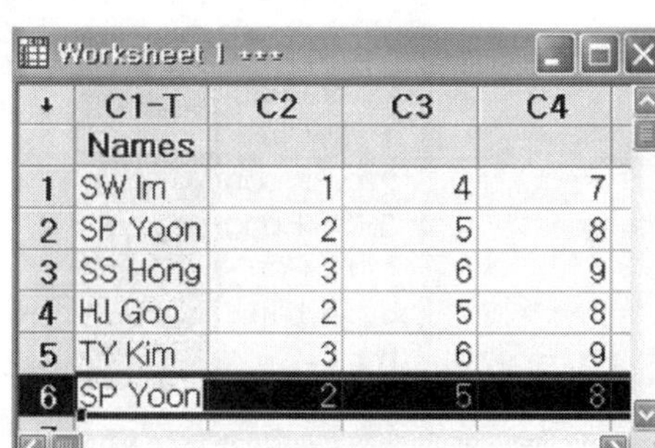

한편 미니탭이 아닌 hwp 또는 txt 파일 등에 복사하는 것도 동일한 방법에 따른다.

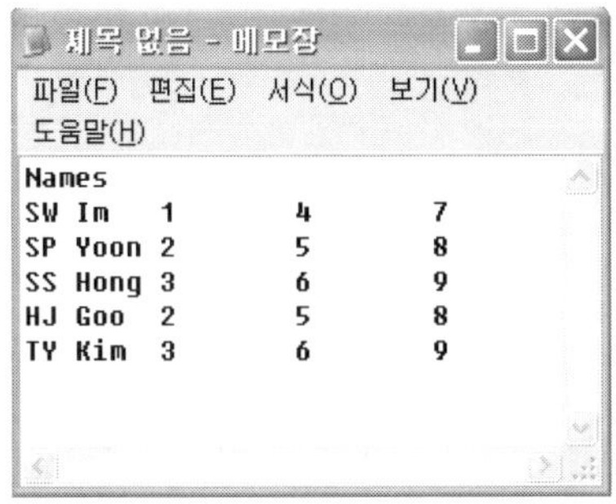

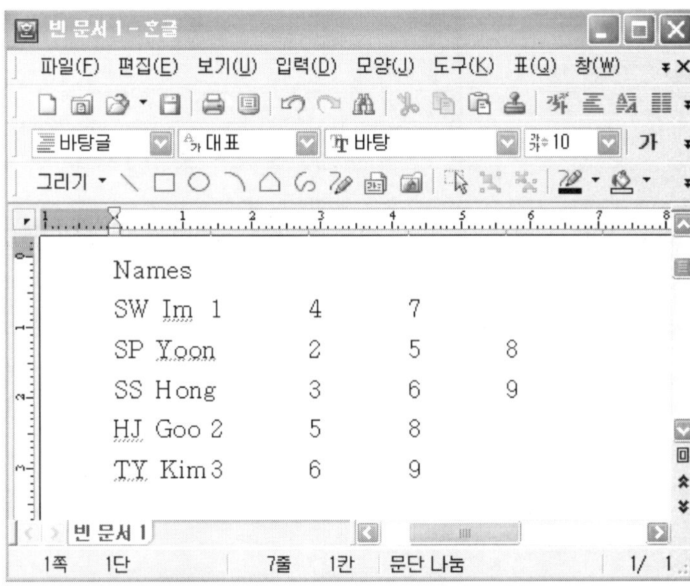

- 그리고 미니탭을 이용하여 얻은 그림을 HWP 또는 Photoshop 등에 붙여 넣을 수도 있으며, 그 방법은 data를 붙여 넣는 방법과 동일하다. 단지, 메뉴에서 Edit → Copy Graph를 이용한다는 것이 다르다. 이때, 간혹 붙여 넣은 그림이 일그러지는 경향이 있으며, 그림의 경우에는 txt 파일에 붙여 넣을 수 없음을 유의하기 바란다.

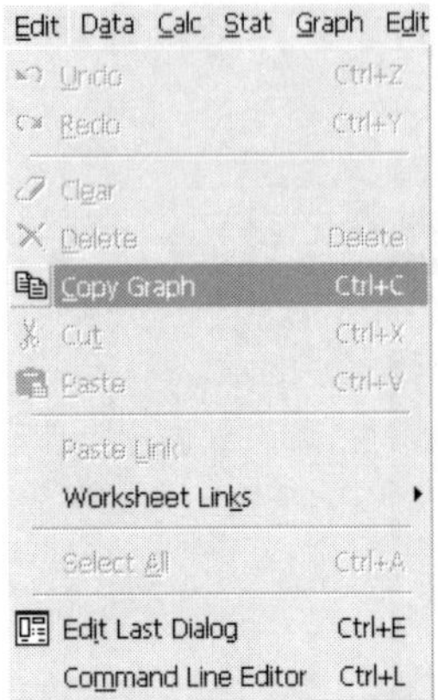

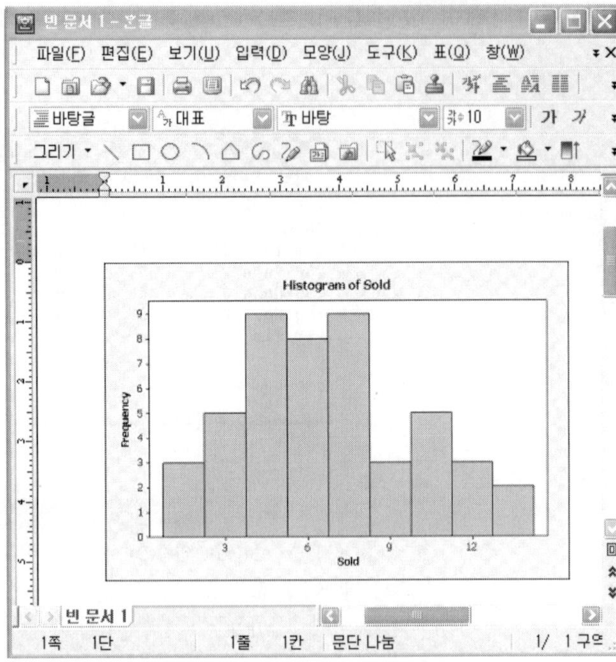

Copy Cells는 서로 인접한 Data 창 셀을 복사하는 명령어이다. 그러나 인접하지 않은 다른 형태의 data를 복사하기 위하여 메뉴바의 Data → Copy → Columns...를 이용할 수 있다. 그러나 이 방법에 의한 복사는 동일한 Data 창에서만 붙여 넣기를 할 수 있으며, 선택한 열의 모든 data를 복사하게 된다.

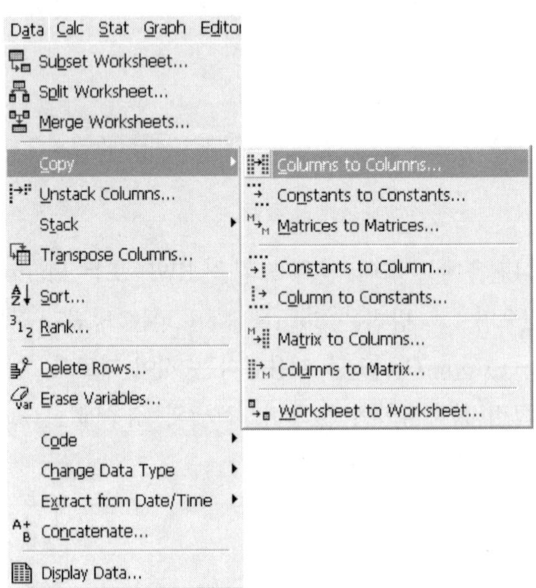

Copy Columns to Columns 대화창을 연다. 이때, 왼쪽의 list box는 Data 창 안에 있는 사용할 수 있는 열이고, 오른 쪽의 두 대화상자는 각각 복사할 열과 붙여 넣기 할 새로운 열의 명칭을 나타낸다. 다음 그림과 같이 list box에서 C1 Names를 두 번 클릭하여 Copy from columns: 대화상자에 C1열을 삽입한다. 그리고 Store Copied Data in Columns에서 In current worksheet, in Columns를 선택하고 바로 밑 대화 상자에 "NEW"를 기입한다. 이제 OK 버튼을 누르면 C6열에 NEW라는 이름으로 C1열의 data가 생성된다.

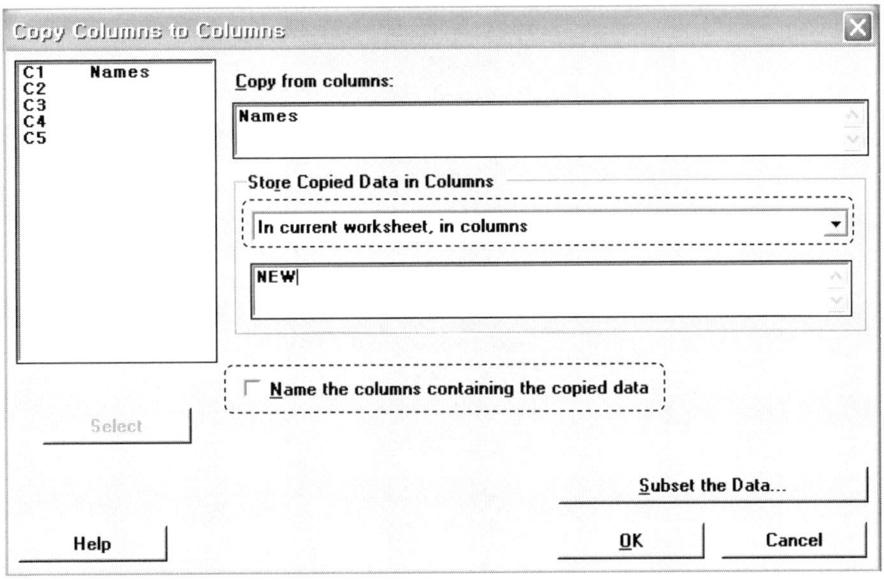

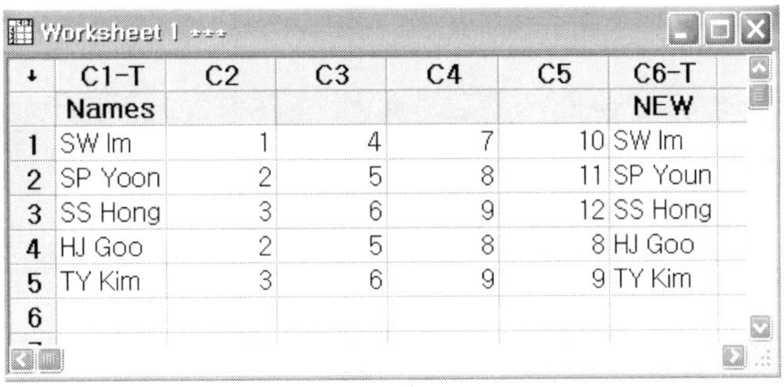

↓	C1-T	C2	C3	C4	C5	C6-T
	Names					NEW
1	SW Im	1	4	7	10	SW Im
2	SP Yoon	2	5	8	11	SP Youn
3	SS Hong	3	6	9	12	SS Hong
4	HJ Goo	2	5	8	8	HJ Goo
5	TY Kim	3	6	9	9	TY Kim
6						

(5) 셀의 삽입

모든 data를 기입한 후에 누락된 data를 발견했을 경우, 또는 행의 data나 열의 data를 삽입하는 방법에 대하여 살펴본다.

- Go To 명령어를 이용하여 우선 누락된 셀로 커서를 옮겨 놓는다. 예를 들어, C3열의 제2행에 data '3'이 누락되었다면, C3열의 제2행에 커서를 옮겨 놓는다.
- 메뉴바에서 Editor → Insert Cells를 선택한다.

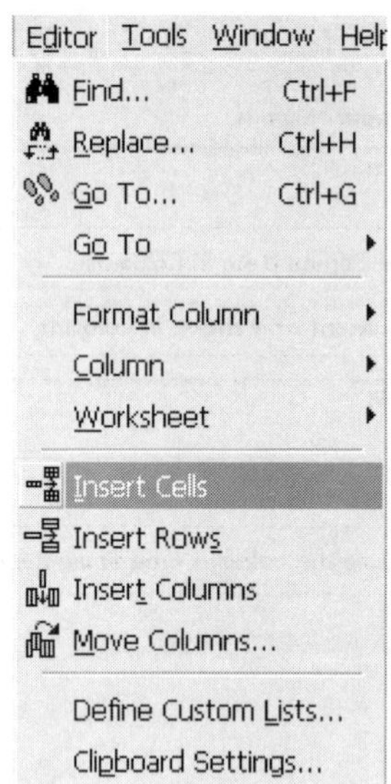

그러면 다음 그림과 같이 C3열의 제2행 이하의 data들이 한 줄씩 밀려난다. 이제 제2행에 누락된 data '3'을 기입한다.

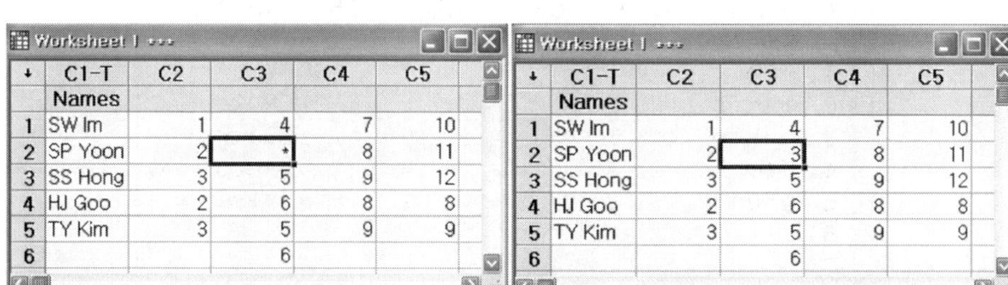

그리고 제2행에 행 data가 누락된 경우, 다음 그림과 같이 행 번호를 클릭하여 제2행을 블록으로 지정한다.

메뉴바에서 Editor → Insert Rows를 선택한다. 그러면 다음과 같이 제2행이 모두 '*'로 바뀌면서 빈 셀이 되고 처음 2행의 data는 제3행으로 이동한다.

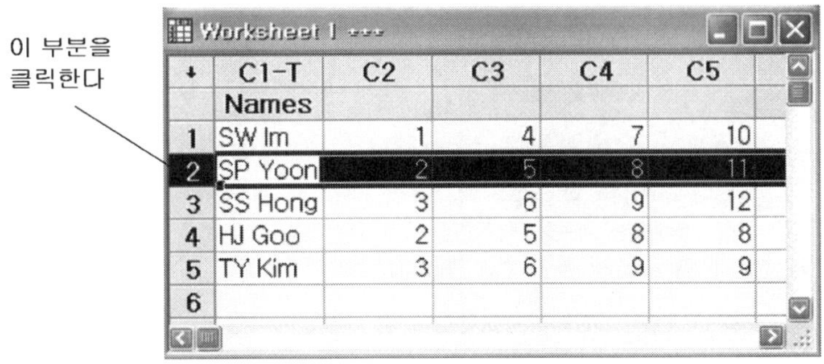

이제 제2행에 누락된 data를 기입한다.

또한 동일한 방법으로 커서를 삽입하고자 하는 열에 놓고, Editor → Insert Columns를 선택하면 다음 그림과 같이 빈 셀을 갖는 열이 생성된다.

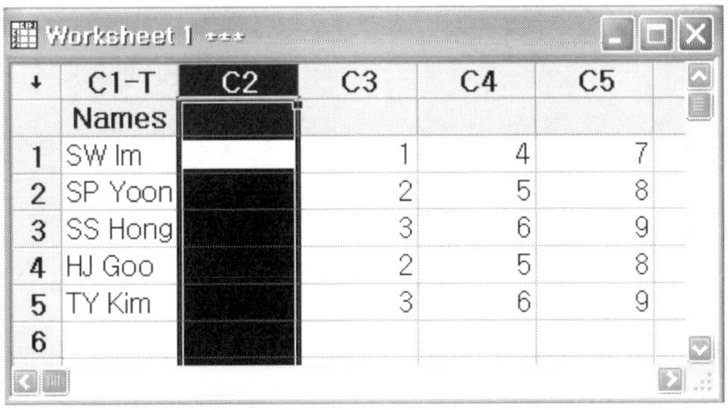

(6) 열의 이동

한 개 이상의 열 data를 다른 열의 앞이나 뒤로 이동할 수도 있다.

이동시킬 열을 블록으로 지정한다. 예를 들어, C2열과 C3열을 블록으로 지정한다.

Editor → Move Columns를 이용하여 Move Columns 대화창을 연다.

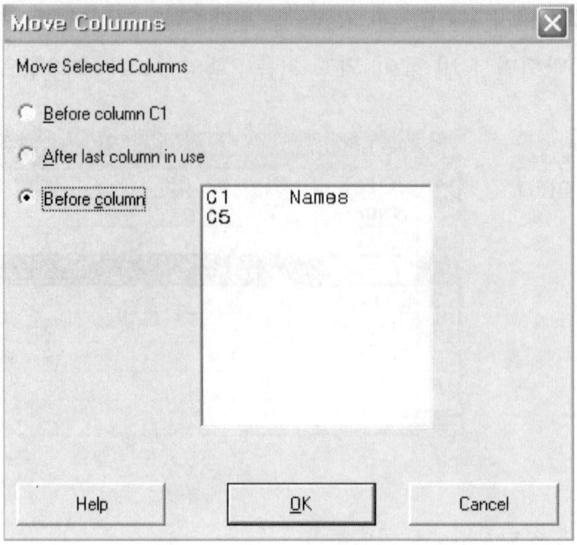

- 선택한 열을 처음 열로 이동시킬 경우에는 Before column C1의 체크상자를 체크하고, 마지막 열로 이동시킨다면 After last column in use의 체크상자를 체크한다.

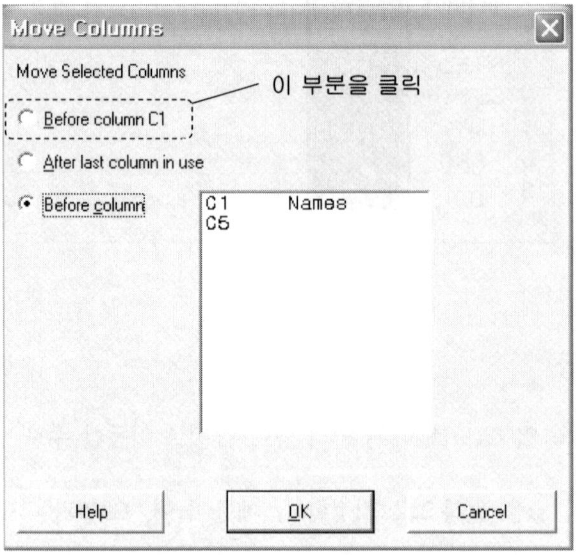

그러면 다음 그림과 같이 이동시키고자 하는 열인 C2와 C3을 C1과 C2로 이동시킨다.

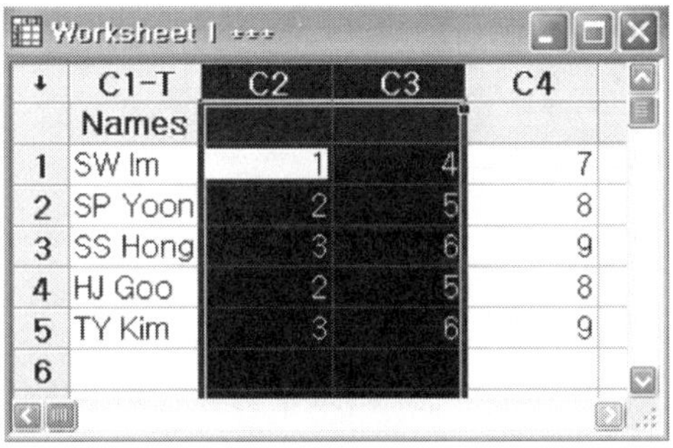

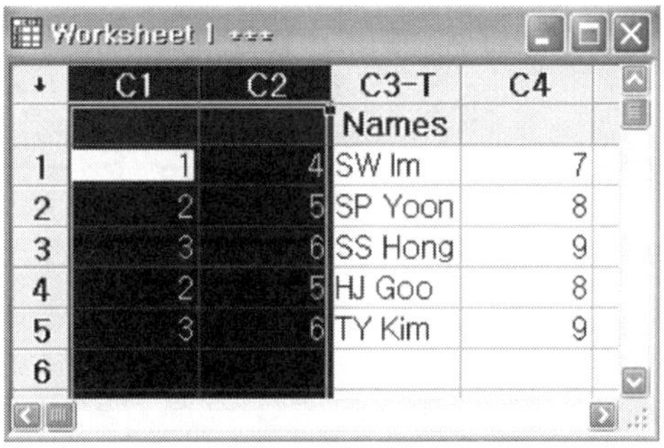

또한 열 data에 대한 설명을 삽입할 수 있으며, 주석을 넣는 방법은

- 주석을 넣고자 하는 열의 아무 셀에 커서를 옮겨 놓는다.
- 그리고 Editor → Column → Description...을 선택하여 Column Description 대화창을 연다.

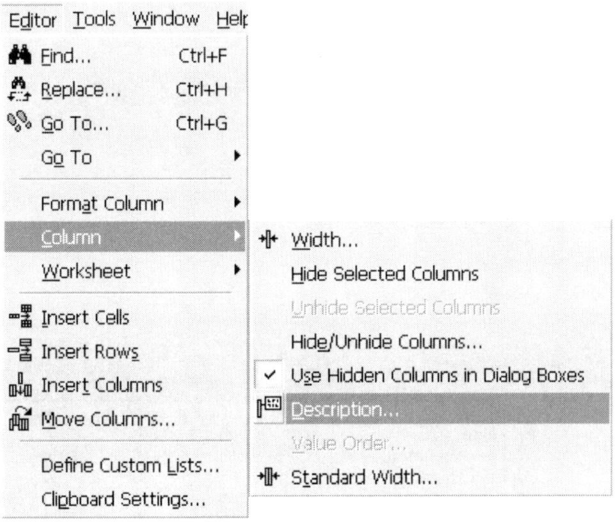

- 이 창의 대화상자에 C2열에 대한 주석을 넣고 OK를 클릭한다. 여기서는 'First'라는 주석을 넣는 예이다.

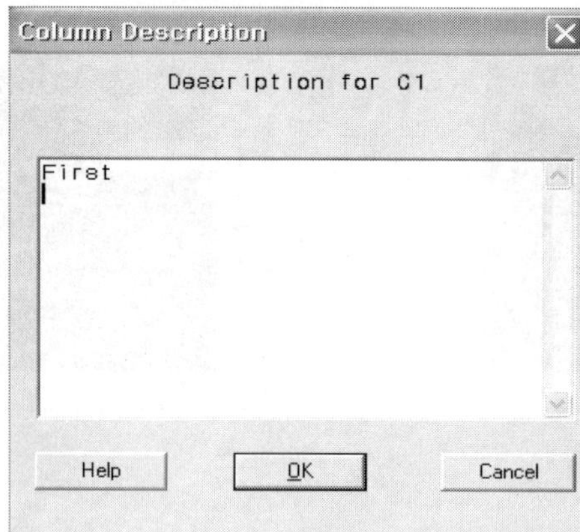

- 이 창의 대화상자에 C2열에 대한 주석을 넣고 OK를 클릭한다. 여기서는 'First'라는 주석을 넣는 예이다. 그러면 C2열의 명칭 부분에 적색의 삼각형이 오른쪽 상단 귀퉁이에 생성되며, 또한 Project Manager 창의 Worksheets → Worksheet 1 → Columns에 대한 설명에서 C2열의 설명 부분에 'First'가 생성된다.

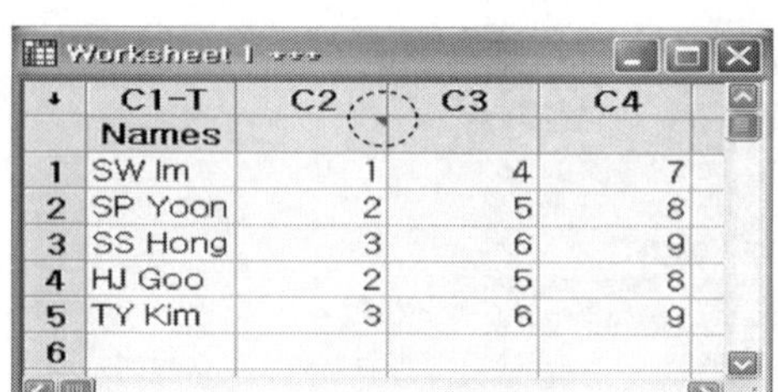

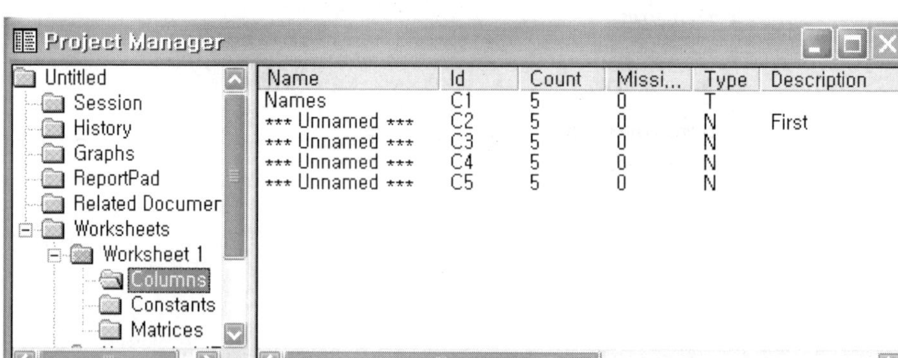

한편 data의 폰트 또는 명칭에 대한 폰트를 조절할 수도 있다.

- 메뉴바에서 Tools → Options → Data window → Data font를 선택하여 Font 창을 연다.

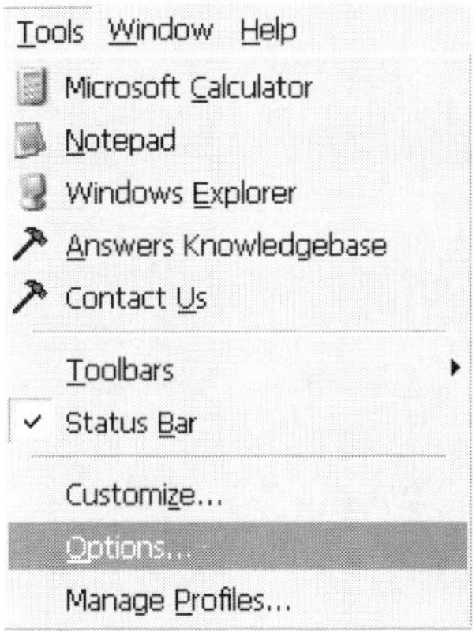

- 이 창에서 적당한 글꼴을 선택하고, OK(또는 확인) 버튼을 클릭한다.

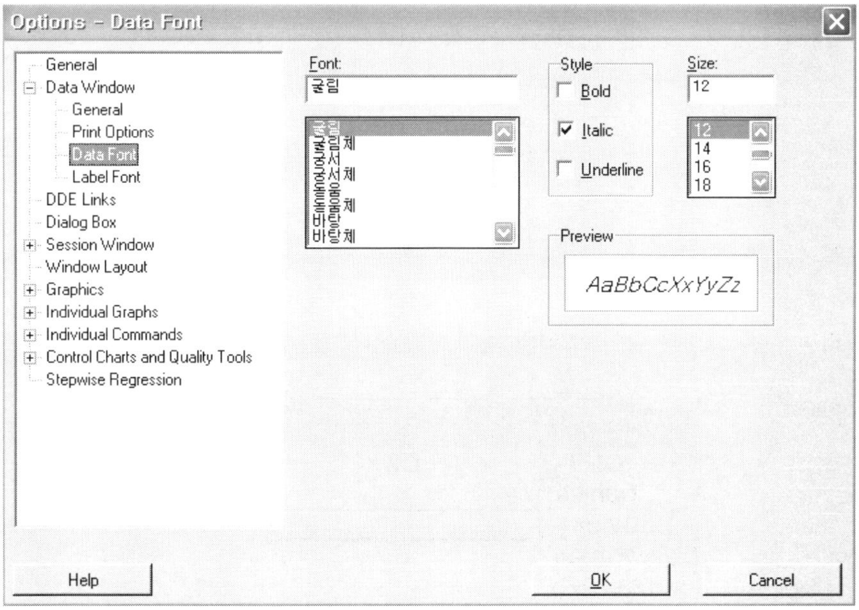

● 그러면 data의 글꼴을 변형할 수 있다. 또한 동일한 방법으로 Tools → Options → Data window → Label font를 선택하여 data 명칭의 글꼴을 변형할 수 있다.

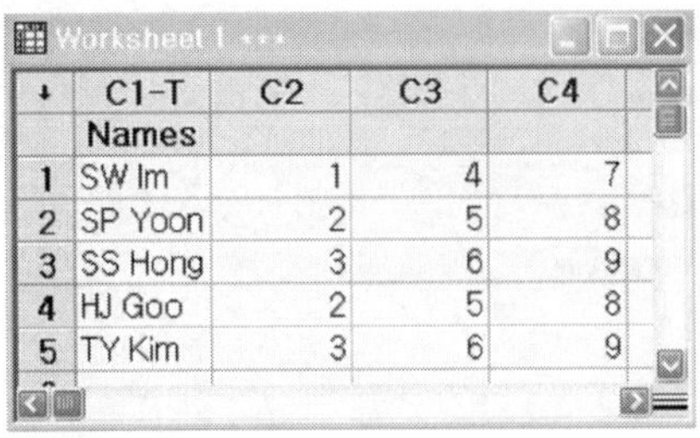

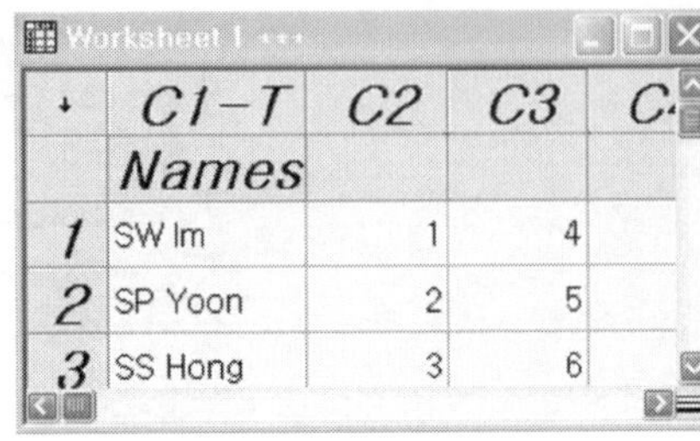

● 한편 Editor → Column〉Width... 을 선택하여 Column Width 창을 열고 특별한 열의 간격을 조절할 수 있다. 다음은 C2열의 간격을 조절하기 위한 과정이다.

● Fixed width의 체크상자를 클릭하고 이 대화상자에서 '8.00'을 '20.00'으로 수정하고 OK 버튼을 클릭한다.

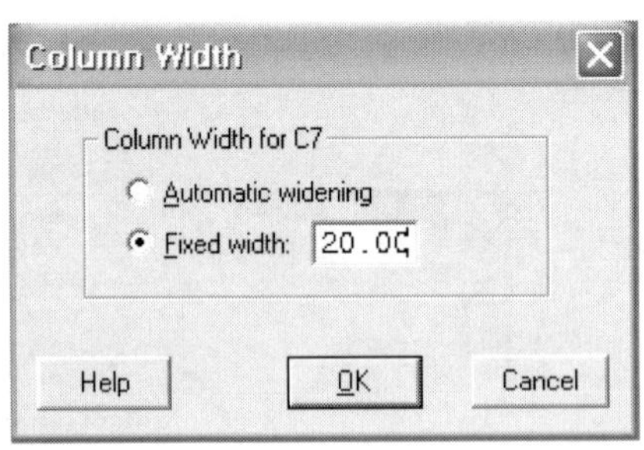

그러면 다음 그림과 같이 C2열의 폭이 변형된다.

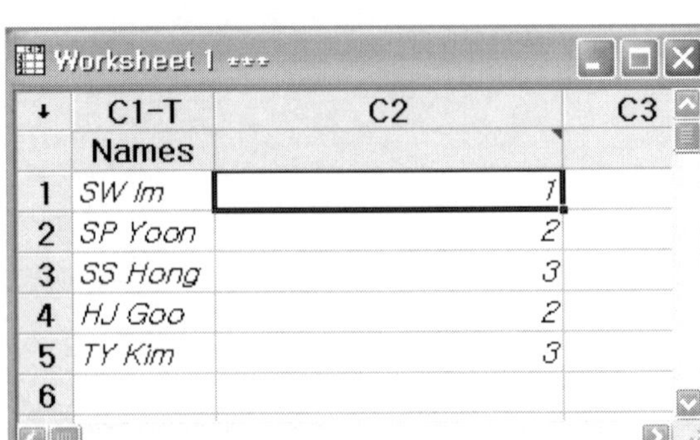

◗ 또한 Editor → Column → Standard Width...을 선택하여 Standard Column Width 창을 열고 모든 열의 간격을 표준으로 조절할 수 있다. 그러면 앞의 그림이 다음과 같이 지정된 표준간격을 갖는 셀로 변경된다.

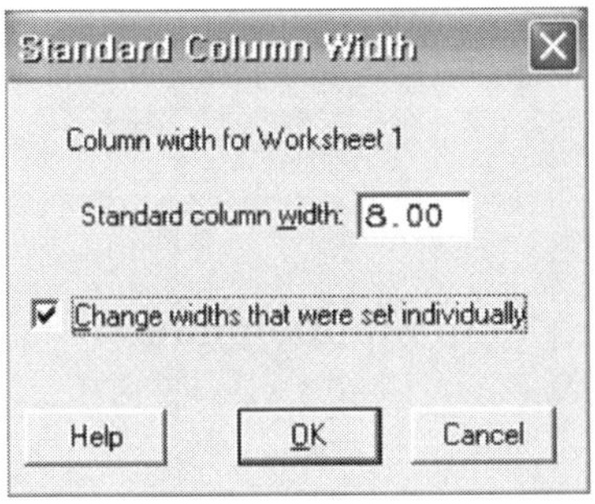

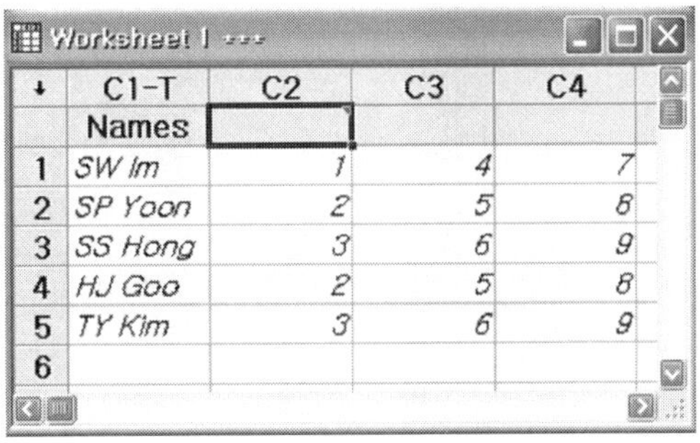

◗ 뿐만 아니라 특정한 열 또는 여러 개의 열의 자료를 숨기거나 또는 다시 재생산할 수도 있다. 우선 숨기려는 열의 아무 셀에 커서를 옮겨 놓고 Editor → Column → Hide Selected Columns를 선택하면, 열 data를 숨길 수 있다. 그리고 Editor → Column → Unhide Selected Columns를 선택하면 숨겨진 열 data가 다시 생산된다.

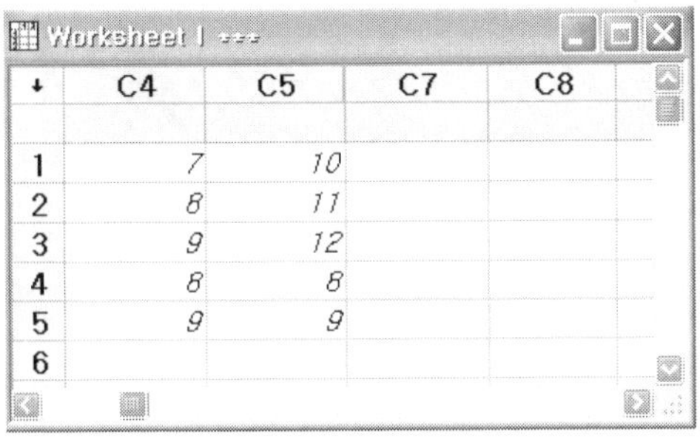

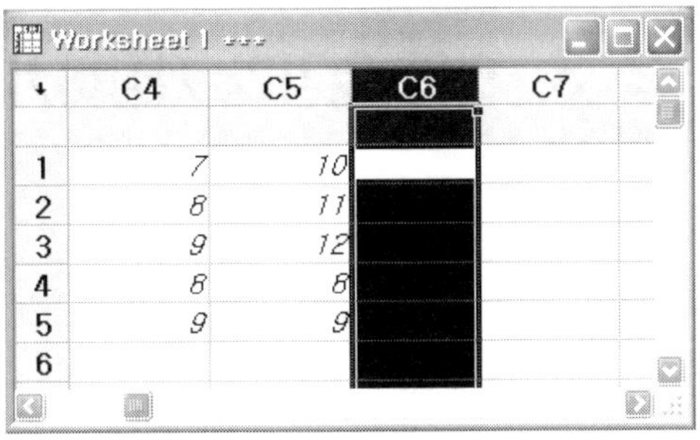

◗ 또한 Editor → Column → Hide/Unhide Selected Columns...를 선택하면, Hide/ Unhide Columns 대화창이 나온다. 이제 이 창에서 [›]를 이용하여 Unhidden Columns: 안의 열을 Hidden Columns:으로 이동시키면 원하는 열 data를 숨길 수 있다. 그리고 [‹]를 이용하여 숨겨진 열 data를 재생산할 수 있다.

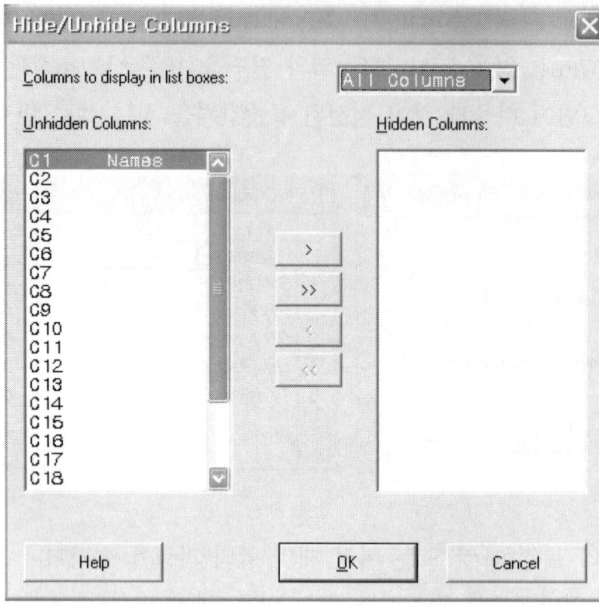

2.3 파일 열기와 저장하기
section

2.3.1 파일 열기와 선택사항

파일 불러오기에서 Project 파일을 불러오는 방법을 살펴보았다. 이제 이러한 파일을 비롯하여 Worksheet를 불러오는 방법과 그에 따른 여러 가지 선택사항들에 대하여 살펴본다.

(1) 새 파일 열기

활성창을 닫고 새로운 Project 또는 Worksheet를 열기 위하여

◗ 메뉴에서 File → New를 선택하여 New 대화창을 연다.

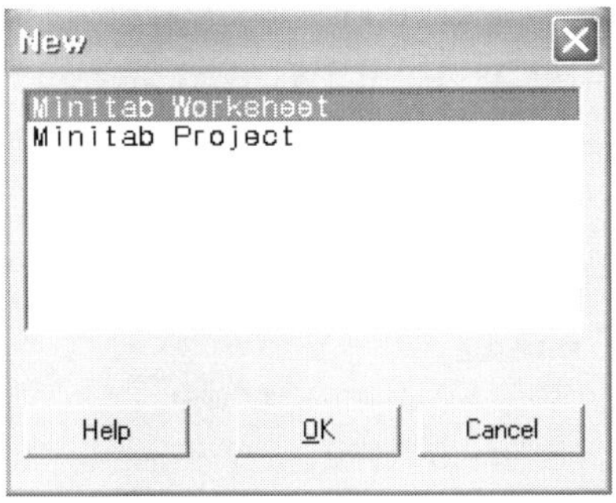

Minitab Worksheet를 열 것인지 아니면 Minitab Project를 열 것인지를 묻는 대화상자에서 Minitab Worksheet를 클릭하고 OK 버튼을 누르면, Worksheet를 열게 된다. 물론, Minitab Project를 선택하면 Project 작업을 위한 빈 Data 창이 열린다.

(2) Project 파일 열기

이미 설명한 바와 같이 File → Open Project...를 선택하여 Open Project 대화창을 연다. 그러면 확장자가 mpj인 파일들이 나타나며, 작업을 원하는 파일을 선택하고 열기 또는 Open을 선택하여 파일을 연다.

- 이 대화창에서 Description... 을 선택하면, 다음과 같은 Project Description 창이 열린다. 그러면 이 창을 통하여 T10.mpj 파일에 대한 여러 가지 설명을 알 수 있다. 물론 이 선택사항은 파일이 Description을 갖고 있는 경우에 한하여 사용할 수 있다.

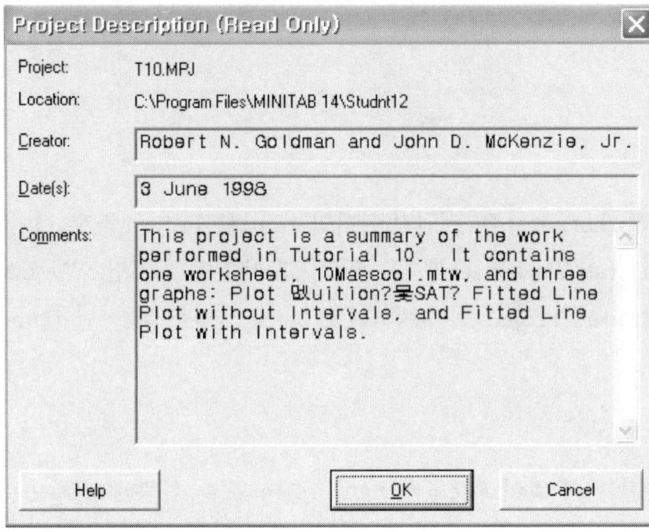

- 또한 선택사항 Preview... 을 선택하면, mpj 파일을 열기 전에 이 파일이 갖고 있는 worksheet와 다른 그림들의 리스트를 보여주는 다음의 Listing for project 창이 열린다. 이 창에서 사용 가능한 Worksheet는 10Massco.mtw 파일이고, 세 개의 그래프를 갖고 있음을 알 수 있다.

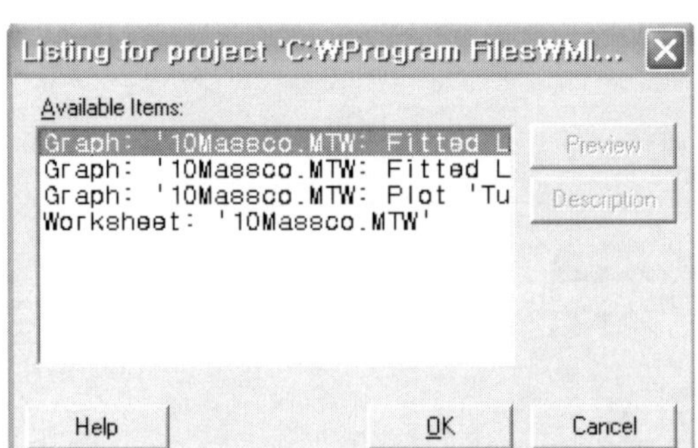

(3) Worksheet 파일 열기

- File → Open Worksheet...를 선택하여 Open Worksheet 대화창을 연다. 그러면 확장자가 mtw인 파일들이 나타나며, 작업을 원하는 파일을 선택하여 열기 또는 Open을 선택하여 파일을 연다.

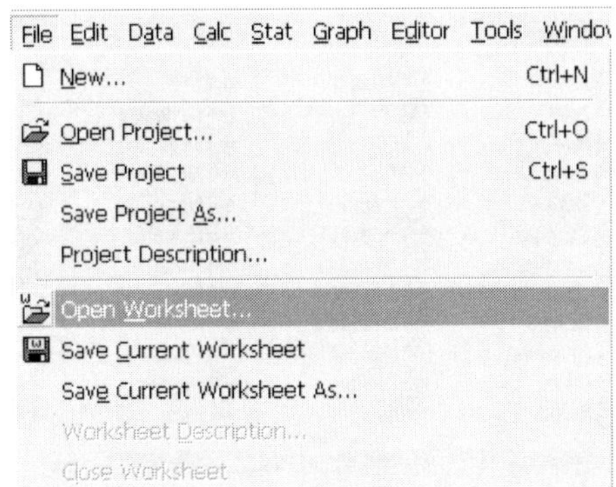

아래 그림은 C:/Mtbwin/Student9/Marks.mtw 파일을 열기 위한 그림이다. 그러면 이 파일에 대하여 그 동안 작업하여 저장한 내용을 담고 있는 세 개의 창이 나타난다.

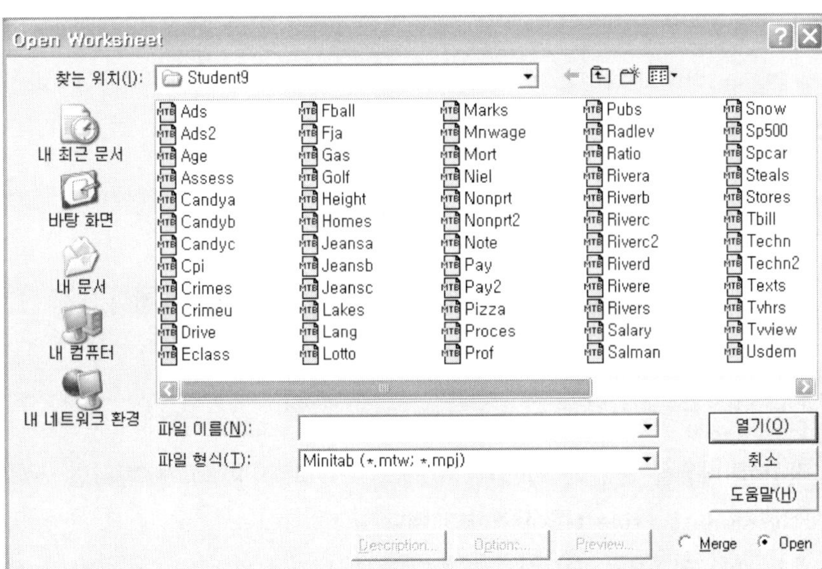

한편, Minitab Project에 포함된 Worksheet 파일을 열고자 한다면

- File → Open Worksheet...를 선택하여 Open Worksheet 대화창을 연다. 그리고 Files of type 또는 파일형식(T)에서 Minitab Project 파일을 선정하고 작업할 Project 파일이 들어있는 디렉토리와 파일을 선정한다.

이제 원하는 형태의 파일을 찾아 Open 또는 열기(O)를 클릭하면 원하는 파일을 열 수 있다.

2.3.2 파일 저장하기

Project 또는 Worksheet를 저장하는 방법은 다음과 같이 간단하다.

(1) Project 파일 저장하기

- 작업한 내용을 동일한 이름의 Project 파일로 저장하고자 한다면, 메뉴에서 File → Save Project를 선택하면 된다.
- 또한 다른 이름으로 저장하고자 한다면, 메뉴에서 File → Save Project As...를 선택하여 Save Project As 대화창을 열고, 파일 이름: 대화상자에 새로운 이름으로 저장한다.

(2) Worksheet 파일 저장하기

- 작업한 내용을 동일한 이름의 Worksheet 파일로 저장하고자 한다면, 메뉴에서 File → Save Current Worksheet를 선택하면 된다.
- 또한 다른 이름으로 저장하고자 한다면, 메뉴에서 File → Save Current Worksheet As...를 선택하여 Save Worksheet As 대화창에서 새로운 이름과 파일 형식을 선택하고, Save를 클릭한다.

이때, 파일 형식에서 Excel 97-2000을 선택하거나 Text 등 다른 형식으로 지정하면, 지정된 형식의 파일로 저장된다. 다음 그림은 엑셀 97-2000과 텍스트로 지정한 것을 각각의 프로그램에 의하여 불러온 예이다. 단, Text 파일로 저장할 경우, 다음 그림과 같이 열의 data가 일치하지 않으므로 조절해 줄 필요가 있다.

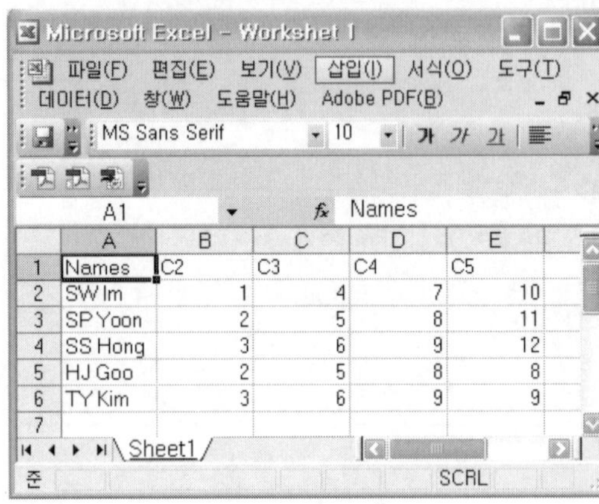

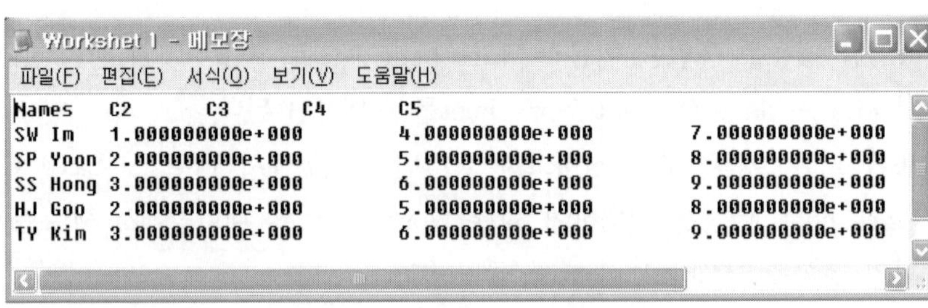

물론 Data 창뿐만 아니라 Session 창을 Text 파일과 같은 다른 형식으로 저장할 수 있으며, 메뉴에서 File → Save Session Window As...를 선택하여 data 창에서와 동일한 방법으로 저장한다. 그러면 다음 그림과 같이 Session 창의 내용을 Text 파일로 불러올 수 있다.

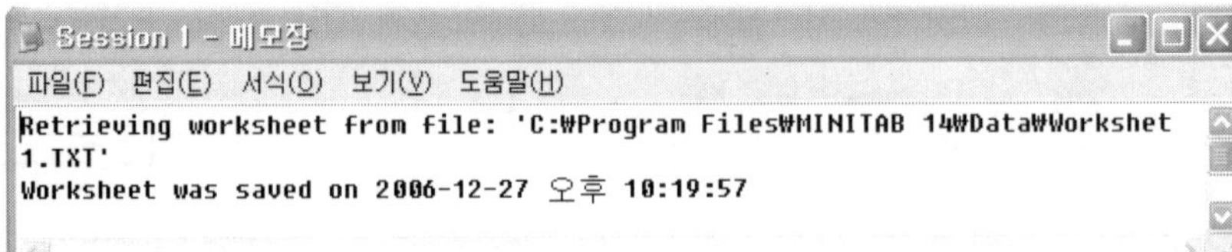

이 외에도 Minitab R14는 많은 기능을 갖고 있으며, 자세한 내용은 매뉴얼이나 Help 기능을 참고하기 바라면서 끝으로 출력과 미니탭을 끝내는 방법을 살펴본다.

2.4 section 파일 출력하기

프린터를 이용하여 작업 내용을 출력하기 위하여

- 메뉴바에서 File → Print Worksheet...를 선택하여 Data Window Print Options 대화창을 열고, 다음과 같은 선택사항을 이용하여 OK를 클릭하면 원하는 내용을 프린트할 수 있다.

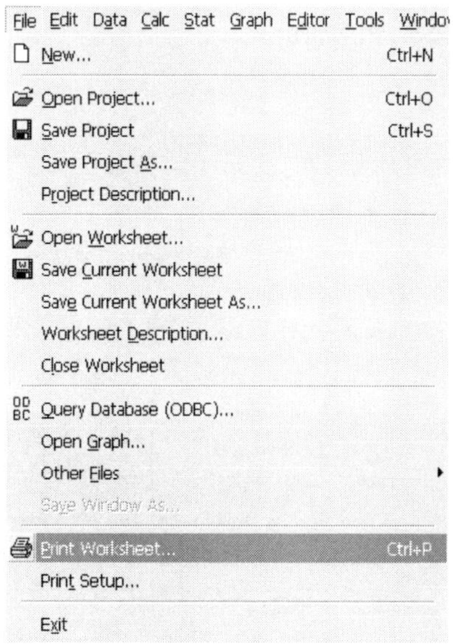

[프린트 선택사항]

- Print Row Labels: 프린트할 때, 행의 번호(1,2,3,…)를 출력한다.
- Print Column Labels (i.e. C1): 프린트할 때, 열의 번호(C1, C2, C3,…)를 또는 출력한다.
- Print Column Names: 프린트할 때, 열의 명칭을 출력한다.
- Print Grid Lines: 프린트할 때, 상자 모양의 그리드를 출력한다.

한편 열의 data에 대한 명칭과 라벨에 대한 선택사항에 설명은 다음과 같다.

- Left Justified: 열 data 위에 있는 명칭과 라벨을 왼쪽에 정렬한다.
- Centered: 열 data 위에 있는 명칭과 라벨을 중앙에 정렬한다.
- Right Justified: 열 data 위에 있는 명칭과 라벨을 오른쪽에 정렬한다.
- Numeric Right Justified, Text Left Justified: 열 data 위에 있는 숫자 열에 대한 명칭과 라벨은 오른쪽에 정렬하고, text 열의 명칭과 라벨은 왼쪽에 정렬한다. 그리고 출력물 위에 제목을 사용하고자 할 경우에는 Title: 대화상자에 원하는 제목을 기입한다.

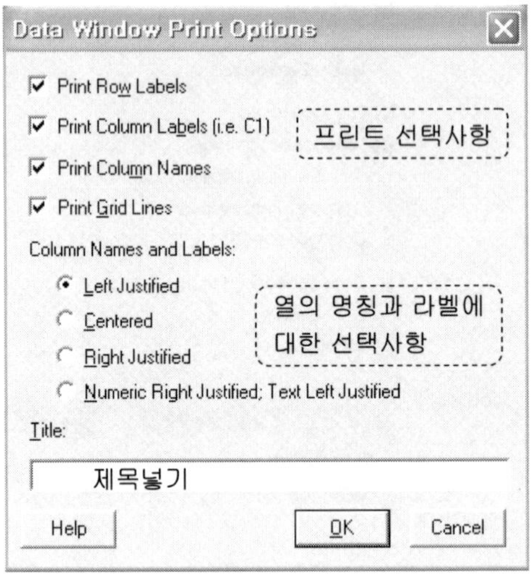

정의
Define

3 chapter

지금까지 우리는 식스 시그마 경영에 관한 기본적인 이론과 통계분석을 위한 미니탭의 사용법에 대한 기초실습을 실시하였다. 지금부터는 식스 시그마의 프로세스 DMAIC에 맞추어 기본적인 분석방법에 대하여 공부하고자 한다.

정의(Define)단계는 주요 고객을 정의하고 고객의 관점에서 고객이 요구하는 품질특성에 영향을 미치는 모든 요인을 도출하여 이 중에서 품질특성에 결정적 영향을 미치는 요인(CTQ: Critical to Quality)을 파악하여 개선 프로젝트를 선정한다. 이러한 개선 프로젝트를 선정함에 도움을 주는 방법에 대하여 공부해보자.

3.1 파레토 분석(Pareto Chart)

section

3.1.1 개요

제조업이나 서비스업의 경우 문제를 발생시키는 원인이 많더라도 대부분의 문제는 소수의 원인 때문에 발생한다. 일반적으로 문제의 원인은 사소한 다수(trivial many)와 중요한 소수(vital few)로 분류할 수 있다. 중요한 20%의 원인이 전체 문제의 80%를 발생시키기 때문에 이것을 특히 20:80의 법칙이라고도 한다.

파레토차트는 소수의 중요한 요소를 구별하기 위한 일종의 막대 그래프이다.

3.1.2 적용절차

[단계 1] 측정한 모든 요소들의 목록을 작성한다.
[단계 2] 관련된 요소들을 측정한다.
[단계 3] 가장 높은 수치를 획득한 범주(항목)부터 가장 낮은 범주 순으로 순위표를 작성한다.
[단계 4] 각 항목에 대한 백분률과 누적백분률을 계산한다.
[단계 5] 막대그래프 형태의 차트를 작성한다.
[단계 6] 누적백분률을 파레토차트에 표시한다.

3.1.3 적용사례

예제 3.1

팀을 구성하여 구성인원의 선호 구기 스포츠에 대하여 파래토 차트를 그리시오.

풀이 30명을 대상으로 선호하는 구기 스포츠에 대한 파래토 차트는 다음과 같다.

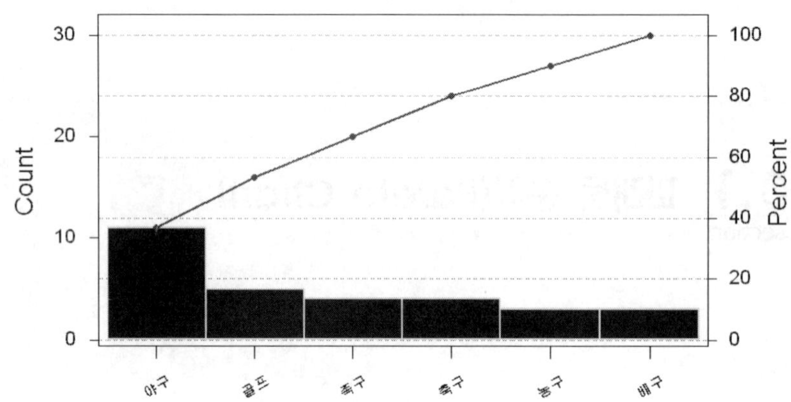

예제 3.2

신문 사설을 선택하여 우리말, 외래어, 외국어, 한자의 구성에 대하여 미니탭을 이용하여 파래토 차트를 그리시오.

풀이 [**단계** 1] 미니탭을 실행시키고 Worksheet에 다음과 같이 완성한다.

Worksheet 1...

↓	C1-T 형태	C2 횟수
1	우리말	218
2	외래어	28
3	외국어	16
4	한자	2

[**단계** 2] 메뉴에서 Stat/Quality tools/Pareto Chart..를 실행시킨다.

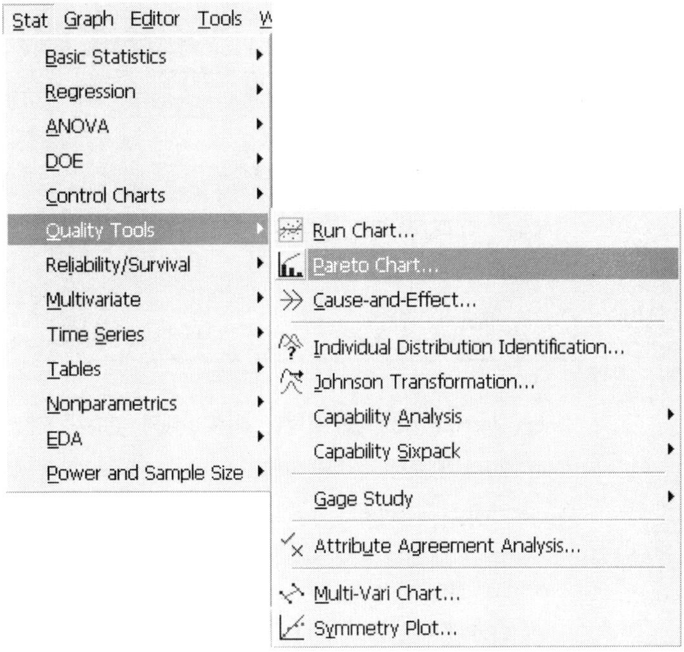

[**단계** 3] 다이알로그 창이 뜨면 다음과 같이 입력한다.

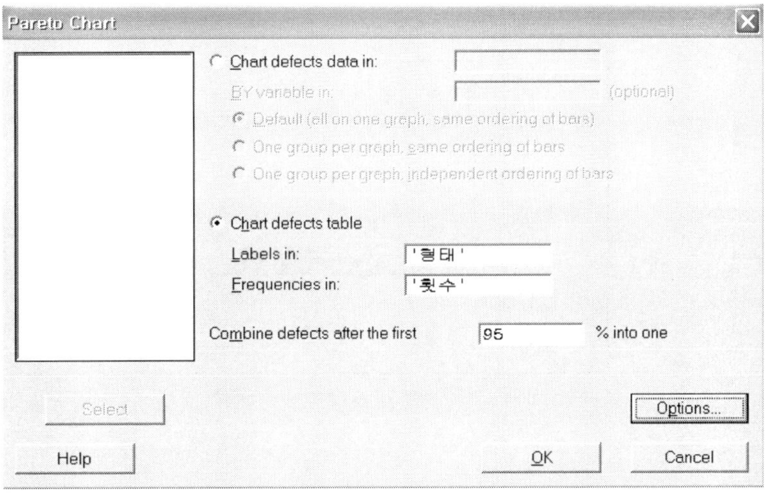

Options... 을 클릭하여 제목을 넣는다.

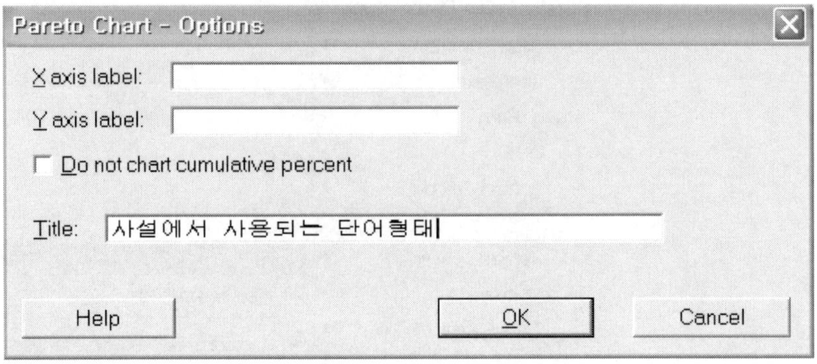

'Chart defects table'을 선택한 것은 형태와 횟수가 각각 다른 열에 입력되어 있기 때문이며 'Labels in'에 형태를 'Frequencies in'에 횟수가 입력된 열을 선택한 다음 'OK'를 클릭한다.

※ 'Chart defects data in:'을 선택하는 경우는 횟수로 입력된 것이 아닌 각각의 데이터가 존재할 경우 해당되는 열을 선택하면 된다.

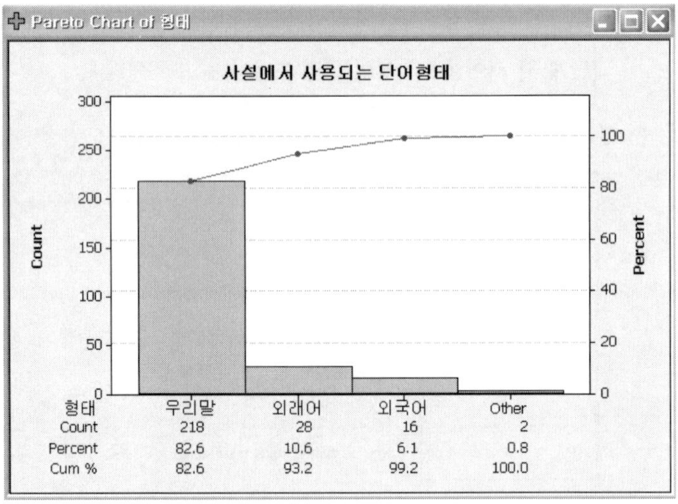

3.2 특성요인도(Cause and Effect Diagram)
section

3.2.1 개요

특성요인도란 일의 결과(특성)와 그것에 영향을 미치는 원인(요인)을 다음 도표와 같이 계통적으로 정리한 그림이다. 즉, 특성에 대하여 어떤 요인이 어떤 관계로 영향을 미치고 있는지 명확히 하여 원인규명을 쉽게 할 수 있도록 하는 기법이다.

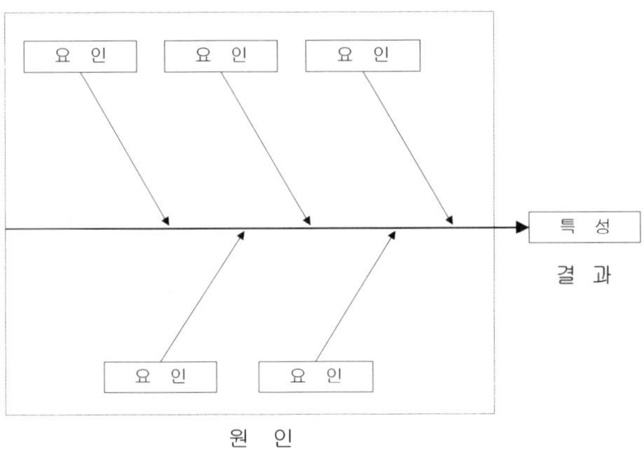

이 도표는 생선뼈와 비슷하여 물고기 뼈 그림(Fishbone Diagram)이라고도 하는데, 품질개선 활동에서 널리 사용되고 있다. 또한, 일본의 품질관리 전문가였던 이시가와 가오루 박사가 고안하였기 때문에 이시가와 다이어그램(Ishikawa Diagram)이라고도 한다.

3.2.1 적용절차

[단계 1] 개선해야 할 문제가 되는 특성을 결정한다.

[단계 2] 특성과 등뼈를 기입한다.

[단계 3] 큰뼈를 기입한다.

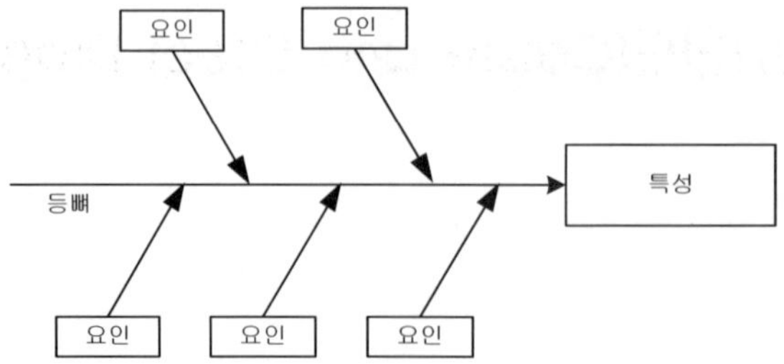

[단계 4] 중뼈/작은뼈/손자뼈를 기입한다.

[단계 5] 중요 요인을 확인한다.

예제 3.3

맛있는 참치초밥을 만들기 위한 특성요인도를 작성하시오.

풀이 단계에 맞추어 제일 처음 특성을 선정하여야 한다. 특성은 '맛있는 참치초밥'으로 정의할 수 있다. 다음 등뼈를 그리고 이후 요인을 결정한다. 여기서는 재료, 설비, 방법, 기타로 1차 요인을 선정하였고 2차 요인으로 다음과 같이 정하였다.

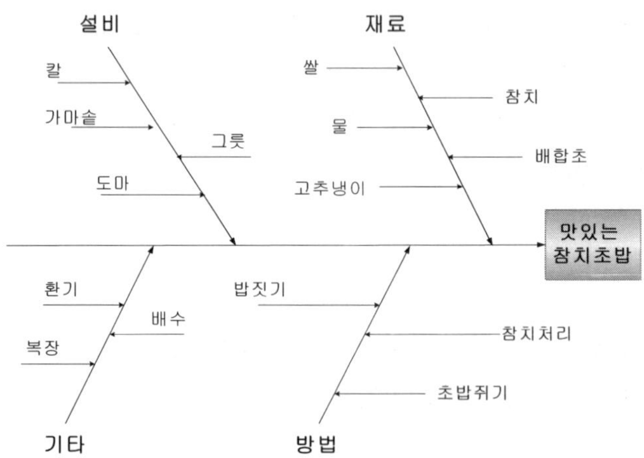

참치 초밥에 대한 특성요인도

예제 3.4

예제 1에서 완성한 특성요인도를 미니탭을 이용하여 완성하시오.

풀이

[**단계** 1] 미니탭을 실행시키고 Worksheet에 다음과 같이 완성한다.

Worksheet 1 ***

↓	C1-T	C2-T	C3-T	C4-T
	재료	방법	설비	기타
1	쌀	밥짓기	칼	환기
2	참치	참치처리	가마솥	배수
3	물	초밥쥐기	그릇	복장
4	배합초		도마	
5	고추냉이			

[**단계** 2] 메뉴에서 Stat/Quality tools/Cause-and-Effect..를 실행시킨다.

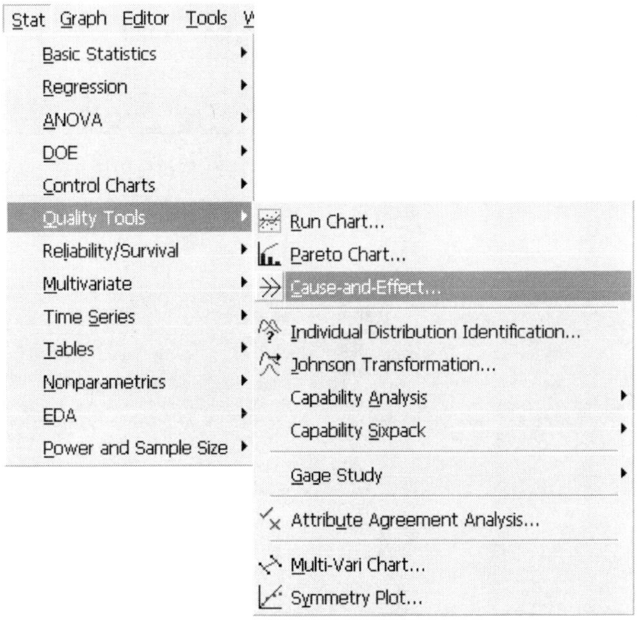

[**단계** 3] 다이알로그 창이 뜨면 다음과 같이 입력한다.

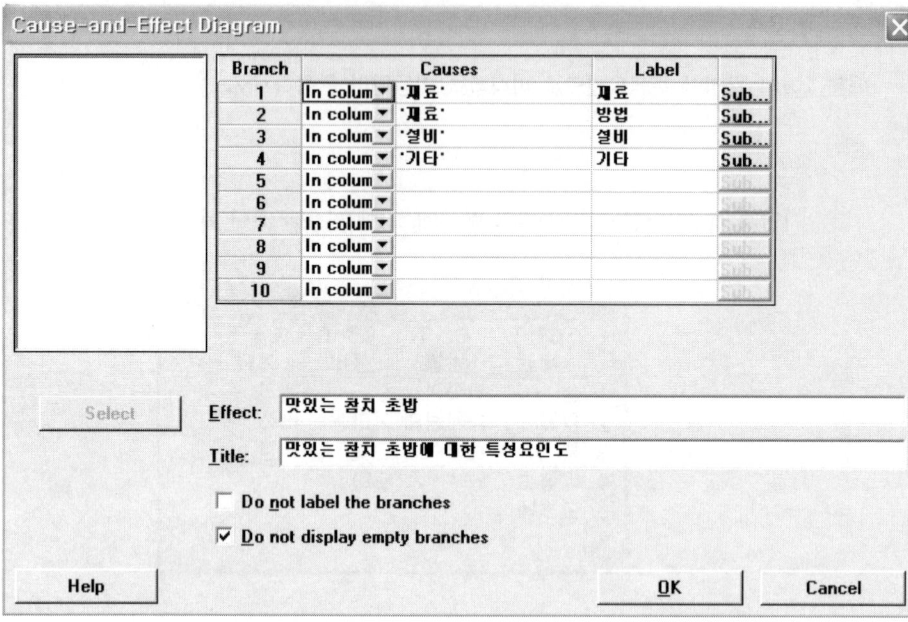

'Do not display empty branches'를 선택하는 이유는 5, 6번째 가지에 입력한 것이 없기 때문에 입력되지 않은 가지는 보이지 않게 하기 위해서이다. 'OK'를 선택하면 다음과 같은 완성된 특성요인도가 보인다.

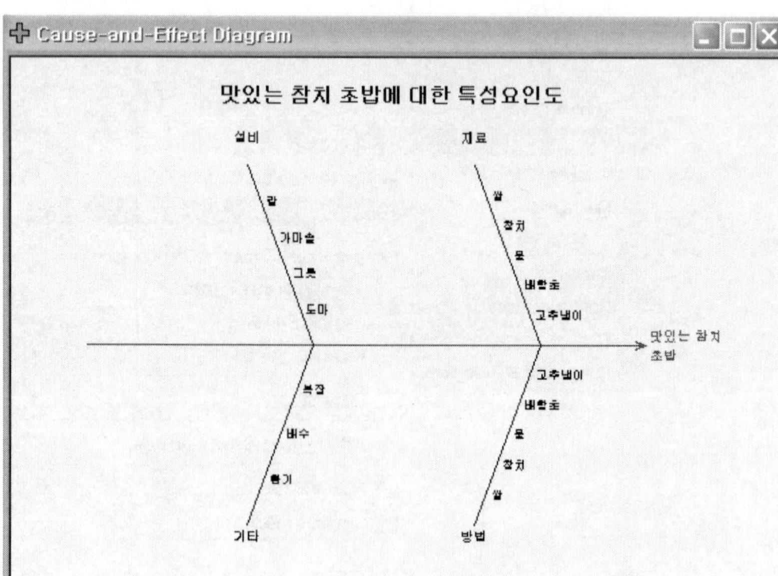

측정
Measure

4 chapter

식스 시그마의 DMAIC 프로세스 가운데 해결해야하는 문제를 파악하고 정의하는 과정을 학습하였다. 문제를 파악한 이후 해야 할 일은 지금 현재의 프로세스를 파악하는 것이다. 측정(Measure)단계에서는 고객의 요구사항의 충족 정도를 평가하기 위하여 기초적인 통계 지식과 측정시스템을 파악하는 것이 기본이 된다. 따라서 4장에서는 기술통계량에 대한 기본적인 지식과 다양한 그래프를 통한 자료의 분석, 올바른 자료를 구하기 위한 측정시스템분석(MSA)에 대하여 공부할 것이다.

4.1 section 기술통계학

어떤 신문이나 방송 또는 잡지를 보더라도 빠지지 않고 나오는 것 중에 가장 많은 비중을 차지하는 것이 바로 통계적인 결과들일 것이다. 이러한 통계라는 용어는 두 가지 측면에서 생각할 수 있다. 그 하나는 지난 2002년도 월드컵이 종료된 후 한국팀의 기록을 보면 '순위=4위, 승패=4승1무2패, 득점=8골, 실점=6골, 슈팅=89회(유효슈팅 44회), 페널티킥=0/2, 파울=133회, 경고=14회, 퇴장=0, 자책골=0, 코너킥=53회, 오프사이드=12번이고, 전경기 687분을 뛴 선수=2명, 7번 모두 출전한 선수=9명, 한 경기도 출전하지 못한 선수=5명'이라는 것과 같은 수적인 사실을 제공하는 것이고, 다른 하나는 학문적인 의미로서의 용어를 생각할 수 있다. 예를 들어, "2002년 월드컵의 한국-미국전에서 100만 응원단이 모였으며, 16강전에는 150~200만명의 응원단이 모일 것으로 예측하였고, 4강전에는 700만명의 응원단이 모일 것"이라고 보도하였는데, 이와 같이 자료를 수집하고 요약 및 분석을 통하여, 의사결정 및 예측하는 일련의 과정을 나타낸다.

따라서 통계학이란 두 가지 측면에서 생각할 수 있으며, 그 하나는 지금까지 월드컵 출전 승패가 4승1무2패라고 하는 것과 같이 어느 집단의 특성을 나타내는 성질을 수량적으로 기술하는 방법을 다루는 학문이다. 한편 "한-미전에서 100만이 모였으니 16강전에서 150만명이 모일 것이다"는 것과 같이 각 집단으로부터 얻은 자료를 분석하여 그 집단이 갖고 있는 불확실한 특성을 과학적으로 추론하고 그것을 바탕으로 의사결정 및 예측하는 방법을 다루는 학문이다.

학 번	성 적
2002001	88
2002002	76
2002003	69
2002004	89
2002005	92

이제 통계학 수업에 등록한 40명의 학생 중에서 5명의 성적에 대한 다음 정보를 갖고 있다고 하자. 그러면 학생들의 성적을 나타내는 수치들의 집합 {88, 76, 69, 89, 92}를 자료집단(data set) 또는 자료(data)라 하고, 각 학생들의 학번을 요소(element) 또는 추출단위(sampling unit) 그리고 개개의 학생들에 취득한 점수를 관찰값(observation)이라 한다. 그리고 40명 전체 학생들의 통계학 점수 집합을 모집단(population)이라 하고, 그들 중에서 선정된 5명의 점수 집합을 표본(sample)이라 한다. 따라서 어떠한 통계적인 목적을 가지고 통계조사를 할 때, 모집단은 그 대상이 되는 모든 요소들의 집합을 의미하며 표본은 모집단의 부분집합으로 제한적으로 선정된 요소들의 집합을 의미한다. 한편 어떤 통계적 목적 아래서 얻어진 자료집단은 보편적으로 많은 양의 관찰값을 가지고 있으며, 조사된 관찰값을 그저 나열만 하는 것으로는 그 자료가 갖는 특성을 파악하는데 큰 도움을 주지 못한다. 따라서 실험목적에 알맞은 자료를 수집하고 그들의 특성을 쉽게 알 수 있도록 정리하고 요약할 필요가 있다. 특히 자료를 수집하고 정리하여, 정리된 자료를 보다 더 쉽게 알 수 있도록 표 또는 그래프, 그림 등에 의하여 나타내거나 자료가 갖는 특성을 분석 및 설명하는 방법을 다루는 통계학을 기술통계학(descriptive statistics)이라 한다. 이 때 통계적으로 처리되지 않은 최초의 수집된 본래의 자료를 원자료(raw data)라 한다.

그러나 실험목적에 맞는 모든 자료를 얻는다(전수조사; census)는 것은 시간적·공간적 많은 제약이 따르므로 사실상 불가능하다. 그러므로 개개의 요소들이 선정될 가능성을 동등하게 부여하여 객관적이고 공정하게 일부의 요소만을 선택하여(임의추출;random sampling) 조사(표본조사;sample survey)하게 된다. 그러나 이러한 방법에 의하여 선정된 표본을 대상을 조사하여 얻은 관찰값들은 모집단의 정확한 특성을 제공하지 못한다. 따라서 표본을 대상으로 얻은 정보를 이용하여 모집단에 대한 불확실한 특성을 과학적으로 추론하는 방법을 다룰 필요가 있으며, 이러한 방법을 다루는 통계학의 한 분야를 추측통계학(inferential statistics)이라 한다.

이 절에서는 수집된 자료를 정리하여 그래프 또는 표에 의하여 결과를 분석하는 방법을 다룬다. 그러면 통계실험에 의하여 얻은 자료는 숫자에 의하여 표현되는 성질을 갖는가 하면 그렇지 못한 자료도 있다. 예를 들어, 피부색이나 혈액형 또는 지역명과 같은 자료는 숫자에 의하여 표현되지 않으며. 이러한 자료를 질적자료(qualitative data) 또는 범주형 자료(categorical data)라 한다. 반면에 숫자로 표현되며, 그 숫자가 의미를 갖는 자료를 양적자료(quantitative data)라 한다. 이러한 양적자료는 환자의 수 또는 주사위를 던진 횟수 등과 같이 셈을 할 수 있는 이산자료(discrete data)와 몸무게, 키 또는 월수입 등과 같은 연속자료(continuous data)로 구분된다. 그러나 우체국에서 편지를 분류할 때, 지역 이름보다는 우편번호를 중심으로 분류하고 있다. 즉, 질적자료에 숫자를 부여하여 표현할 수 있으며, 이 경우 부여된 숫자는 단지 각 범주를 나타내는 것 이외에 숫자로서의 의미가 없다. 이와 같이 질적자료에 숫자를 부여하여 얻은 자료를 명목자료(nominal data)라 한다. 그러나 각 급 학교에 숫자를 부여하여 초등학교는 1, 중학교는 2, 고등학교는 3 그리고 대학 이상은 4라는 숫자로 표현한다면, 이 때 부여된 숫자는 순서의 개념을 갖는다. 이와 같이 순서의 개념을 갖는 질적자료를 순서자료(ordinal data)라 한다. 한편 양적자료인 시험성적을 90점이상 A, 80~89는 B, 70~79는 C, 60~69는 D 그리고 59점 이하는 F라는 범주로 묶어서 나타낼 수 있으며, 이러한 자료를 집단화자료(grouped data)라 한다. 어느 대학에서 50명의 학생을 임의로 추출하여 그들의 나이를 조사한 결과 다음과 같았다고 하자.

24	19	23	23	18	22	26	28	22	25	19	21	20	23	28	21	20	23	27	26
20	22	21	24	21	19	20	23	18	19	20	21	27	29	20	19	22	22	21	26
24	25	24	19	23	29	19	20	27	23										

이제 이와 같이 수집된 원자료의 특성을 쉽게 알 수 있도록 정리하는 방법을 살펴본다.

(1) 점도표

원자료의 특성을 나타내는 가장 간단한 방법으로, 수평축에 각 범주 또는 자료의 측정값을 기입한다. 그리고 다음 그림과 같이 이 수평축 위에 각 범주 또는 측정값의 관찰 횟수를 점으로 나타내는 그림을 점도표(dot plot)라 한다. 점도표는 질적자료 뿐만 아니라 양적자료에 사용할 수 있으며, 수평축 위에 자료값을 점으로 찍어서 나타내므로 자료의 정확한 위치를 알 수 있다. 더욱이 수집한 자료가 어떠한 모양으로 흩어져 있는지 쉽게 파악할 수 있으며, 이 점들을 막대 모양으로 바꾸면 도수히스토그램의 모양을 갖는다는 장점이 있다. 그러나 자료의 수에 해당하는 점을 찍어서 나타내므로 그 수가 매우 많은 경우에는 부적당하다.

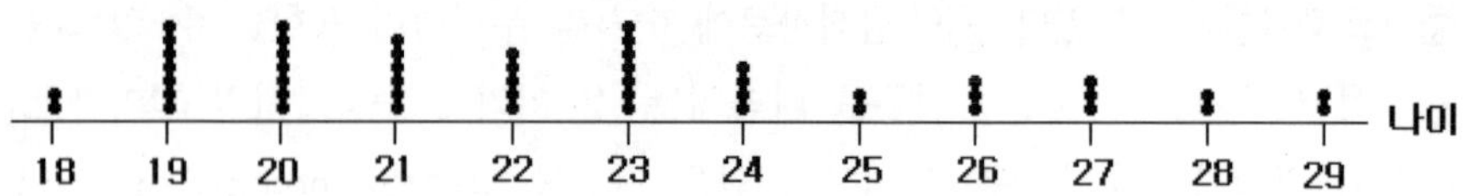

그림 4.1 점도표

(2) 막대그래프

질적자료의 각 범주를 수평축에 나타내고, 각 범주에 대응하는 관찰 횟수(관찰도수) 또는 상대적인 관찰 횟수(상대도수) 등을 같은 폭의 수직막대로 나타낸 그림을 막대그래프(bar chart)라 하며, 각 범주를 시각적으로 쉽게 비교할 수 있다. 한편 각 범주를 수직축에 작성하고 도수 또는 상대도수를 수평축에 나타낸 막대그래프를 사용하기도 한다.

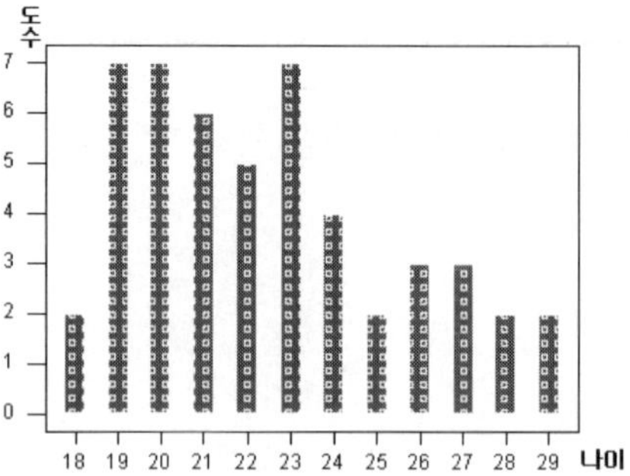

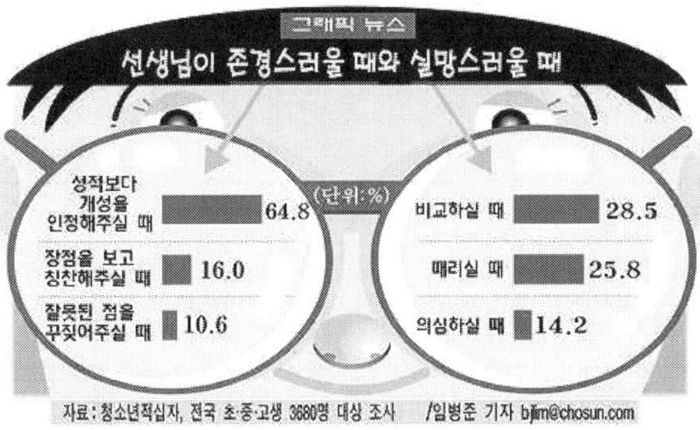

그림 4.2 막대그래프

(3) 도수분포표

각 범주와 그에 대응하는 도수 그리고 상대도수 등을 나열한 도표를 도수분포표(frequency table)라 한다.

표 4.1 도수분포표

범주	도수	상대도수(%)	범주	도수	상대도수(%)
18	2	4	24	4	8
19	7	14	25	2	4
20	7	14	26	3	6
21	6	12	27	3	6
22	5	10	28	2	4
23	7	14	29	2	4

(4) 원그래프

각 범주의 상대도수에 비례하는 중심각을 갖는 파이조각 모양으로 나누어진 원으로 작성한 그림을 원그래프(pie chart)라 한다. 이 때 원그래프의 각 파이조각에 범주의 명칭과 비율 그리고 도수 등을 기입한다. 앞의 도수분포표에 대한 각 범주의 중심각(상대도수 $\times$ 360°)과 원그래프는 다음과 같다.

‖표 4.2‖ 파이조각의 중심각

범주	상대도수	중심각	범주	상대도수	중심각
18	0.04	14.4	24	0.08	28.8
19	0.14	50.4	25	0.04	14.4
20	0.14	50.4	26	0.06	21.6
21	0.12	43.2	27	0.06	21.6
22	0.10	36.0	28	0.04	14.4
23	0.14	50.4	29	0.04	14.4

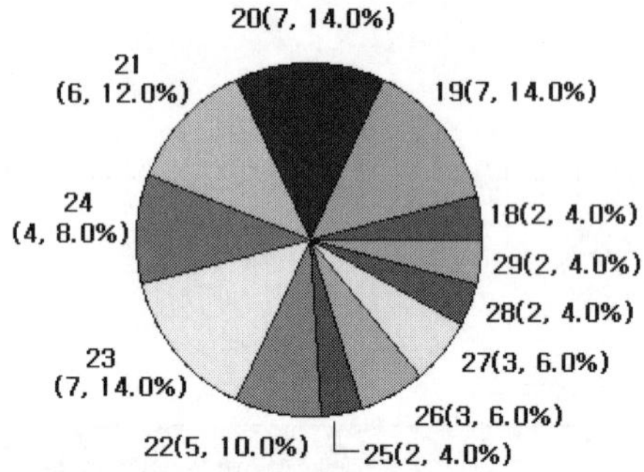

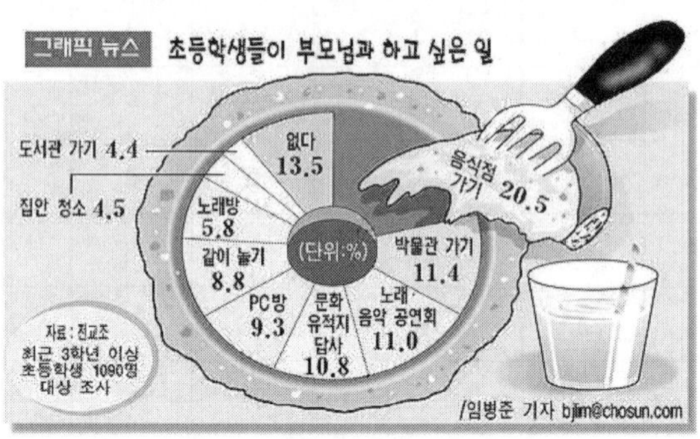

그림 4.3 원그래프

지금까지는 질적자료를 분류하고 쉽게 알 수 있도록 그림으로 나타내는 방법을 살펴보았다. 이제 방대하고 복잡한 양적자료를 좀 더 간결하고 쉽게 이해할 수 있기 위하여 개개의 자료를 다루기보다는 그룹으로 분류하는 집단화 자료로 변환하고, 변환된 집단화 자료를 그림으로 나타내거나 분석하는 방법을 살펴본다.

(5) 집단화 자료의 도수분포표

양적자료를 적당한 크기로 집단화하여 좀 더 쉽게 이해하도록 할 수 있으며, 이와 같이 집단화하여 나타낸 범주들을 계급(class)이라 한다. 즉, 계급은 하한과 상한 안에 놓이는 모든 측정값을 포함하는 구간을 나타내며, 따라서 양적자료를 질적자료로 변환할 때 변환된 변수이다. 이 때, 각 계급은 중복을 피하여 한 측정값이 두 계급에 동시에 포함되지 않도록 해야 한다. 따라서 앞의 대학생 나이에 대하여 5살을 하나의 계급으로 하는 도수분포표를 작성하기 위하여 계급을 다음과 같이 「이상~미만」으로 나타낸다.

제1계급 : 15~20미만, 제2계급 : 20~25미만, 제3계급 : 25~30미만

그리고 제1계급의 상한과 제2계급의 하한의 중간점을 찾기 위하여 (19+20)/2=19.5를 제1계급의 위쪽 경계 그리고 제2계급의 아래쪽 경계라 한다. 그러면 각 계급은 계급 경계들로 변환할 수 있으며, 따라서 이러한 계급 경계들을 이용하여 각 계급을 다음과 같이 분류할 수 있다. 한편 이와 같은 방법에 의하여 각 계급을 분류하면 실수로 측정된 각 계급의 연속성을 보여줄 수 있으므로, 계급 경계를 이용하여 나타내는 것이 보편적이다. 그리고 각 계급의

제1계급	15 ~ 20미만	14.5 ~ 19.5
제2계급	20 ~ 25미만	19.5 ~ 24.5
제3계급	25 ~ 30미만	24.5 ~ 29.5

위쪽 경계에서 아래쪽 경계를 뺀 값을 계급간격(class width)이라 한다. 이와 같이 계급이 결정되면 제1열에 계급을 작성하고, 각 계급 안에 놓이는 측정값의 개수(도수; frequence)인 9, 29, 12를 제2열에 작성한다. 그리고 각 계급의 도수를 전체 관찰값의 개수로 나눈 상대도수(relative frequence) 0.18, 0.58 그리고 0.24를 제3열에 작성한다. 끝으로 각 계급의 중간점 즉, (위쪽 경계+아래쪽 경계)/2를 나타내는 17, 22, 27을 계급값(class mark)이라 함, 이 계급값을 마지막 열에 작성하면 집단화 자료에 대한 도수분포표가 완성된다. 한편 이전 계급까지의 모든 도수 또는 상대도수를 합한 누적도수(cumulative frequence)와 누적상대도수(cumulative relative frequence)를 추가하면 좀 더 많은 정보를 제공하는 도수분포표를 얻는다. 이와 같은 방법으로 50명의 대학생 나이에 대한 도수분포표를 작성하면 다음과 같다.

표 4.3 대학생 50명의 나이에 대한 도수분포표

계 급	계급간격	도수	상대도수	누적도수	누적상대도수	계급값
제1계급	14.5 ~ 19.5	9	0.18	9	0.18	17
제2계급	19.5 ~ 24.5	29	0.58	38	0.76	22
제3계급	24.5 ~ 29.5	12	0.24	50	1.00	27
합 계		50	1.00			

따라서 계급의 수와 계급간격이 결정되면, 도수와 상대도수 그리고 누적도수나 누적상대도수, 계급값 등이 결정되므로 계급의 수와 계급간격을 결정하는 방법을 살펴본다. 우선 계급의 수는 특별한 규칙은 없으나, 보편적으로 자료의 수(n)가 200개 이하이면 계급의 수(k)는 $k=\sqrt{n}\pm 3$ 에 가까운 정수로 택하고, 자료의 수가 충분히 많으면 $k=1+3.3\log_{10}n$ 에 가까운 정수를 택한다. 그리고 이 방법에 의하여 계급의 수를 결정하는 것을 Sturges 공식이라 하며, 자료의 수에 따른 계급의 수는 다음 표와 같다.

표 4.4 자료의 수에 따른 계급의 수

자료의 수		30	50	120	250	500	1000
계급수	200개이하 자료	2~8	4~10	8~14			
	Sturges방법	6	7	8	9	10	11

이제 계급의 수가 결정되면, 각 계급의 간격(w)를 적당히 구한다.

$$w=\frac{\text{자료의 최대 관찰값}-\text{자료의 최소 관찰값}}{k}$$

그러면 각 계급의 도수, 상대도수, 누적도수, 누적상대도수 그리고 계급값을 표 안에 기입할 수 있다. 이 때 제1계급의 아래쪽 경계를 결정해야 하는데, 특별한 규칙은 없으나 실수의 연속성을 위해서 보편적으로 「최소 관찰값-(최소단위/2)」를 택한다.

예제 4.1

50명의 통계학 성적에 대한 다음 자료의 도수분포표를 작성하여라.

83	90	60	25	50	94	60	62	97	43	67	84	79
62	78	48	85	52	77	90	25	84	41	65	58	75
83	71	74	68	89	88	76	69	77	89	73	98	77
	58	77	69	75	69	65	67	69	79	85	45	

풀이

자료의 수가 50이므로 계급의 수를 5로 정하면, 최소값 25, 최대값 98이므로 계급간격은

$$w = \frac{98-25}{5} \approx 15$$

이다. 따라서 제1계급의 아래쪽 경계값을 24.5라 하면, 다음의 도수분포표를 얻을 수 있다.

계급	계급간격	도수	상대도수	누적도수	누적상대도수	계급값
1	24.5 ~ 39.5	2	0.04	2	0.04	32
2	39.5 ~ 54.5	6	0.12	8	0.16	47
3	54.5 ~ 69.5	15	0.30	23	0.46	62
4	69.5 ~ 84.5	17	0.34	40	0.80	77
5	84.5 ~ 99.5	10	0.20	50	1.00	92
	합 계	50	1.00			

한편 예제1의 도수분포표를 살펴보면, 50명의 통계학 성적이 제3, 4, 5계급에 집중해 있으며 특히 제4계급에 가장 많은 점수들이 들어 있는 것을 대략적으로 알 수 있다. 이러한 사실을 좀 더 명확하게 살펴보기 위하여 여러 가지 그림을 그릴 수 있다.

(6) 히스토그램

막대그래프는 수평축에 범주를 나타내고 수직축에 도수 또는 상대도수를 나타내는 막대를 작성하였다. 한편 집단화 자료의 각 범주(계급)는 계급의 상·하한 또는 위쪽아래쪽 경계값에 의하여 구분되므로, 이들 경계값을 수평축에 작성하고 도수분포표에서 얻은 도수, 상대도수, 누적도수, 누적상대도수 등을 수직축에 작성한 막대그래프를 만들 수 있다. 이와 같이 작성된 집단화 자료에 대한 막대그래프를 히스토그램(histogram)이라 하며, 수직축에 작성된 막대가 나타내는 의미에 따라 도수히스토그램, 상대도수히스토그램, 누적도수히스토그램, 누적상대도수히스토그램이라 한다. 다음 그림은 예제1에 대한 도수분포표로부터 얻은 결과를 이용한 여러 가지 히스토그램이다. 이러한 히스토그램을 작성하면 자료의 중심뿐만 아니라 도수분포표보다 좀 더 시각적으로 자료의 특성을 파악하기 쉽다. 그러나 도수분포표와 히스토그램은 각 계급 안의 참된 자료값에 대한 정보를 알 수 없다는 단점을 갖는다.

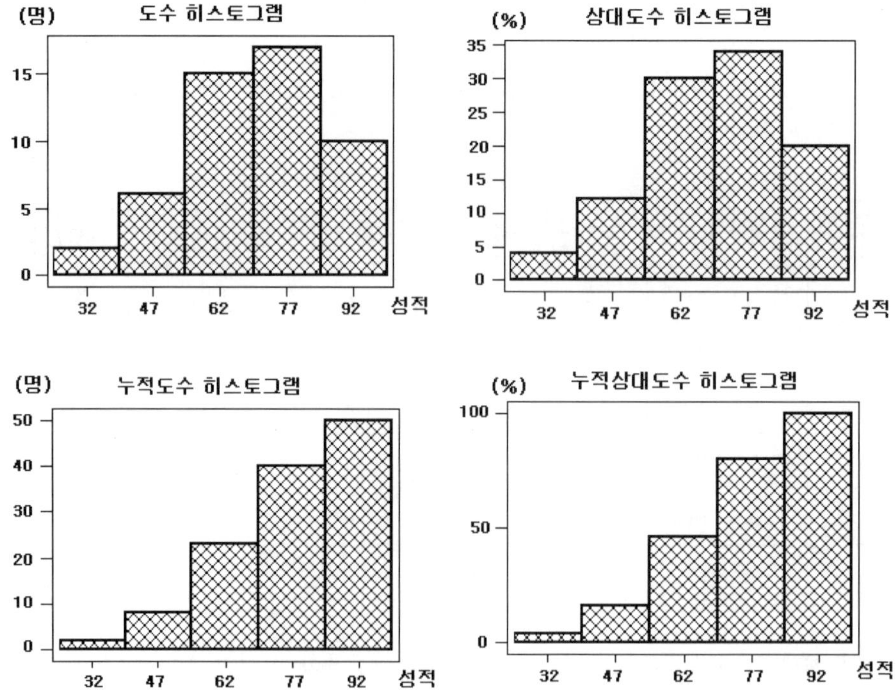

그림 4.4 히스토그램

(7) 도수다각형

양적자료를 그림으로 나타내는 다른 방법으로 다각형(polygon)이 있다. 다각형은 히스토그램의 연속적인 막대의 상단중심부를 직선으로 연결한 그림을 말하며, 도수, 상대도수, 누적도수 그리고 누적상대도수히스토그램에 대한 다각형을 도수 다각형, 상대도수 다각형, 누적도수 다각형 그리고 누적상대도수 다각형이라 한다. 다음 그림은 예제1에서 구한 도수분포표에 대한 도수다각형을 나타낸다.

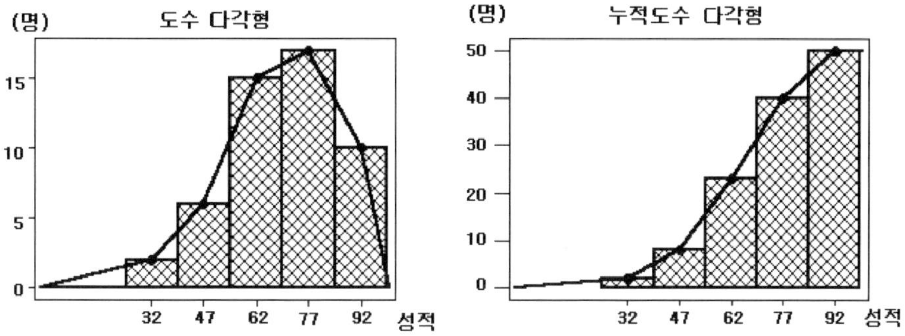

그림 4.5 다각형

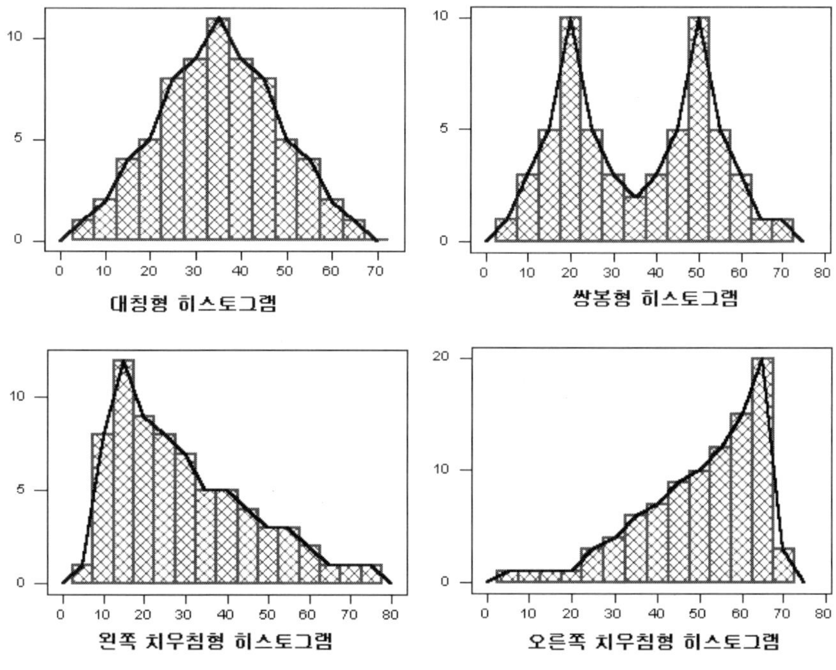

그림 4.6 여러 종류의 히스토그램

이와 같이 히스토그램 또는 다각형을 이용하여 양적자료를 그림으로 나타내면, 수집한 자료의 특성이 어떠한지를 쉽게 파악할 수 있다. 예를 들어 예제1의 자료는 50명의 통계학 성적이 골고루 나타난다고 하기보다는 한쪽으로 그것도 점수가 높은 쪽으로 집중되어 있으며, 따라서 통계학 문제가 쉬웠다든지 또는 학급 학생들의 실력이 좋다든지 하는 결과를 얻을 수 있다. 또한 (상대)도수다각형을 이용하면 점수 비율에 대한 분포를 얻을 수 있으며, 이러한 분포는 다음 그림과 같이 보편적으로 대칭형과 치우친 형태 그리고 일정한 형태로 나타난다.

(8) 줄기-잎 그림

히스토그램 또는 도수다각형 등은 그림 6에서와 같이 수집한 자료에 대한 중심의 위치가 어느 곳인지 그리고 어떠한 모양으로 흩어져 있는가를 대략적으로 제공하지만, 개개의 자료값에 대한 정보는 제공하지 못한다. 이러한 단점을 보완하기 위하여 고안된 그림으로 줄기-잎 그림(stem-leaf plot)이 있으며, 이 그림은 도수분포표나 히스토그램이 갖고 있는 성질을 그대로 보존하면서 각 계급 안에 들어있는 개개의 측정값을 제공한다는 장점이 있다. 이 그림을 작성하기 위하여

- 줄기와 잎을 구분한다. 이 때, 변동이 작은 부분을 줄기, 변동이 많은 부분을 잎으로 지정한다.
- 줄기 부분을 작은 수부터 순차적으로 나열하고, 잎 부분을 원자료의 관찰 순서대로 나열한다.
- 이제 잎 부분의 관찰값을 순서대로 나열하고 전체 자료의 중앙에 놓이는 관찰값이 있는 행의 맨 앞에 괄호( )를 만들고, 괄호 안에 그 행의 잎의 수(도수)를 기입한다.
- 괄호가 있는 행을 중심으로 괄호와 동일한 열에 누적도수를 위와 아래방향에서 각각 기입하고, 최소단위와 자료의 전체 개수를 기입한다.

이와 같은 방법에 따라서 예제1의 자료를 가지고 줄기-잎 그림을 작성해보자.

- 10자리 수는 변동이 적고 1자리 수의 변동이 크므로, 10자리 수를 줄기로 하고 1자리 수는 잎으로 한다.
- 가장 작은 10자리 수인 '2'에서부터 가장 큰 '9'를 줄기 부분에 작성하고, 관찰 순서대로 잎 부분을 기입한다.

줄기	잎	줄기	잎
2	5 5	2	5 5
3		3	
4	3 8 1 5	4	1 3 5 8
5	0 2 8 8	5	0 2 8 8
6	0 0 2 7 2 5 8 9 9 9 5 7 9	6	0 0 2 2 5 5 7 7 8 9 9 9 9
7	9 8 7 5 1 4 6 7 3 5 7 7 9	7	1 3 4 5 5 6 7 7 7 7 8 9 9
8	3 4 5 4 3 9 8 9 5	8	3 3 4 4 5 5 8 9 9
9	0 4 7 0 8	9	0 0 4 7 8

- 전체 자료의 수가 50이므로 중앙에 놓이는 관찰값은 크기순으로 나열하여 25번째와 26번째 자료이므로 줄기가 '7'인 행의 맨 앞에 그 행의 도수인 '13'을 괄호 안에 작성한다.
- 이제 누적도수를 위와 아래방향에서 각각 기입하고, 최소단위 '1'과 전체 자료의 개수 '50'을 기입한다.

	줄기	잎	
	2	5 5	자료 41
	3		
	4	1 3 5 8	
	5	0 2 8 8	
	6	0 0 2 2 5 5 7 7 8 9 9 9 9	
(13)	7	1 3 4 5 5 6 7 7 7 7 8 9 9	
	8	3 3 4 4 5 5 8 9 9	
	9	0 0 4 7 8	

	줄기	잎	
2	2	5 5	최소단위 =1
2	3		자료 수 =50
6	4	1 3 5 8	
10	5	0 2 8 8	
23	6	0 0 2 2 5 5 7 7 8 9 9 9 9	
(13)	7	1 3 4 5 5 6 7 7 7 7 8 9 9	
14	8	3 3 4 4 5 5 8 9 9	
5	9	0 0 4 7 8	

그러면 최종적인 줄기-잎 그림이 완성되며, 이 그림을 90° 회전하면 계급간격 10인 점도표 또는 히스토그램의 모양을 갖추게 되는 것을 알 수 있다. 뿐만 아니라 각각의 자료값도 제시되어 최소값과 최대값을 알 수 있으며, 이 자료들을 최소값부터 크기순으로 나열할 때 중앙에 오는 자료값이 '73'과 '74'인 것을 알 수 있다. 또한 잎의 자료가 0~4인 경우와 5~9인 경우의 줄기를 각각 '*'와 '·'으로 구분하면 간격크기 5인 좀 더 세분화된 그림을 얻는다.

2	2	5 5
2	3	
2	3	
4	4	1 3
6	4	5 8
8	5	0 2
10	5	8 8
14	6	0 0 2 2
23	6	5 5 7 7 8 9 9 9 9
(3)	7	1 3 4
24	7	5 5 6 7 7 7 7 8 9 9
14	8	3 3 4 4
10	8	5 5 8 9 9
5	9	0 0 4
2	9	7 8

최소단위 =1
자료 수 =50

그림 4.7 세분화된 줄기-잎 그림

4.2 위치척도와 산포도
section

자료를 요약하는데 있어서 수집한 자료의 특성을 나타내기 위하여 여러 가지 수치를 사용한다. 그림 6에서 살펴볼 수 있듯이 수집한 자료를 정리하면 측정값의 무게 중심이 어느 곳인지 다시 말해서 수집한 자료를 대표해서 나타낼 수 있는 측정값이 어떤 값인지를 나타내는 위치척도와 어떠한 모양으로 흩어져서 분포되는가를 나타내는 산포의 척도를 자주 사용한다. 이 절에서는 위치를 나타내는 척도와 흩어진 모양을 나타내는 산포의 척도에 대하여 살펴본다.

4.2.1 위치척도

수집한 자료를 나타내는 위치척도에는 무게중심을 나타내는 중심위치의 척도(measure of centrality)와 사분 위수, 100분 위수 그리고 100분 순위 등 여러 가지 척도가 있다. 중심위치의 척도란 히스토그램 또는 도수분포의 중심을 의미하며, 중심위치를 나타내는 척도로 평균과 중앙값 그리고 최빈값 등이 있다. 우선 원자료에 대한 위치척도를 살펴본 후, 도수분포표와 같이 그룹화된 자료의 위치 척도를 살펴보기로 한다.

(1) 평균

중심의 위치를 나타내는데 가장 보편적으로 사용하는 위치척도가 평균(산술평균; average 또는 arithmetic mean)이다. 이것은 모집단 또는 표본에서 관찰된 모든 측정값을 더하여 전체 도수로 나누어 얻어진 수치를 의미하며, 모집단 또는 표본에 대한 평균을 각각 모평균(population mean), 표본평균(sample mean)이라 한다. 즉, 모집단에서 얻은 관찰값을 $x_1,\ x_2, \cdots, x_N$ 이라 하면 모평균은

$$\mu = \frac{1}{N}\sum_{i=1}^{N} x_i$$

이고, 표본에서 측정된 값이 $x_1, x_2, \cdots, x_n$ 일 때, 표본평균은

$$\bar{x} = \frac{1}{n}\sum_{i=1}^{n} x_i$$

으로 정의된다.

예제 4.2

자료 : [1, 3, 9, 7, 10, 15]의 평균은

$$\bar{x} = \frac{1+3+9+7+10+15}{6} = 7.5$$

이고, 이 수치 7.5는 히스토그램 또는 도수분포의 균형을 나타내는 위치이다.

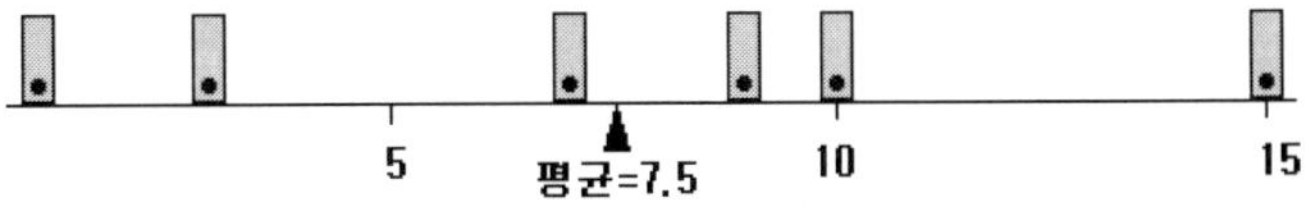

이다. 한편 자료 [1, 3, 9, 7, 10, 150]의 평균은

$$\bar{x} = \frac{1+3+9+7+10+150}{6} = 30$$

이고, 다음 그림과 같이 균형점이 매우 커진다.

이와 같이 대다수의 측정값에 비하여 극단적으로 크거나 작은 측정값을 이상점(outlier) 또는 극단값(extreme value)이라 하며, 평균은 이러한 극단값에 큰 영향을 받는다는 것을 알 수 있다. 그러나 평균은 계산하기 쉬우며 또한 모든 측정값을 반영한 정보를 제공한다. 더욱이 각 자료와 평균과의 편차제곱의 합이 다른 중심위치의 척도에 비하여 작다는 이유에서 추측통계학에서 자주 사용한다.

(2) 절사평균

산술평균은 극단값의 유무에 따라서 크게 달라질 수 있다는 사실을 살펴보았다. 수집한 자료에 극단값이 있는 경우에 이 극단값을 제거하면 좀 더 바람직한 평균을 산출할 수 있으며, 따라서 극단값의 영향을 감소시키기 위한 중심위치척도가 필요하다. 예를 들어, 예제 1의 자료 [1, 3, 9, 7, 10, 150]에서 1과 150을 제거한 나머지의 평균을 구하면

$$\bar{x} = \frac{3+9+7+10}{4} = 7.25$$

이고, 이것은 자료 [1, 3, 9, 7, 10, 15]에 대한 평균과 큰 차이가 없다.

이러한 중심척도를 얻기 위하여 수집한 자료를 크기 순으로 나열했을 때, $0 \le \alpha \le 0.5$인 α에 대하여 양끝에서 $100\alpha\%$에 해당하는 자료값을 제거하고 남은 나머지 측정값들의 평균을 구한다. 이와 같은 방법으로 얻은 평균을 $100\alpha\%$ 절사평균(trimmed mean)이라 하며, 자료수가 n인 표본에 대하여 αn이 정수이면 이 정수에 해당하는 자료수 만큼 양끝에서 제거한다. 그리고 αn이 정수가 아니면, αn을 넘지 않는 최대정수에 해당하는 자료수를 양끝에서 제거한다.

예제 4.3

자료 : [68, 70, 67, 10, 72, 68, 70, 71]에 대한 15% 절사평균을 구하면, $\alpha n = 1.2$이므로 양끝에서 각각 1개씩 제거한 자료 [68, 70, 67, 68, 70, 71]의 평균을 구하면 69이다. 그러므로 주어진 자료에 대한 15% 절사평균은 69이다. ◉

(3) 중앙값

평균이 갖는 극단값에 대한 영향을 제거할 수 있는 또 다른 중심위치척도로 중앙값이 있다. 중앙값(Median; M_e)은 자료의 측정값을 크기순서로 나열하여 가운데 순위에 놓이는 값으로 자료의 수 n이 홀수이면, $(n+1)/2$ 위치의 측정값이 된다. 한편 자료의 수 n이 짝수이면, $n/2$ 번째 자료와 $(n/2)+1$ 번째 자료의 평균으로 주어진다.

$$M_e = \begin{cases} x_{((n+1)/2)} & ,\ n\text{이 홀수인 경우} \\ \dfrac{x_{(n/2)} + x_{(n/2+1)}}{2} & ,\ n\text{이 짝수인 경우} \end{cases}$$

그러면 중앙값은 어느 한 쪽으로 치우친 분포를 갖는 자료에 대하여 평균보다 좋은 중심의 위치를 나타내지만, 전체 자료를 크기 순으로 나열하여 중앙에 놓이는 자료를 찾아야 한다는 점에서 자료의 수가 많은 경우에 부적절할 뿐만 아니라 수리적으로 다루기 매우 힘들다는 이유로 추측통계학에서 별로 사용하지 않는다.

예제 3.3

자료1 : [7, 15, 11, 5, 9]는 5개의 측정값으로 구성되어 있으므로, 중앙값은 크기 순으로 나열하여 3번째 위치에 놓이는 자료이다. 즉, 자료1을 크기 순으로 재배열하면, [5, 7, 9, 11, 15]이므로 $M_e = 9$이다. 또한 자료2 : [7, 15, 110, 5, 9]로 기록된 자료를 크기 순으로 재배열하면 [5, 7, 9, 15, 110]이고, 따라서 이와 같은 극단값 110을 갖는 자료에 대한 중앙값은 역시 자료1과 동일하게 $M_e = 9$이다. 다시 말해서 중앙값은 극단값에 대한 영향을 받지 않는다. 한편 자료3 : [2, 7, 15, 11, 5, 9]는 6개의 자료값으로 구성되어 있으므로 중앙값은 3번째와 4번째 위치에 놓이는 자료값 7과 9의 평균 $M_e = 8$이다. ◉

(4) 최빈값

중심위치를 나타내는 마지막 척도로 최빈값이 있다. 자료집단 안에 2번 이상 발생하는 측정값 중에서 가장 많은 도수를 가지는 자료값을 자료집단의 최빈값(Mode; M_o)이라 한다. 따라서 평균과 중앙값은 오로지 하나만 취할 수 있는 반면에, 최빈값은 존재하지 않거나 1개 이상 존재할 수 있다. 즉, 모든 측정값이 하나씩만 나타나는 자료집단에 대한 최빈값은 없으며, 그림 6과 같이 대칭형이나 치우침형 히스토그램을 갖는 자료집단 즉 단봉분포(unimodal distribution)를 갖는 자료집단에 대한 최빈값은 1개 존재한다. 그러나 쌍봉형 또는 여러 개 봉우리 형태로 나타나는 히스토그램을 갖는 자료집합, 즉 쌍봉분포(bimodal distribution) 또는 다봉분포(multimodal distribution)를 갖는 자료집단의 최빈값은 2개 또는 그 이상의 최빈값을 갖는다. 또한 최빈값은 모든 자료값의 개수를 셈해야 얻을 수 있으므로 수리적으로 다루기 힘들다. 그러나 극단값에 대한 영향을 전혀 받지 않으므로 자료의 수가 적은 자료집단에 대한 중심위치를 잘 나타내며, 특히 질적자료와 양적자료에 모두 사용할 수 있다는 장점이 있다.

예제 4.5

자료1 : [7, 15, 11, 5, 9]는 최빈값을 갖지 않으며, **자료2** : [2, 5, 10, 2, 3, 1]의 최빈값은 2이다. 그러나 **자료3** : [2, 5, 1, 2, 3, 1, 5]는 세 개의 최빈값 1, 2, 5를 갖는다.

그러면 중심위치를 나타내는 척도로 평균과 중앙값 그리고 최빈값 사이에 어느 척도가 가장 바람직한가? 하는 의문을 가질 수 있으나, 결론은 상황에 따라서 다르다는 것이다. 앞에서 설명한 바와 같이, 모든 자료값을 반영하는 경우에 평균이 좋으나 극단값이 있는 경우에는 중앙값이 더 좋은 중심위치를 나타낸다. 그리고 최빈값은 다른 척도에 비하여 가장 간단하지만 없거나 여러 개 존재할 수 있다. 한편 히스토그램이나 도수분포가 종 모양으로 대칭이면 이들 중심위치척도는 $\bar{x} = Me = Mo$이고, 오른쪽으로 치우친 분포에 대한 중심위치척도는 $\bar{x} < Me < Mo$이다. 반면에 왼쪽으로 치우친 분포이면 $Mo < Me < \bar{x}$이며, 다음 그림 8은 이와 같은 관계를 보여준다. 한편 중심위치가 아닌 위치를 나타내는 척도로 사분위수, 백분위수 그리고 백분순위 등을 생각할 수 있다.

(5) 다른 위치척도

수집한 자료들을 크기순서로 나열하여 4등분하는 척도들을 사분위수(quartiles)라 하며, 앞에서부터 1/4을 나타내는 위치척도들을 차례로 제1사분위수(Q_1), 제2사분위수(Q_2) 그리고

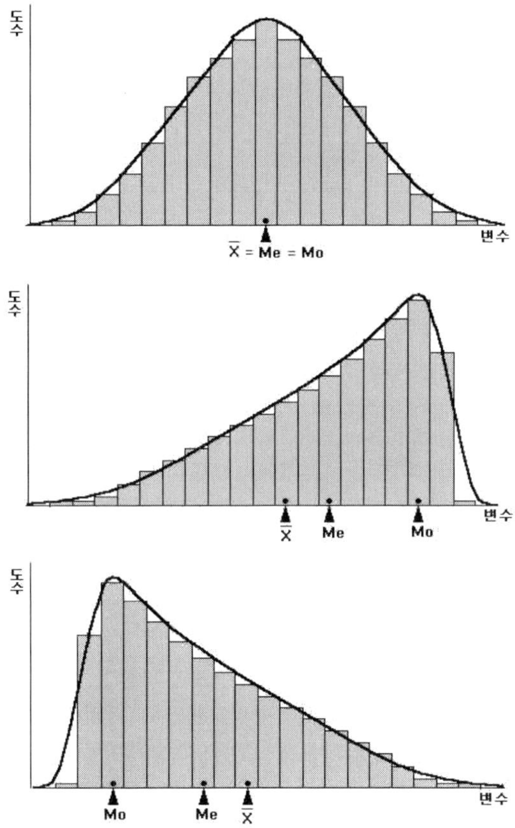

그림 4.8 분포모양에 따른 중심위치척도의 비교

제3사분위수(Q_3)라 한다. 그러므로 제2사분위수는 중앙값과 동일하고, 제1사분위수와 제3사분위수는 각각 최소값과 중앙값 그리고 최대값과 중앙값 사이 자료집단의 중앙값들이다. 한편 자료집단을 100등분하는 척도들을 백분위수(percentile)라 한다. 그러면 자료값을 크기순서로 나열하여 k번째 위치를 나타내는 k-백분위수 P_k는 $k\%$의 자료값들이 P_k보다 작고, 나머지 $(100-k)\%$의 자료값들이 P_k보다 크게 주어지는 값으로 정의된다. 즉, k-백분위수 P_k는 $kn=m$(정수)이면 m번

째와 $(m+1)$번째 위치하는 자료값의 평균이고, kn이 정수가 아니면 kn을 넘지 않는 가장 큰 정수의 위치에 놓이는 자료값을 나타낸다. 따라서 사분위수들은 각각 1/4, 1/2 그리고 3/4을 나타내는 위치척도이므로 이들을 백분위수로 나타내면 각각 25-, 50- 그리고 75-백분위수이다.

예제 4.6

다음 주어진 자료에 대한 30-백분위수 P_{30}과 60-백분위수 P_{60} 그리고 사분위수를 구해보자.

83	90	60	25	50	94	60	62	97	43	67	84	79	62	78

풀이 우선 주어진 자료를 크기순서로 재배열하면 다음과 같다.

25	43	50	60	60	62	62	67	78	79	83	84	90	94	97

그리고 kn을 구하면 각각 $kn=0.3\times 15=4.5$와 $kn=0.6\times 15=9.0$이므로 4번째 자료값은 60, 9번째와 10번째 자료값은 각각 78과 79이다. 그러므로 30-백분위수 P_{30}은 60이고 60-백분위수 $P_{60}=(78+79)/2=78.5$이다. 한편 자료의 수가 15이므로 중앙값은 (15+1)/2=8번째 자료값 67이고, 제1사분위수(Q_1)는 중앙값 전반부 8개 자료의 중앙값이므로 4번째와 5번째 자료값의 평균 (60+60)/2=60이고, 제3사분위수(Q_3)는 중앙값 후반부 8개 자료의 중앙값이므로 11번째와 12번째 자료값의 평균 (83+84)/2=83.5이다. ◉

한편 어떤 자료 x_k에 대한 위치를 백등분한 비율로 나타내는 백분순위(percentile rank)는 전체 자료의 수 n에 대한 x_k보다 작은 자료의 수를 상대적으로 구한 비율이다. 예를 들어 예제 5에서 자료값 67보다 작은 자료의 수는 7개이고, 전체 자료의 수는 15이므로 자료값 67의 백분순위는 7/15=0.4667 즉, 46.67%이다. 한편 46.67에 가장 가까운 정수가 47이므로 이 자료의 약 47%가 67보다 작다고 할 수 있다.

4.2.2 산포의 척도

예를 들어, 다음 두 그룹의 통계학 성적을 생각한다면,

그 룹	통계학 성적	총점	평균
A	20, 45, 95, 80, 70, 85, 95, 87, 21, 95	693	69.3
B	60, 65, 70, 75, 70, 70, 70, 65, 65, 83	693	69.3

이 두 그룹의 평균이 69.3으로 동일하고 또한 중앙값은 각각 A와 B 그룹이 각각 82.5와 70으로 약 12점 정도의 차이를 보이지만, 최대값과 최소값의 편차는 B그룹(23점)보다 A그룹(75점)이 3배 이상 크게 나타난다. 또한 다음과 같이 점도표를 그려보면 두 그룹의 점수에는 분명히 큰 차이가 있다는 것을 쉽게 파악할 수 있다.

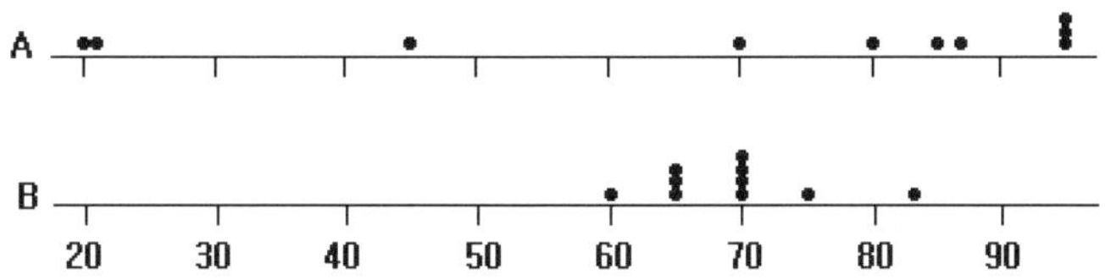

그림 4.9 A와 B그룹의 점수분포 비교

즉, B그룹 학생들의 점수는 평균 69.3점을 중심으로 밀집되어 있는 반면에 A그룹의 점수는 최고점수와 최저점수의 편차가 매우 크고, 점수들도 다양하게 나타난다는 사실을 알 수 있다. 따라서 두 그룹을 나타내는 중심의 위치에 대한 정보만을 알고 있다면, 두 그룹은 유사한 점수분포를 갖는다고 결론을 내릴 수 있다. 그러나 두 그룹은 명확히 차이가 있으며, 따라서 중심위치만으로는 각각의 자료에 대한 정보를 충분히 제공하지 못한다는 사실을 알 수 있다. 따라서 자료에 대한 정보를 충분히 제공하기 위해서는 중심위치 이외에 자료의 흩어진 정도를 나타내는 척도를 함께 고려해야 하며, 이와 같이 자료의 흩어진 정도를 나타내는 척도를 산포도(measure of dispersion)라 한다. 이 절에서는 자료의 흩어진 정도를 나타내는 산포의 척도 특히 범위, 사분위수범위, 평균편차, 분산, 표준편차 그리고 변동계수 등과 같이 널리 이용되는 척도들을 살펴본다.

(1) 범위

범위(range)는 가장 간단 형태의 산포의 척도로 자료의 최대 관찰값과 최소 관찰값의 차이를 나타낸다. 앞의 예에서 그룹 A에 대한 범위는 $R = 95 - 20 = 75$이고, 그룹 B의 범위는 $R = 83 - 60 = 23$이다. 그러면 이 척도는 자료의 수가 적고 어느 정도 대칭성을 갖는 분포를 갖는 경우에 간단하게 살펴볼 수 있으나, 극담값에 크게 영향을 받으며 또한 최대·최소값에 의하여 결정되므로 개개의 자료값이 산포의 척도를 계산하는데 반영되지 못한다는 단점이 있다.

(2) 사분위수범위

자료에 들어있는 극단값의 영향을 줄이기 위하여 절사평균을 사용한 것과 마찬가지로 극단값을 제거한 산포도를 구하는 방법으로, 제1사분위수에서 제3사분위수까지의 범위만을 사용하는 사분위수범위(interquartile range)가 있다. 따라서 이 척도는 $I.Q.R = Q_3 - Q_1$로 정의되며, 이 척도는 중앙값을 중심위치로 택하는 경우에 주로 사용한다. 한편 사분위수범위를 이용하여 자료를 요약한 그림을 그릴 수 있는데, 이 그림을 상자그림(box plot)라 한다. 이 그림은 자료집단의 꼬리부분에 대한 정보, 즉 극단값에 대한 정보를 제공하지 못하는 줄기-잎 그림의 단점을 보완하고 자료집단의 흩어진 모양을 제공한다. 이제 상자그림을 그리기 위하여 사용되는 용어를 먼저 살펴보자.

- **안울타리**(inner fence) : 사분위수 Q_1과 Q_3에서 $1.5 \times I.Q.R$만큼 떨어져 있는 값으로, 아래쪽 안울타리와 위쪽 안울타리를 갖는다.
  - · 아래쪽 안울타리(lower inner fence) : $f_l = Q_1 - 1.5 \times I.Q.R$
  - · 위 쪽 안울타리(upper inner fence) : $f_u = Q_3 + 1.5 \times I.Q.R$
- **바깥울타리**(outer fence) : 사분위수 Q_1과 Q_3에서 $3 \times I.Q.R$만큼 떨어져 있는 값으로, 아래쪽 바깥울타리와 위쪽 바깥울타리를 갖는다.
  - · 아래쪽 바깥울타리(lower outer fence) : $f_L = Q_1 - 3 \times I.Q.R$
  - · 위 쪽 바깥울타리(upper outer fence) : $f_U = Q_3 + 3 \times I.Q.R$
- **인접값**(adjacent value) : 안울타리 안의 놓이는 가장 극단적인 관측값, 즉 안쪽 울타리보다 큰 가장 작은 관찰값과 바깥 울타리 보다 작은 가장 큰 관찰값

을 의미한다.

- **보통 극단값**(mild outlier) : 안울타리와 바깥울타리 사이에 놓이는 관측값
- **극단값**(extreme outlier) : 바깥울타리 외부에 놓이는 관측값

이제 다음 순서에 따라서 상자그림을 그린다.

① 자료를 크기순으로 나열하여 사분위수 Q_1, Q_2 그리고 Q_3을 구한다.

② 사분위수범위 $I.Q.R = Q_3 - Q_1$ 을 구한다.

③ Q_1에서 Q_3까지를 직사각형 모양의 상자로 연결하여 그리고, 중앙값 Q_2의 위치에 '+'를 표시한다.

④ 안울타리를 구하고, 인접값에 기호 '|'로 표시한 후, Q_1과 Q_3우로부터 인접값까지 직선으로 연결한다.

⑤ 바깥울타리를 구하여 예측 가능한 보통 극단값의 위치에 'o'를, 그리고 극단값의 위치에 'x'를 표시한다.

그러면 다음과 같은 그림을 작성할 수 있다.

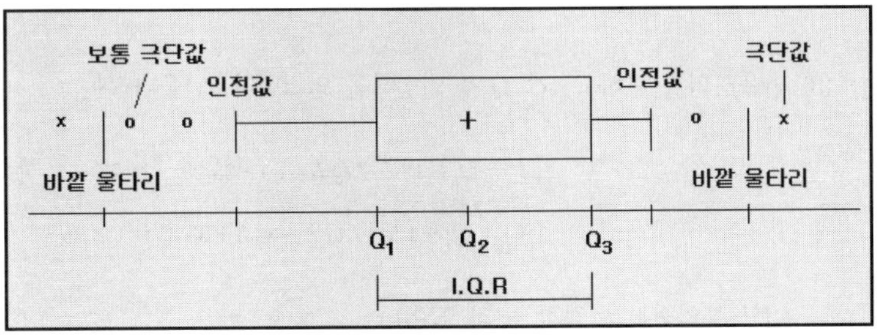

그림 4.10 상자그림

예제 4.7

다음 주어진 자료에 대한 사분위수범위를 구하고, 상자그림을 그려라.

83	90	60	20	50	94	60	62	97	43	67	84	79	62	78

풀이 우선 주어진 자료를 다음과 같이 크기 순서로 재배열한다.

20	43	50	60	60	62	62	67	78	79	83	84	90	94	97

(1) 자료를 크기순으로 나열하여 2.1절 예제5와 같이 사분위수 $Q_1=60$과 $Q_2=67$, $Q_3=83.5$ 를 구한다. 그리고 Q_2의 위치에 '+' 표시를 긋고, Q_1과 Q_3을 직사각형 상자로 연결한다.

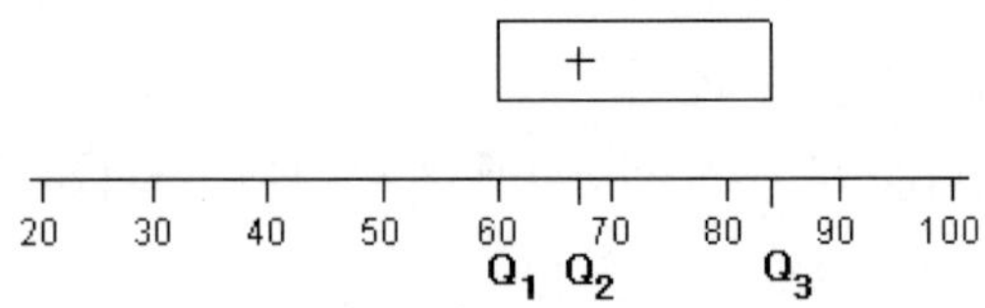

(2) 사분위수범위를 구한다.

$$I.Q.R = Q_3 - Q_1 = 83.5 - 60 = 23.5$$

(3) 안울타리를 구하고, Q_1, Q_3와 인접값을 연결한다. 안울타리는

$$f_l = Q_1 - 1.5 \times I.Q.R = 60 - 35.25 = 24.75$$

$$f_u = Q_3 + 1.5 \times I.Q.R = 83.5 + 35.25 = 118.75$$

이므로 인접값은 각각 43과 97이다.

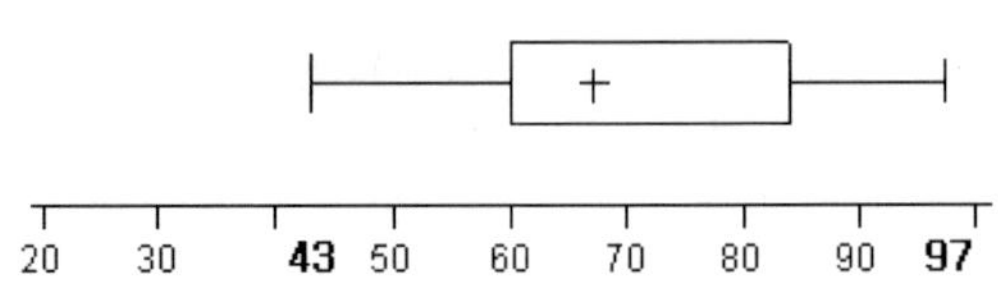

(4) 이제 바깥울타리를 구한다. 그러나 이 경우에는 위쪽 바깥울타리는 없다.

$$f_L = Q_1 - 3 \times I.Q.R = 60 - 70.5 = -10.5$$

(5) 마지막으로 보통 극단값과 극단값을 표시한다. 역시 아래쪽 바깥울타리가 음수이므로 바깥울타리는 존재하지 않는다. 그러나 보통 극단값은 하나 존재한다.

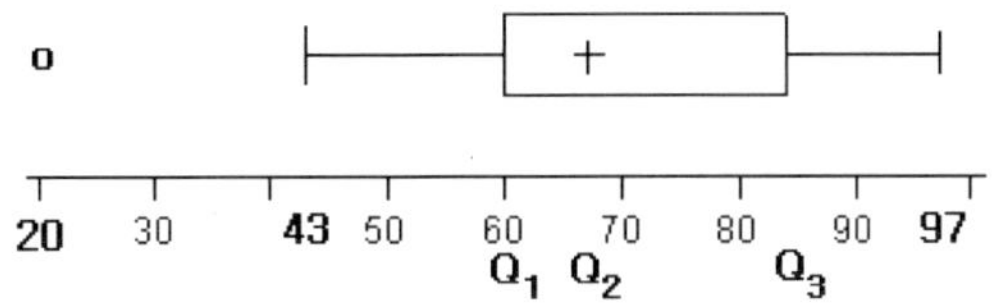

이 예제의 상자그림을 살펴보면, Q_1 과 Q_2 사이가 Q_2 와 Q_3 사이보다 좁게 나타난다. 이것은 Q_1 과 Q_2 사이에 많이 밀집되어 있음을 보이며, 또한 제1,3사분위수에서 인접값 사이에서는 아래쪽이 약간 길게 나타나므로 자료가 좀 더 넓게 포진하고 있음을 알 수 있다. 따라서 다음 그림의 곡선 모양과 같이 주어진 자료는 중앙값을 중심으로 대칭성을 약간 벗어나는 형태인 것을 알 수 있다.

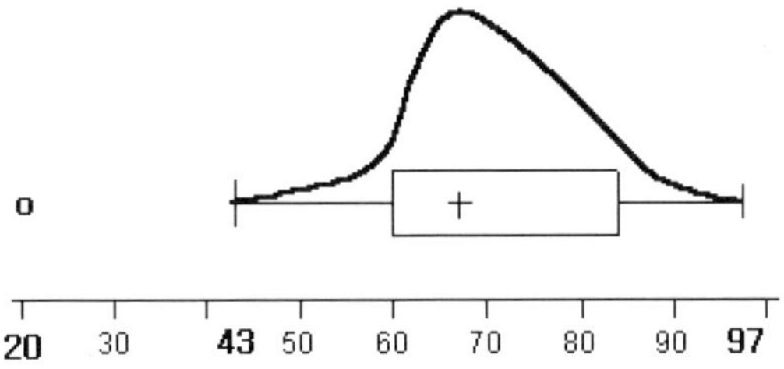

(3) 평균편차

각 자료의 관찰값과 평균과의 편차에 대한 절대값들의 평균을 평균편차(mean deviation)라 하고, 다음과 같이 정의된다.

$$M.D = \frac{1}{n}\sum_{i=1}^{n}|x_i - \bar{x}|$$

이 척도는 이상점에 대한 영향을 덜 받는다는 장점이 있으나, 수리적으로 처리하기 곤란하여 추측통계학에서 잘 사용하지 않는다.

예제 4.8

다음 자료에 대한 평균편차를 구하여라.

8	3	9	6	2	5	9	4	6	6

풀이 우선 주어진 자료의 평균을 구하면

$$\bar{x} = \frac{8+3+9+6+2+5+9+4+6+6}{10} = 5.8$$

이다. 이제 각 자료값과 평균의 차와 이 편차의 절대값을 기록한다.

자 료	8	3	9	6	2	5	9	4	6	6	합 : 58
편 차	2.2	−2.8	3.2	0.2	−3.8	−0.8	3.2	−1.8	0.2	0.2	합 : 0
편차절대값	2.2	2.8	3.2	0.2	3.8	0.8	3.2	1.8	0.2	0.2	합 : 18.4

그러면 평균편차는 $M.D. = 18.4/10 = 1.84$이다.

(4) 분산과 표준편차

표준편차는 가장 널리 사용하는 산포의 척도이며, 자료집단의 관찰값들이 평균을 중심으로 얼마나 많이 밀집되어 있는가를 나타낸다. 따라서 표준편차가 클수록 자료는 중심으로부터 넓게 분포되고, 작을수록 중심에 많이 밀집하는 것을 의미한다. 모집단을 구성하는 모든 자료값과 모평균의 편차의 제곱에 대한 평균을 모분산(population variance)이라 하고, σ^2으로 나타낸다. 즉, 모분산은 다음과 같이 정의되며, 모표준편차(population standard deviation)는 모분산의 양의 제곱근 σ로 정의된다.

$$\sigma^2 = \frac{1}{N}\sum_{i=1}^{N}(x_i - \mu)^2$$

또한 표본에서 관측된 관찰값 $x_1, x_2, \cdots, x_n$과 표본평균 $\overline{x}$의 편차의 제곱 합을 $n-1$로 나눈 수치를 표본분산(sample variance)이라 하고, S^2으로 나타낸다. 그러므로 표본분산은 다음과 같이 정의되며, 이 표본분산의 양의 제곱근 S를 표본표준편차(sample standard deviation)이라 한다.

$$S^2 = \frac{1}{n-1} \sum_{i=1}^{n} (x_i - \overline{x})^2$$

특히, 표본분산에서 편차 제곱의 합을 $n-1$로 나누는 이유는 추정 단원에서 설명할 것이나, 추측통계학에서 모분산을 추정할 때 n으로 나누는 것보다 $n-1$로 나누는 것이 보다 더 바람직하기 때문이다. 그리고 표준편차를 가장 많이 사용하는 이유는 표준편차에는 개개의 관측값에 대한 정보가 포함되어 있으며, 수리적으로 다루기 쉽기 때문이다. 그러나 표준편차는 극단값에 대하여 많은 영향을 받는다는 단점을 갖고 있다.

예제 4.9

예제 2에 제시된 표본에 대한 표준편차를 구하여라.

풀이 예제 2에서 구한 평균 $\overline{x}=5.8$과 각 자료값의 편차와 편차제곱을 다음 표와 같이 구한다.

자 료	8	3	9	6	2	5	9	4	6	6	합 : 58
편 차	2.2	−2.8	3.2	0.2	−3.8	−0.8	3.2	−1.8	0.2	0.2	합 : 0
편차제곱	4.84	7.84	10.24	0.04	14.44	0.64	10.24	3.24	0.04	0.04	합 : 51.6

그러면 분산과 표준편차는 각각 $\sigma^2 = 51.6/9 = 5.733$, $\sigma = \sqrt{5.733} = 2.394$ 이다.

(6) 변동계수

표준편차는 절대적인 산포도이므로 어린이의 몸무게와 어른의 몸무게에 대한 산포도를 상대적으로 구하는 경우, 또는 키에 대한 자료와 몸무게에 대한 자료의 산포도를 비교하는 경우에는 부적절하다. 즉, 측정 단위가 동일하지만 평균이 큰 차이를 보이는 경우 또는 측정단위가 서로 다른 경우에 산포의 척도로 표준편차를 사용하기에는 부적절하다. 따라서 두 집단의 흩어진 정도를 상대적으로 비교할 때 사용되는 척도가 필요하며, 이러한 척도를 변동계수(coefficient of variation)라 하며, 다음과 같이 정의된다.

$$\text{모집단의 변동계수} \ : \ C.V_p = \frac{\sigma}{\mu} \times 100\%$$

$$\text{표본의 변동계수} \ : \ C.V_s = \frac{s}{\bar{x}} \times 100\%$$

이 때, 변동계수가 클수록 자료의 분포상태는 상대적으로 폭이 넓게 나타난다.

예제 3.2

고소득층과 저소득층의 하루 일당에 대한 표준편차와 변동계수를 구하고, 상대적으로 두 집단의 산포 정도를 분석하여라. (단, 단위는 $이다.)

저소득층	11.5	12.2	12.0	12.4	13.6	10.5
고소득층	171	164	167	156	159	164

풀이 두 집단의 평균($\overline{x_l}$, $\overline{x_h}$)과 표준편차(σ_l, σ_h)를 먼저 구한다.

$$\overline{x_l} = \frac{11.5 + 12.2 + 12 + 12.4 + 13.6 + 10.5}{6} = 12$$

$$\overline{x_h} = \frac{171 + 164 + 167 + 156 + 159 + 164}{6} = 163.5$$

이고, 분산과 표준편차는 각각

$$\sigma_l^2 = \frac{1}{5} \sum (x - 12)^2 = 1.052, \quad \sigma_l = \sqrt{1.052} = 1.026$$

$$\sigma_h^2 = \frac{1}{5} \sum (x - 163.5)^2 = 29.1, \quad \sigma_h = \sqrt{29.1} = 5.39$$

이다. 한편,

$$C.V_l = \frac{1.026}{12} \times 100 = 8.55(\%)$$
$$C.V_h = \frac{5.39}{163} \times 100 = 3.3\%$$

이다. 따라서 절대수치에 의하면 고소득층의 소득이 더 폭 넓게 나타나지만 ($\sigma_l < \sigma_h$), 상대적으로 비교하면 고소득층의 소득이 저소득층보다 평균에 더 밀집($C.V_h < C.V_l$)한 모양을 나타낸다. ◉

(5) z-점수

때때로 자료집단 안의 다른 자료값들에 대하여 어떤 특정한 자료값의 상대적인 위치를 나타내는 척도를 생각할 수 있다. 예를 들어, 대학입학에 응시할 때, 수험생들은 자신의 수학능력시험 점수를 표준점수로 환산하여 지원 대학에 점수를 제출한 경우가 있을 것이다. 이것은 전체 수험생들의 평균점수를 기준으로 자신이 취득한 절대점수를 상대적인 점수로 환산하는 것이다. 이와 같이 어느 특정한 절대측정값을 전체 자료집단의 상대적인 위치로 변환한 척도를 Z-점수(z-score) 또는 표준점수(standard score)라 하며, 다음과 같이 정의된다.

$$\text{모집단 } Z-\text{점수} \quad : \quad Z_p = \frac{x-\mu}{\sigma}$$
$$\text{표본 } Z-\text{점수} \quad : \quad Z_s = \frac{x-\overline{x}}{S}$$

따라서 어떤 자료값의 Z-점수가 양수이면 이 자료는 대부분의 자료보다 크게 나타나며, 반대로 Z-점수가 음수이면 대부분의 다른 자료보다 작게 나타난다. 그리고 Z-점수가 0이면 이 자료값은 평균 부근에 위치하는 것을 알 수 있다. 예를 들어, 예제 2에서 제시된 자료집단에 대하여 평균과 표준편차가 각각 $\overline{x} = 5.8$, $\sigma = 2.394$이므로, 각 자료값 x 에 대한 Z-점수는 $Z = (x - 5.8)/2.394$ 즉, 다음 표와 같다.

원 자 료	8	3	9	6	2	5	9	4	6	6
Z-점수	0.919	-1.169	1.336	0.084	-1.587	-0.334	1.336	-0.752	0.084	0.084

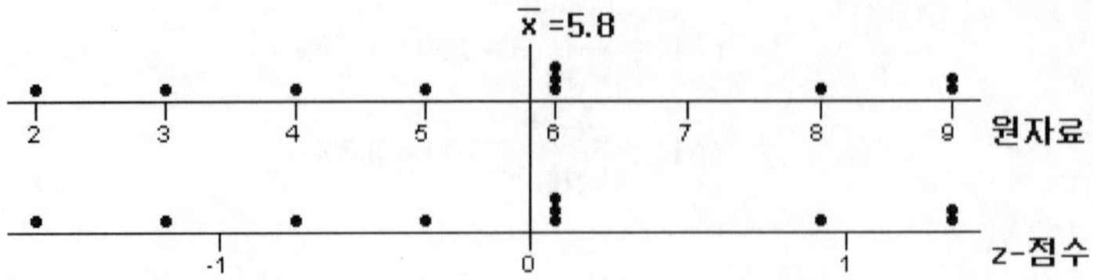

4.2.3 집단화 자료의 분석

자료집단이 히스토그램이나 도수분포표로 주어져 있는 경우에는 개개의 원자료를 알지 못하므로 평균이나 표준편차 등을 구할 수 없다. 따라서 개략적인 대표값과 산포도를 구할 수밖에 없으며, 이 절에서는 근사적인 평균과 표준편차를 구하는 방법을 다음 표를 이용하여 살펴본다.

표 4.2

계급	계급간격	도수	상대도수	누적도수	누적상대도수	계급값
1	24.5 ~ 39.5	2	0.04	2	0.04	32
2	39.5 ~ 54.5	6	0.12	8	0.16	47
3	54.5 ~ 69.5	15	0.30	23	0.46	62
4	69.5 ~ 84.5	17	0.34	40	0.80	77
5	84.5 ~ 99.5	10	0.20	50	1.00	92
	합 계	50	1.00			

앞의 표에서 제1계급 24.5~39.5 안에 2개의 자료가 들어 있다는 사실만 알 수 있을 뿐 그 2개의 정확한 자료값을 알지 못한다. 그러나 이 2개의 자료값이 계급값인 32를 중심으로 포진하고 있다는 것을 알 수 있다. 따라서 이 계급에는 대표값인 32가 2개 들어있다고 가정한다. 같은 방법으로 i 번째 계급 안에 계급값 m_i가 각 계급의 도수 f_i만큼 들어있다고 가정하면, 이 계급 안에 들어 있는 자료의 합은 $m_i f_i$ 이고, 따라서 대략적인 평균과 분산 그리고 표준편차를 구할 수 있다. 즉, 평균은 모든 자료값의 합을 전체 자료의 수인 n 으로 나눈 값이므로,

$$\bar{x} = \frac{1}{n}\sum_{i=1}^{k} m_i f_i$$

이다. 또한 분산은 각 자료값과 평균의 편차제곱 $(m_i - \bar{x})^2$을 모두 합하여 $n-1$로 나눈 값이므로

$$S^2 = \frac{1}{n-1}\sum_{i=1}^{k}(m_i - \bar{x})^2 f_i$$

임을 알 수 있다. 그러면 앞의 도수분포표에 의한 자료집단의 근사적인 평균과 표준편차를 다음 표를 작성하여 얻을 수 있다.

계급	계급값(m_i)	도수(f_i)	$m_i f_i$	$(m_i-\bar{x})^2$	$(m_i-\bar{x})^2 f_i$
1	32	2	64	1,451.61	2,903.22
2	47	6	282	533.61	3,201.66
3	62	15	930	65.61	978.15
4	77	17	1,309	47.61	809.37
5	92	10	920	479.61	4,796.10
	합 계	50	3,505		12,688.50

$$\bar{x} = \frac{\sum mf}{n} = \frac{3,505}{50} = 70.1$$

$$S^2 = \frac{\sum(m-\bar{x})^2 f}{n-1} = \frac{12,688.50}{496} = 258.95$$

$$S = \sqrt{258.95} = 16.09$$

그리고 제p 백분위수 역시 다음과 같은 방법으로 구할 수 있으며, 이로부터 대략적인 중앙값을 비롯한 사분위수와 사분위수범위 등을 구할 수 있다.

① 누적상대도수를 구하고, 제p 백분위수가 놓이는 위치 i를 구한다.

② i번째 자료값 $x_{(i)}$가 속하는 계급을 찾고 이 계급의 시작점을 L이라 한다.

③ $x_{(i)}$가 속하는 계급 이전까지의 누적도수 a와 $x_{(i)}$가 속하는 계급의 도수 f를 구하여, $(i-a)/f$를 계산한다.

④ 계급간격을 c라 하면 제p 백분위수 $x_{(i)}$를 다음과 같이 얻는다.

$$x_{(i)} = L + c \times \frac{i-a}{f}$$

그러면 표 2-5의 도수분포표에 대한 대략적인 사분위수를 구할 수 있다. 전체 자료의 수가 50이므로 사분위수 Q_1, Q_2, Q_3의 위치는 각각 13, 25.5, 38이므로, 이들 위치에 놓이는 자료값 $x_{(13)}$, $x_{(25)}$, $x_{(26)}$, $x_{(38)}$의 자료값을 먼저 구한다. 그런데 이들이 위치한 계급은 각각 제3계급, 제4계급이므로

$$x_{(13)} = 54.5 + 15 \times \frac{13-8}{15} = 59.5$$

$$x_{(25)} = 69.5 + 15 \times \frac{25-23}{17} = 71.265$$

$$x_{(26)} = 69.5 + 15 \times \frac{26-23}{17} = 72.147$$

$$x_{(38)} = 69.5 + 15 \times \frac{38-23}{17} = 82.7$$

이다. 따라서 사분위수들은

$$Q_1 = x_{(13)} = 59.5$$

$$Q_2 = \frac{x_{(25)} + x_{(26)}}{2} = \frac{71.265 + 72.147}{2} = 71.7$$

$$Q_3 = x_{(38)} = 82.7$$

이고, 사분위수범위는 $I.Q.R = 82.7 - 59.5 = 23.2$이다.

한편 대략적인 최빈값을 다음과 같은 방법으로 구한다.

$$M_o = L + \left(\frac{f_u}{f_l + f_u}\right) \cdot C$$

여기서 $L =$ 가장 많은 도수를 갖는 계급의 아래 경계값

$f_l =$ 가장 많은 도수를 갖는 계급의 아래 경계값에 인접한 계급의 도수

$f_u =$가장 많은 도수를 갖는 계급의 위쪽 경계값에 인접한 계급의 도수

$C =$ 계급간격

을 나타낸다. 그러면 표 2-5에 대한 대략적인 최빈값은

$$M_o = 69.5 + \left(\frac{10}{15+10}\right) \cdot 15 = 75.5$$

이다.

4.3 미니탭 연습
section

미니탭에서 점도표 및 막대그래프는 질적자료에 대하여 사용할 수 없고 따라서 질적자료를 양적자료로 변환하여, 다시 말해서 질적자료의 각 범주에 숫자를 부여하여 작성한다. 그리고 미니탭은 Character Mode와 Professional Mode의 두 가지 그래픽모드로 표현할 수 있다. 이 두 가지 모드는 동일한 결과를 보여주나 다음과 같은 차이가 있다.

Character Mode

- '+, - , *' 그리고 문자와 같은 키보드 상의 기호를 사용하며, 그 결과를 Session 창에서 보여준다.
- 자료처리 속도가 빠르다.
- Outfile에 저장하거나 사용하기 쉽다.
- 용량이 적게 든다.
- 출력하기 위해서 고해상도 프린터가 필요 없다.

Professional Mode

- Character Mode보다 더욱 선명한 그래프를 보여주며, 시각적으로 더 좋은 효과를 가지나, 그 자체가 제공하는 정보는 동일하다.
- 그래픽 자체가 하나의 창으로 나타난다.

4.3.1 자료의 분류

미니탭은 code data를 이용하여 양적자료를 질적자료 또는 집단화 자료로 만들 수 있다. 우선 code data를 이용하여 자료를 분류하는 방법을 살펴본다.

(1) Coding Data 만들기

미니탭을 이용하여 최대 8개의 그룹으로 자료를 구분할 수 있으며, 숫자 data를 숫자 code로 집단화할 수 있으며 문자code로 변환할 수도 있다. 뿐만 아니라 문자 data를 숫자 또는 문자 code로 변환할 수도 있다.

- 메뉴바에서 Data → Code를 선택하면 다음 그림과 같이 4가지 변환을 선택할 수 있다. 또한 Change Data Type를 선택하여 변환할 수 있으나, 우선 Code에 대하여 먼저 살펴본다.

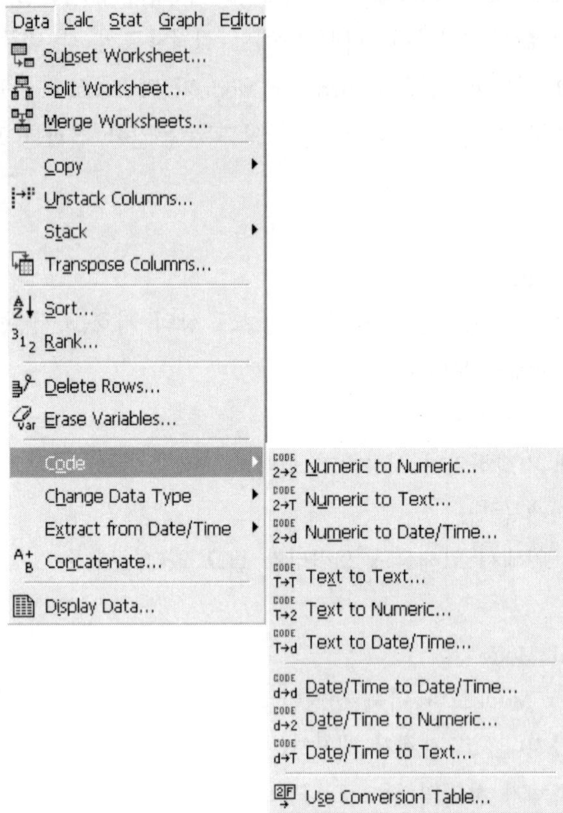

Code의 선택사항	선택사항의 내용
Numeric to Numeric...	숫자 data를 숫자 code로 분류
Numeric to Text...	숫자 data를 문자 code로 분류
Text to Text...	문자 data를 문자 code로 분류
Text to Numeric...	문자 data를 숫자 code로 분류

4.4 측정시스템

section

측정은 통계분석에 있어서 근간이 되는 데이터의 수집 측면에서 매우 중요한 역할을 하고 있다. 통계란 기본적으로 데이터를 가지고 분석해 나가게 되는데 데이터의 정확성이 떨어 진다는 것은 통계분석이 정확하더라도 그 분석을 사용할 수 없다. 현장에서 데이터를 얻는 방법으로 측정이 이루어지는데 측정과정에서 얻어지는 측정값의 변동이 있는지 아니면 계측치 자체의 변동이 있는지, 측정작업자의 능력의 차이인지 구별해야 하는데, 이를 위해서 올바른 측정시스템의 관리와 적절한 통계분석이 요구된다.

측정이란 Eisenhart에 의하면 "어떤 물질의 특정한 성질을 나타내기 위해 물질에 수치를 부여하는 것"이라고 정의되며, 수치를 부여하는 절차를 측정과정이라 한다. 부여된 수치를 측정값이라 하여 이를 얻기 위한 모든 장치의 총칭을 계측기 또는 게이지라고 하며, 이를 이용하여 측정값을 얻기 위해 사용되는 전체를 측정시스템이라고 한다.

측정시스템에서 어떤 계측기로 동일한 시료의 특성을 무한히 측정할 때에 얻어지는 측정치 분포의 평균과 이 특성의 참 값의 차이(편의;Bias)가 작을수록 정확성(accuracy)이 좋다고 한다. 또한 동일한 시료를 무한히 측정한다면 데이터로부터 일정한 산포를 갖게 되는데 이 산포의 크기를 정밀도(precision) 또는 반복성(repeatability)이라고 한다. 계측기기가 시간의 경과에 따라 영향을 많이 받으면 안전성(stability)이 결여되어있다고 하며, 동일한 계측기로 다른 작업자가 동일한 시료를 측정할 때 차이기 크면 재현성(reproducibility)이 떨어진다고 한다. 직선성(linearity)은 계측기의 측정범위 내에서 측정의 일관성을 평가하는 것으로 기준값의 변화에 따른 편이값을 변화량을 말한다.

4.4.1 Gage R&R 분석

측정된 데이터의 변동에는 공정 자체의 변동 뿐만 아니라 측정에 따른 변동이 포함되어 있다. 실제로 관리도에 나타나는 변동은 품질특성치의 변동과 계측기, 측정자 및 측정방법에 따른 변동들이 결합되어 나타난 것이라 할 수 있으며, 효과적인 공정관리를 위해서는 측정시스템에 포함되 있는 변동의 정도를 분석하고, 측정 시스템의 변동을 최소화함으로써 공정의 변동을 효과적으로 관리할 수 있을 것이다.

측정 시스템의 요소

- 계측기(Gauge)
- 측정자(Operator)
- 측정방법(Measurement Method)

가 정

- 두명 이상의 측정자가 계측기를 사용하여 표본의 값을 측정
- 측정에 따른 오차는 계측기의 편의(bias), 측정되는 제품의 영향, 관련 작업자의 영향, 임의의 오차에 영향을 받으며, 그 밖의 영향은 무시할 수 있다.

측정모형

$$X_{ijk} = T_i + \beta + P_i + O_j + \varepsilon_{ijk} \tag{1}$$

X_{ijk} : i번째 제품을 측정자 j가 측정하여 기록한 k번째 값

T_i : i번째 제품의 참값

β : 측정 시스템에 존재하는 일정한 편의

P_j : 측정값에 대한 i번째 제품의 영향

O_j : 측정값에 대한 측정자 j의 영향

ε_{ijk} : 측정값에 포함된 임의의 오차

측정모형의 변동

- 식 (1)에서 $T_i + \beta$ 는 상수이므로 측정값의 변동은 다음과 같다 :

$$\sigma_Y^2 = \sigma_P^2 + \sigma_O^2 + \sigma_\epsilon^2 \tag{2}$$

즉, 산포의 구성을 다음과 같다고 볼 수 있다.

산포의 구성

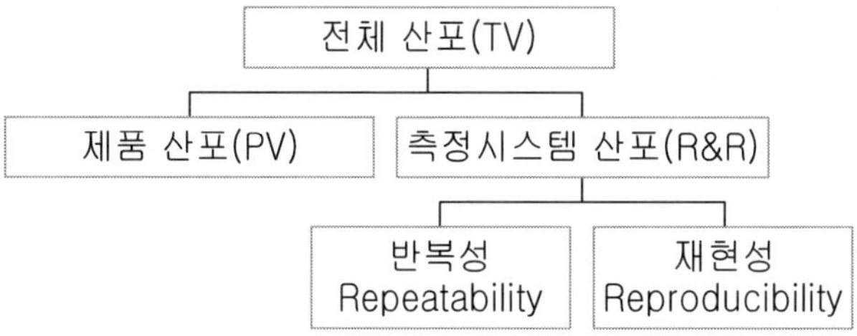

4.4.2 반복성과 재현성 분석

Part	Operator								
	1			2			3		
	측정값			측정값			측정값		
	1	2	3	1	2	3	1	2	3
1	15.641	15.641	15.625	15.625	15.656	15.625	15.686	15.701	15.701
2	18.056	18.056	18.056	18.056	18.056	18.036	18.096	18.096	18.096
3	16.857	16.857	16.875	16.840	16.875	16.857	16.893	16.910	16.893
4	16.382	16.365	16.382	16.365	16.348	16.348	16.382	16.398	16.398
5	24.772	24.772	24.772	24.735	24.772	24.735	24.772	24.772	24.772
6	16.928	16.910	16.928	16.910	16.910	16.910	16.945	16.945	16.945
7	24.659	24.585	24.585	24.585	24.622	24.548	24.657	24.597	24.578
8	16.991	17.016	16.999	16.963	16.981	16.999	17.016	17.016	17.016
9	16.415	16.432	16.432	16.415	16.415	16.415	16.481	16.498	16.498
10	17.016	17.016	17.016	17.016	17.016	17.016	17.016	17.088	17.016

① 측정자를 A, B, C라 하고, 측정표본에 번호 1, 2, …, 10 을 부여한다. 이때, 측정자는 이 번호를 알 수 없도록 한다.

② 계측기를 준비한다.

③ 측정자 A가 10개의 표본을 임의의 순서로 측정하도록 하고, 측정값을 표 2의 1번 열에 기입한다. 측정자 B와 C에 대해서도 같은 방법으로 표본을 측정하여 값을 시이트에 기록하며, 1차 반복이 끝나면 2차, 3차 반복을 같은 방법으로 실시한다.

④ 모든 측정값의 기록이 끝나면, 측정자가 시료별로 반복측정된 데이터의 범위를 계산하여 4, 8, 12 열에 기록한다.

⑤ 각 열의 합을 계산하여 '합계' 행에 기록한다.

⑥ $\overline{x_A}$, $\overline{x_B}$, $\overline{x_C}$를 계산한다.

- '반복' 열의 합을 2, 6, 10 열의 '합계' 행 아래에 적고, 측정자 별로 3개의 열의 합을 데이터의 수로 나누어 평균을 구한다.

⑦ 4, 8, 12 열에 있는 범위의 평균 $\overline{R_A}, \overline{R_B}, \overline{R_C}$를 계산하여 기록하고, 이 값들을 아래로 옮긴다. 또한 이들의 합과 평균 $\overline{R}$을 계산하여 기록

⑧ $\overline{R}$의 값에 D_4를 곱하여 R 관리도의 관리상한선을 계산한다. 이때, D_4 값은 반복회수(2 또는 3)에 따라 해당 값을 사용한다.

⑨ 4, 8, 12 열에 있는 범위들의 값을 R 관리도의 관리상한선과 비교하여 관리상태 여부를 조사한다. 만일 관리상태를 벗어난 (UCL_R보다 값이 큰 경우) 점이 있으면 다음의 두가지 조치 중 하나를 취한다.

- 관리상태를 벗어난 점을 제외하고 $\overline{x_i}$, $\overline{R_i}$, UCL_R을 다시 계산
- 만일 한 측정값에 오류가 있다면, 측정자가 특정 시료를 다시 측정하고, 여러 개의 오류가 있으면 오류가 발생한 행의 3개의 데이터를 다시 측정하여 기록한 다음$\overline{x_i}$, $\overline{R_i}$, UCL_R을 다시 계산

⑩ $\overline{x}$의 가장 큰 값과 가장 작은값의 차를 계산하여 $\overline{x}$의 범위를 계산하고, 이를 $\overline{x_{diff.}}$에 기록한다.

⑪ 반복성, 재현성 및 반복성과 재현성 결합효과를 시이트에 있는 방법에 따라 계산하여 기록한다. 반복성과 재현성 분석시 사용되는 k_1과 k_2의 값은 옆에 있는 상자를 참조하여 사용한다.

⑫ $\%E.V.$, $\%A.V.$, $\%R\&R$을 계산하고, $\%R\&R$과 오차의 허용기준을 비교하여 측정시스템에 대한 평가를 한다.

$$\%E.V. = \frac{100(E.V.)}{USL - LSL} = \frac{100(E.V.)}{\text{공차}} \tag{3}$$

$E.V.$(Equipment Variation)는 계측기의 반복성과 관련

$$E.V. = 5.15\hat{\sigma_\epsilon} = \left(\frac{5.15}{d_{2^*}}\right)\overline{R} = (\overline{R}) \times (k_1), \quad k_1 = \frac{5.15}{d_2^*}$$

$$\%A.V. = \frac{100(A.V.)}{USL - LSL} = \frac{100(A.V.)}{\text{공차}} \tag{4}$$

$A.V.$(Appraisal Variation)는 평가자에 따른 변동

$$A.V. = 5.15\widehat{\sigma_0} = \sqrt{[(\frac{5.15}{d_{2*}})(\overline{X_{diff.}})]^2 - \frac{(E.V.)^2}{nr}}$$

$$= \sqrt{(\overline{X_{diff.}})^2 \times (k_2) - \frac{(E.V.)^2}{nr}}$$

$$\%R\&R = \frac{100(RR)}{USL - LSL} = \frac{100(RR)}{공차} \quad (5)$$

$$\%RR = 5.15\widehat{\sigma_M} = 5.15\sqrt{\widehat{\sigma_0^2} + \widehat{\sigma_\epsilon^2}}$$

$$= \sqrt{(5.15\widehat{\sigma_0})^2 + (5.15\widehat{\sigma_\epsilon})^2}$$

$$= \sqrt{(A.V.)^2 + (E.V.)^2}$$

※ 계측기의 반복성과 재현성을 해석하기 위한 일반적인 지침

%R & R	조 처
10 % 이하	현재 계측기를 받아들여도 좋다.(acceptable)
10~30 %	계측기 사용여부를 가격, 수리비용, 계측기가 적용되는 특성의 중요도 등을 고려하여 결정한다.
30 % 이상	일반적으로 계측기의 사용이 허용되지 않는다. 측정 시스템의 문제점을 찾고, 그 결과에 따라 계측기의 수정, 폐기, 대체 등의 조치를 취한다.

4.4.3 정확성, 안정성, 선형성 분석

(1) 정확성

계측기의 정확성은 참 값과 시료 평균 값의 차이를 의미한다. 즉,

$$\%정확성 = \frac{|참평균 - 시료평균|}{공차} \times 100 \quad (6)$$

계측기의 정확성은 통상 표본의 참값을 구하고, 이 값과 계측기의 반복성과 재현성 검토에서 계산한 표본평균을 비교하여 판단한다. 일반적으로 계측기의 정확성의 저하는 반복성이나 재현성 만큼 자주 나타나는 현상은 아니지만 항상 점검을 해야 한다.

(2) 안정성

계측기의 안정성은 시간 t_1에서 측정한 교정량($\overline{X_1}$)의 총 평균과 시간 t_2에서 측정한 교정량($\overline{X_2}$)의 총 평균의 차이를 말한다. 즉,

$$\%\text{안정성} = \frac{|X_1 - X_2|}{\text{공차}} \times 100 \tag{7}$$

계측기의 안정성도 반복성과 재현성만큼 문제가 되는 것은 아니지만 이에 대한 평가와 관리도 필요하다.

(3) 선형성

계측기의 선형성은 정해진 작동 범위 내에서 정확성을 비교함으로서 평가한다. 정해진 작동범위의 양쪽 한계구간에서 최소한 각각 1 회씩 정확성을 검토하여 얻어진 값의 차이가 계측기의 선형성이다. 만일 양쪽 한계구간에서 각각 여러 회 정확성을 계산하였을 때는 큰 값에서 가장 작은 값의 차이가 선형성이 된다.

선형성의 계산방법은 다음과 같다.

(계측기 선형성) = (가장 정확성이 큰 값) − (가장 정확성이 작은 값)

4.5 section 미니탭을 이용한 측정시스템 분석

4.5.1 Gage R&R Run Chart 한글

① 측정시스템 데이터를 다음과 같이 미니탭에 입력한다.

↓	C1 Part	C2 Master	C3 측정치	↓	C1 Part	C2 Master	C3 측정치
1	1	1	0.65	31	6	2	1.00
2	1	1	0.60	32	6	2	1.05
3	2	1	1.00	33	7	2	0.95
4	2	1	1.00	34	7	2	0.90
5	3	1	0.85	35	8	2	0.75
6	3	1	0.80	36	8	2	0.70
7	4	1	0.85	37	9	2	1.00
8	4	1	0.95	38	9	2	0.95
9	5	1	0.55	39	10	2	0.55
10	5	1	0.45	40	10	2	0.50
11	6	1	1.00	41	1	3	0.50
12	6	1	1.00	42	1	3	0.55
13	7	1	0.95	43	2	3	1.05
14	7	1	0.95	44	2	3	1.00
15	8	1	0.85	45	3	3	0.80
16	8	1	0.80	46	3	3	0.80
17	9	1	1.00	47	4	3	0.80
18	9	1	1.00	48	4	3	0.80
19	10	1	0.60	49	5	3	0.45
20	10	1	0.70	50	5	3	0.50
21	1	2	0.55	51	6	3	1.00
22	1	2	0.55	52	6	3	1.05
23	2	2	1.05	53	7	3	0.95
24	2	2	0.95	54	7	3	0.95
25	3	2	0.80	55	8	3	0.80
26	3	2	0.75	56	8	3	0.80
27	4	2	0.80	57	9	3	1.05
28	4	2	0.75	58	9	3	1.05
29	5	2	0.40	59	10	3	0.85
30	5	2	0.40	60	10	3	0.80

② Stat → Quality tools → Gage Study → Gage Run Chart...를 실행한다. 측정데이터의 산포를 분석하여 문제점을 발견할 수 있다.

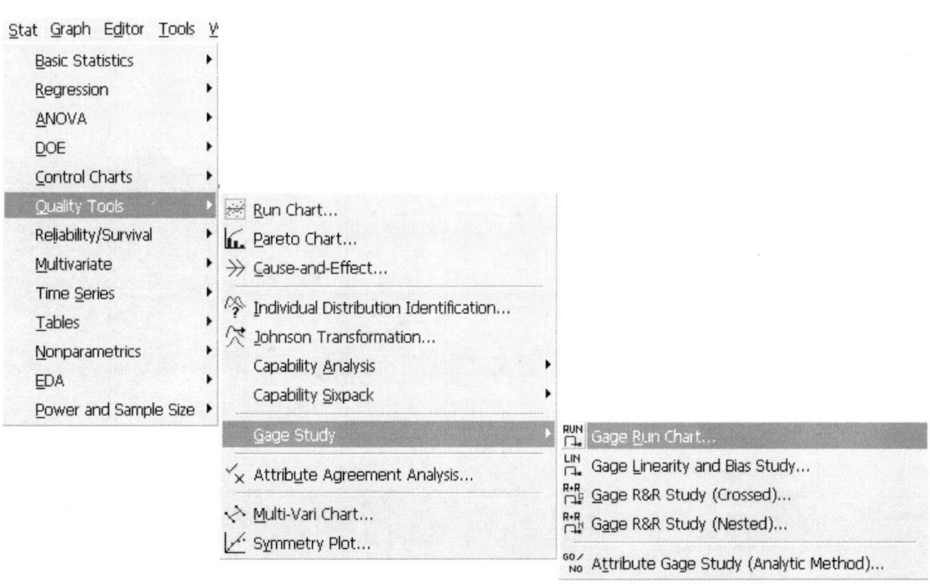

③ 다음과 같은 다이알로그 창이 뜨면 아래와 같이 입력한다.

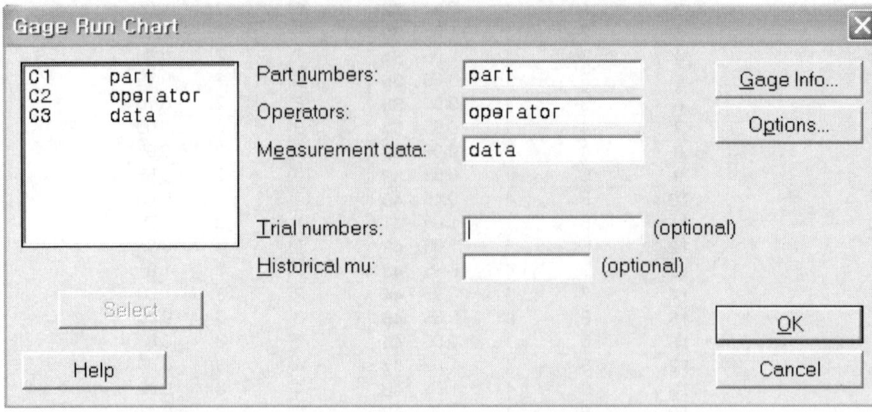

* Part numbers: 부품번호가 들어가 있는 열을 선택한다.

* Operators: 작업자의 정보가 들어가 있는 열을 선택한다.

* Measurement data: 측정치가 들어 있는 열을 선택한다.

* Trial numbers: 반복에 대한 정보가 들어 있을 경우 선택한다(옵션).

* Historical mu: 평균에 대한 정보가 있을 경우 선택한다(옵션).

④ 실행결과 다음과 같다.

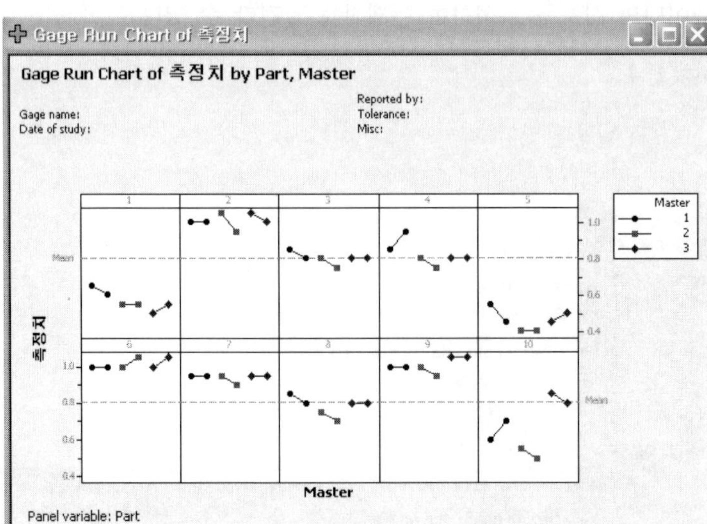

분석 결과를 보면 작업자간의 크기에 차이는 거의 없으며, Part 10에서 작업자간의 차이를 볼 수가 있지만 전체적으로는 크게 유의하지 않은 것으로 판단된다.

4.5.2 Gage R&R Study

Gage R&R Study는 크게 Crossed와 Nested 두가지 방법이 있다. Gage R&R Study(Crossed)는 각각의 측정자가 여러 번 각 부분을 측정할 때 사용하고, Gage R&R Study(Nested)는 파괴시험처럼 한 명의 측정자가 각 부분을 측정할 때 사용한다. 즉, 파괴시험은 시료의 처음 상태와 측정공정후의 특성이 다르다. 본 과정에서는 Crossed에 대한 것만 실습하기로 한다.

① 데이터의 입력은 앞에서 입력한 것을 그대로 사용한다. 메뉴에서 Stat → Quality tools → Gage Study → Gage R&R Study(Crossed)를 실행한다.

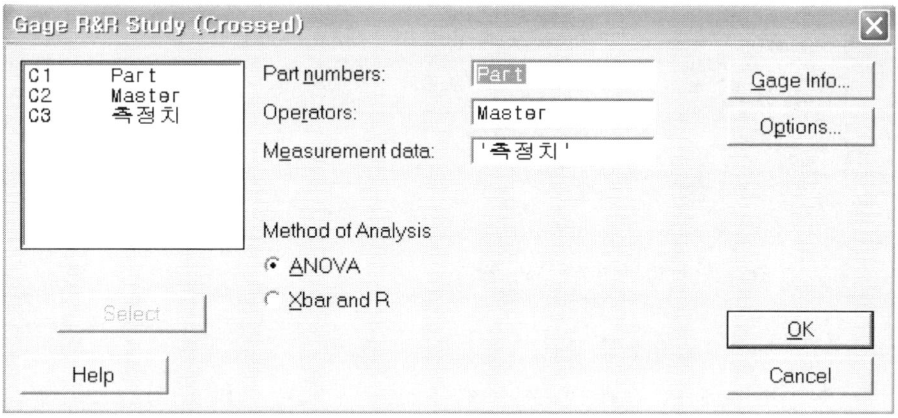

* Method of Analysis에서 Xbar and R은 part-to-part, repeatability, reproducibility로 나누어 분석을 시행하고 ANOVA 분석방법은 part-to-part, repeatability, reproducibility에서 operator-by-part에 의한 변동을 추가하여 분석한다.

② 실행한 결과는 다음과 같이 session창에 나타나며 관리도에 대한 내용은 새로운 Graph창에 나타난다.

Session

Gage R&R Study - ANOVA Method

Two-Way ANOVA Table With Interaction

Source	DF	SS	MS	F	P
Part	9	2.05871	0.228745	39.7178	0.000
Master	2	0.04800	0.024000	4.1672	0.033
Part * Master	18	0.10367	0.005759	4.4588	0.000
Repeatability	30	0.03875	0.001292		
Total	59	2.24913			

Gage R&R

Source	VarComp	%Contribution (of VarComp)
Total Gage R&R	0.0044375	10.67
Repeatability	0.0012917	3.10
Reproducibility	0.0031458	7.56
Master	0.0009120	2.19
Master*Part	0.0022338	5.37
Part-To-Part	0.0371644	89.33
Total Variation	0.0416019	100.00

Source	StdDev (SD)	Study Var (6 * SD)	%Study Var (%SV)
Total Gage R&R	0.066615	0.39969	32.66
Repeatability	0.035940	0.21564	17.62
Reproducibility	0.056088	0.33653	27.50
Master	0.030200	0.18120	14.81
Master*Part	0.047263	0.28358	23.17
Part-To-Part	0.192781	1.15668	94.52
Total Variation	0.203965	1.22379	100.00

Number of Distinct Categories = 4

분석 결과를 살펴보면 다음과 같다.

VarComp: 각 요소의 분산

%Contribution: 전체 산포에서 각 요소가 차지하는 점유율(각 요소의 분산/총 분산)

StdDev(SD): 각 요소의 표준편차

Study Variation: 각 요소의 표준편차×5.15(Study Var99%: D4*2를 가정할: 2×2.575 = 5.15)

%Study Var(%SV): 각 요소의 표준편차 / 총 표준편차

%Tolerance: 각 요소의 SV/공차

$$\text{Nmber of Distract Categories} = \frac{Study_{\ Part\ to\ Part}}{StudyVar_{\ Total\ Gage\ R\ R}} \times 1.41$$

(일반적으로 Number of Distract Categories가 4이상인 경우 측정능력이 있다고 판단)

③ Gage R&R(ANOVA) for DATA

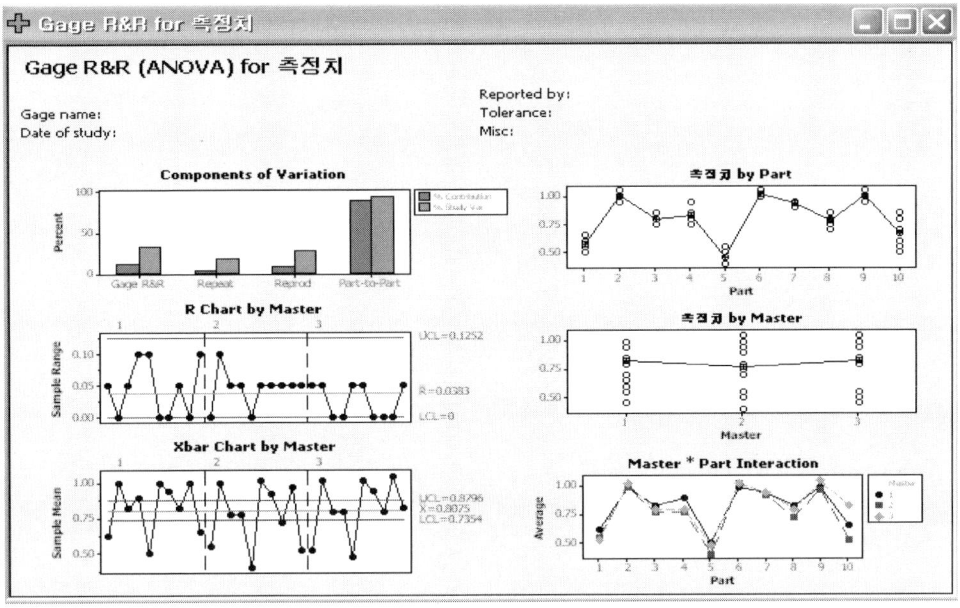

A: 측정시스템에 의한 변동과 part간의 변동을 그래프로 그린 것으로 결과를 살펴보면 part 간의 변동이 89.33%로 측정시스템의 변동은 거의 없음을 알 수 있다.

B: part 간의 변동이 거의 없음을 확인 할 수 있는 그래프이다. 결과를 살펴보면 변동이 거의 없음을 알 수 있다.

C: 작업자간의 변동이 거의 없음을 확인 할 수 있는 그래프로 세 명의 작업자의 변동이 거의 없음을 파악할 수 있다.

D: 이 그림은 작업자와 part간의 교호작용을 파악할 수 있는 그래프로 엇갈리는 형태의 그래프가 나타난다면 교호작용이 있다고 판단할 수 있다. 본 그래프의 결과를 살펴보면 거의 교차되는 모습을 찾기 힘들기 때문에 교호작용이 있다고 이야기하기 어렵다.

분석
Analyze

5 chapter

5.1 section 점추정

어느 집단의 특정 항목에 대한 특성을 알아보고자 한다면, 그 집단을 구성하는 그 항목에 대하여 전체 자료를 수집하고 정리·요약하면 충분할 것이다. 그러나 그 집단의 수가 적다면 큰 문제가 없으나, 그 집단의 수가 충분히 크다거나 시간과 더불어 계속적으로 이어지는 성질을 갖는 집단이라면, 모든 자료를 조사한다는 것이 사실상 불가능하다. 따라서 이러한 특성을 알기 위하여 즐겨 사용하는 것이 여론조사이다. 예를 들어, 우리는 전 세계적으로 전무후무한 여론조사에 의한 대통령 후보를 선출한 경험을 가지고 있다. 이와 같은 여론조사는 모든 유권자(모집단)를 대상으로 어느 후보를 지지하는가를 조사하는 것이 사실상 불가능하기 때문에, 유권자의 일부(표본)를 선택하여 조사한 자료를 과학적인 분석하여 얻어진 근거를 토대로 전체 유권자의 지지성향을 추측하기 위하여 사용되는 것이다.

여기서 전체 유권자의 지지율(모수)과 표본으로 선정된 일부 유권자의 지지율이라는 두 가지 특성값이 주어지며, 전체 유권자의 지지율은 미지의 수이고 일부 유권자의 지지율은 조사결과 알 수 있는 값이다. 이와 같이 표본으로부터 얻은 정보를 이용하여 과학적으로 미지의 모수를 추론하는 과정을 **통계적 추론**(statistical inference)이라 하며, 통계적 추론은 크게 추정(estimation)과 **가설검정**(hypothesis testing)이 있다. 일반적으로 모수는 θ 로 표시

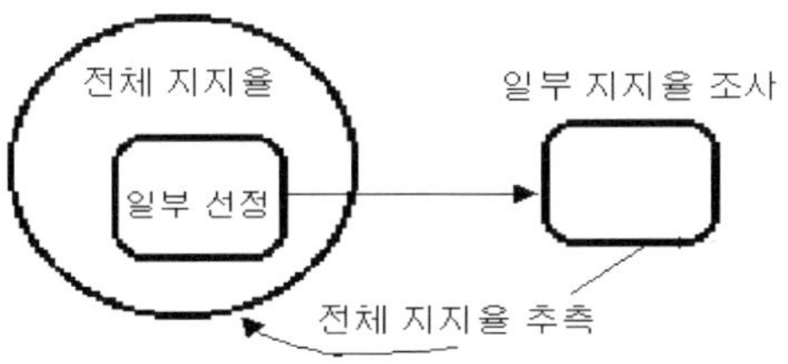

그림 5.1 통계적 추론

하며 모집단을 구성하는 확률분포의 특성을 나타내는 모평균(μ), 모분산(σ^2) 및 모비율(p) 등을 의미한다. 반면에 모수에 대한 정보를 추론하기 위하여 추출한 표본

의 특성을 통계량이라 하며, 보편적으로 $\hat{\theta}$로 나타낸다. 한편 통계량은 표본으로 선정된 일부 자료의 측정값으로부터 얻어지므로 측정 가능한 값이고, 표본이 어떻게 선정되느냐에 따라서 서로 다른 측정값을 나타낼 수 있으므로 통계량은 어떠한 확률분포를 형성한다. 한편 표본으로 선정된 각 대상은 어떤 확률분포에 의하여 주어진 모집단으로부터 무작위하게 선정되므로 서로 독립적인 관계를 가지고 있고, 따라서 크기 n인 확률표본은 n개의 i.i.d. 확률변수 $X_1, X_2, \cdots, X_n$으로 구성된다고 할 수 있다. 이때, 모수 θ를 추정하기 위하여 사용되는 통계량을 추정량(estimator)이라 하고, 따라서 추정량은 $X_1, X_2, \cdots, X_n$의 함수 $\hat{\theta}= A(X_1, X_2, \cdots, X_n)$인 확률변수이다. 그러므로 표본의 측정값인 $x_1, x_2, \cdots, x_n$에 의한 추정량의 관찰값 $\hat{\theta}= A(x_1, x_2, \cdots, x_n)$를 얻을 수 있으며, 이 측정값을 이용하여 모수 θ를 추정한다. 그러면 모수에 대한 추정량이 표본추출에 따라 가변적이므로 최적의 추정값

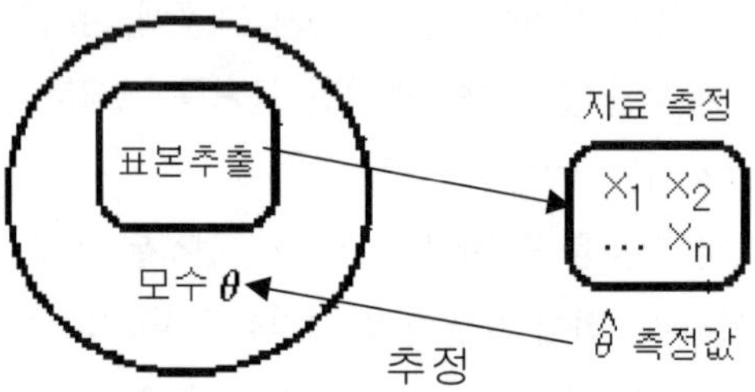

그림 5.2 모수와 추정값

을 얻어야 하며, 이러한 최적의 추정값을 구하는 과정을 점추정(point estimate)이라 한다. 한편 점추정값 $\hat{\theta}$가 알려지지 않은 모수 θ의 정확한 값은 아니지만, 좋은 점추정값은 미지인 모수의 좋은 가상의 값으로 생각할 수 있다. 또한 이러한 추정값은 유일하지 않으며, 수치적으로 약간의 차이가 있더라도 두 개 이상의 좋은 추정값이 존재할 수도 있다. 예를 들어, 모평균 μ를 추정하기 위하여 표본평균 $\hat{\mu}= \overline{x}= \frac{1}{n}(x_1 + x_2 + \cdots + x_n)$을 이용한다면, 모집단 분포로부터 얻어지는 표본의 관찰값들의 평균으로 모평균을 추정함을 의미한다.

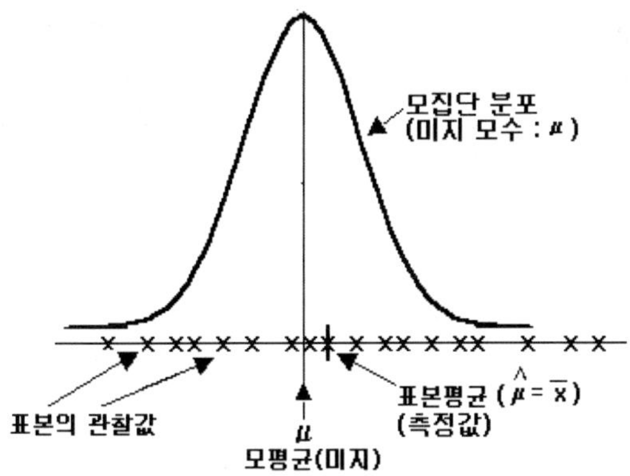

그림 5.3 표본평균에 의한 모평균의 추정

그러면 앞에서도 언급한 바와 같이 모집단으로부터 추출한 표본으로부터 얻은 추정값은 표본에 따라 달라질 수도 있으며, 또한 어떠한 추정량을 선택하느냐에 따라서 모수의 추정이 여러 가지로 나타날 수 있다. 예를 들어, 모평균을 추정하기 위하여 표본의 평균이나, 표본 중앙값 또는 표본 최빈값을 비롯한 여러 가지 추정량을 선택할 수 있으며, 이와 같은 추정량에 따른 모수의 추정값은 다양하게 나타난다. 그러므로 어떠한 추정량을 선택하는 것이 가장 정확한 추정값을 얻을 수 있을 것인지 살펴볼 필요가 있다. 우선 가장 바람직한 추정량을 얻는 첫 번째 방법으로 추정량의 불편성을 들 수 있다. 추정량 $\hat{\theta} = \hat{\theta}(X_1, \cdots, X_n)$의 중심의 위치가 모수의 참값과 일치하게 되는 성질을 갖는다면, 모수에 대한 추정값들이 모수의 참값 부근에 집중되어 있음을 나타내고 따라서 이러한 추정값을 기초로 모수를 추정하는 것이 바람직하다. 즉, 모수 θ의 참값에 대하여 다음 성질을 갖는 추정량 $\hat{\theta}$를 θ의 불편추정량(unbiased estimator)이라 하고,

$$E(\hat{\theta}) = \theta$$

불편추정량이 아닌 추정량을 편의추정량(biased estimator)이라 한다. 이때, $E(\hat{\theta}) - \theta$를 편의(bias)라 한다.

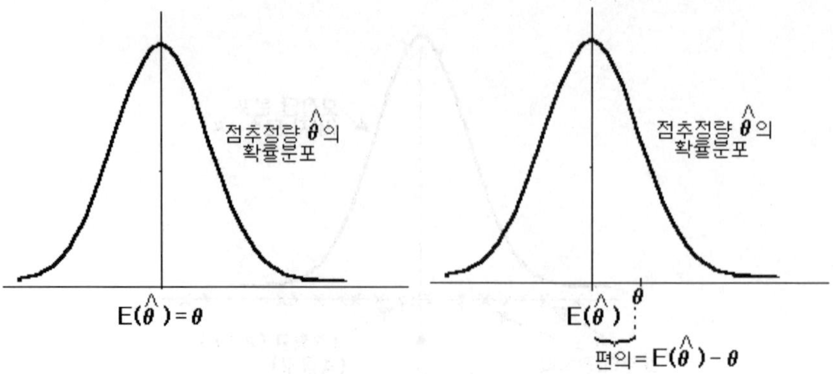

그림 5.4 불편 점추정과 편의 점추정

예를 들어, $X_1,\cdots,X_n$이 i.i.d. $B(1,p)$인 베르누이 확률변수들이라 하자. 그러면 성공의 횟수인 $X=X_1+\cdots+X_n$은 이항분포 $B(n,p)$를 형성한다. 따라서 $\hat{p}=X/n$라 하면

$$E(\hat{p})=E\left(\frac{X}{n}\right)=\frac{1}{n}E(X)=\frac{1}{n}(np)=p$$

이므로 $\hat{p}=X/n$는 분포가 $B(1,p)$인 모집단의 성공률 p에 대한 불편추정량이다. 여기서 $\hat{p}$를 **표본비율**(sample proportion)이라 한다.

[정리] 5.1

(1) 표본평균 $\overline{X}$는 모평균 μ에 대한 불편추정량이다.

(2) 표본분산 S^2은 모분산 σ^2에 대한 불편추정량이다.

증명

(1) 모평균 μ인 모집단에서 크기 n인 확률표본을 취하여 $X_1,\cdots,X_n$이라 하면, 이 확률변수들은 서로 독립이고 동일한 분포를 이루므로 $E(X_i)=\mu$, $i=1,2,\cdots,n$이다. 한편 표본평균은 $\overline{X}=(1/n)\sum_{i=1}^{n}X_i$이므로 다음이 성립한다.

$$E(\overline{X})=E\left(\frac{1}{n}\sum_{i=1}^{n}X_i\right)=\frac{1}{n}\sum_{i=1}^{n}E(X_i)=\frac{1}{n}\sum_{i=1}^{n}\mu=\frac{1}{n}(n\mu)=\mu$$

(2) 표본분산 S^2을 다음과 같이 변형할 수 있다.

$$S^2 = \frac{1}{n-1}\sum_{i=1}^{n}\left(X_i - \overline{X}\right)^2$$

$$= \frac{1}{n-1}\sum_{i=1}^{n}\left[(X_i-\mu)-(\overline{X}-\mu)\right]^2$$

$$= \frac{1}{n-1}\sum_{i=1}^{n}\left[(X_i-\mu)^2-2(\overline{X}-\mu)(X_i-\mu)+(\overline{X}-\mu)^2\right]$$

$$= \frac{1}{n-1}\left[\sum_{i=1}^{n}(X_i-\mu)^2-n(\overline{X}-\mu)^2\right]$$

따라서 표본분산 S^2의 기대값은 다음과 같다.

$$E(S^2) = \frac{1}{n-1}E\left[\sum_{i=1}^{n}(X_i-\mu)^2-n(\overline{X}-\mu)^2\right]$$

$$= \frac{1}{n-1}\left[\sum_{i=1}^{n}E[(X_i-\mu)^2]-n(\overline{X}-\mu)^2\right]$$

$$= \frac{1}{n-1}\left[n\sigma^2-n\,Var\,(\overline{X})\right]$$

$$= \frac{1}{n-1}(n\sigma^2-\sigma^2)$$

$$=\sigma^2$$

그러므로 S^2은 모분산 σ^2에 대한 불편추정량이다.

반면에 $S^2=1/n\sum\left(X_i-\overline{X}\right)^2$이라 하면,

$$E(S^2) = \left(\frac{n-1}{n}\right)\sigma^2$$

이고, 따라서 편의$=E(S^2)-\sigma^2=-(\sigma^2/n)$을 갖는다. 그러므로 이와 같은 이유에서 모분산은 $\sigma^2=(1/N)\sum_{i=1}^{N}x_i$를 취하는 반면에 표본분산을

$$S^2 = \frac{1}{n-1}\sum_{i=1}^{n}\left(X_i - \overline{X}\right)^2$$

으로 정의한다.

예제 5.1

미지의 모평균 μ를 가지는 모집단으로부터 크기 3인 확률표본 X_1, X_2, X_3을 추출하였다. 다음 점추정량에 대하여 각 추정량의 편의를 구하고 불편추정량과 편의추정량을 구하여라.

$$\hat{\mu_1}=\frac{1}{3}(X_1+X_2+X_3),\ \hat{\mu_2}=\frac{1}{6}(X_1+2X_2+3X_3),\ \hat{\mu_3}=\frac{1}{5}(X_1+2X_2+X_3)$$

풀이

각 추정량의 기대값을 구하면,

$$E(\hat{\mu_1})=\frac{1}{3}E(X_1+X_2+X_3)=\mu,$$

$$E(\hat{\mu_2})=\frac{1}{6}E(X_1+2X_2+3X_3)=\mu,$$

$$E(\hat{\mu_3})=\frac{1}{5}E(X_1+2X_2+X_3)=\frac{4}{5}\mu$$

이다. 그러므로 각 추정량의 편의는

$$bias_1=E(\hat{\mu_1})-\mu=0,\ bias_2=E(\hat{\mu_2})-\mu=0,\ bias_1=E(\hat{\mu_3})-\mu=-\frac{1}{5}\mu$$

이고, $\hat{\mu_1}$와 $\hat{\mu_2}$는 불편추정량이고 $\hat{\mu_3}$는 편의추정량이다.

한편 예제 1과 같이 불편추정량은 여러 개 존재할 수 있으며, 이들 불편추정량은 모수 θ를 중심으로 분포를 이룬다. 따라서 이들 불편추정량들 중에는 모수 θ를 중심으로 폭 넓게 분포하는 것과 θ에 밀집하는 것들이 있다. 이때, 불편추정량이 θ를 중심으로 조밀하게 나타난다면 추정값과 참값의 편차가 작아지므로 가능한 한 모수 θ에 밀집되는 추정량을 선택한다. 이와 같이 모수 θ에 가장 가깝게 밀집되는 분포를 갖는 추정량을 **유효추정량**(efficient estimator)이라 하고, 따라서 추정량의 표준편차인 **표준오차**(standard error; SE)

$$SE(\hat{\theta}) = \sqrt{Var(\hat{\theta})}$$

가 가장 작은 추정량을 의미한다. 추정량 $\widehat{\theta_1}, \widehat{\theta_2}, \cdots, \widehat{\theta_n}$에 대하여

$$SE(\hat{\theta}) = \min\left\{SE(\widehat{\theta_1}),\ SE(\widehat{\theta_2}),\ \cdots,\ SE(\widehat{\theta_n})\right\}$$

또는

$$Var(\hat{\theta}) = \min\left\{Var(\widehat{\theta_1}),\ Var(\widehat{\theta_2}),\ \cdots,\ Var(\widehat{\theta_n})\right\}$$

인 추정량 $\hat{\theta}$를 모수 θ에 대한 유효추정량이라 한다. 다음 그림 5.5에서 $\widehat{\theta_1}$가 유효 추정량이다.

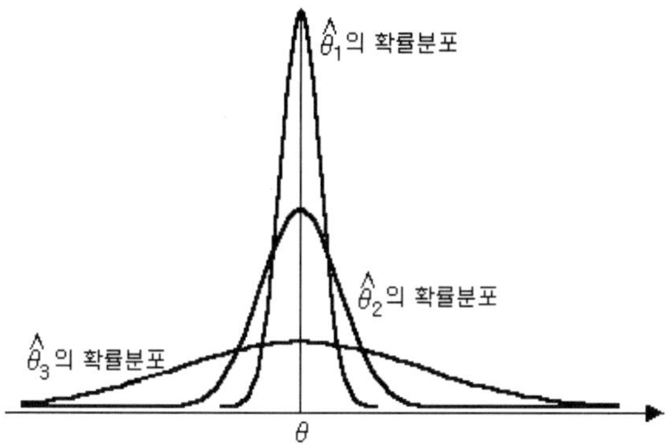

그림 5.5 불편추정량들의 확률분포

예제 1에서 불편추정량인

$$\widehat{\mu_1} = \frac{1}{3}(X_1 + X_2 + X_3),\ \ \widehat{\mu_2} = \frac{1}{6}(X_1 + 2X_2 + 3X_3)$$

에 대하여, 이들의 분산은 각각

$$Var(\widehat{\mu_1}) = Var\left(\frac{1}{3}(X_1 + X_2 + X_3)\right) = \frac{1}{3}\sigma^2$$

$$Var(\widehat{\mu_2}) = Var\left(\frac{1}{6}(X_1 + 2X_2 + 3X_3)\right) = \frac{7}{18}\sigma^2$$

이므로 모평균 μ에 대한 유효추정량은 $\widehat{\mu_1}$이다. 이와 같이 불편성과 유효성을 갖는 추정량 $\widehat{\mu_1}$를 최소분산불편추정량(minimum variance unbiased estimator; MVUE)이라 하며, 이러한 추정량이 좋은 추정량이다. 특히, 모수 θ에 대한 두 추정량 $\widehat{\theta_1}$와 $\widehat{\theta_2}$에 대하여, $\widehat{\theta_1}$가 $\widehat{\theta_2}$에 비하여 유효성을 갖는다면, $Var(\widehat{\theta_1}) < Var(\widehat{\theta_2})$이므로

$$\frac{Var(\widehat{\theta_1})}{Var(\widehat{\theta_2})} < 1$$

이고, $Var(\widehat{\theta_1})/Var(\widehat{\theta_2})$을 불편추정량 $\widehat{\theta_2}$에 대한 불편추정량 $\widehat{\theta_1}$의 상대효율성(relative efficiency)이라 하며, 따라서 상대효율성이 좋은 불편추정량이 더 유효한 추정량이다. 한편 정규모집단으로부터 크기 n인 표본을 추출할 경우, 표본의 중앙값($\widetilde{X}$)의 분산은 $\pi\sigma^2/2n$으로 알려져 있으며, 표본평균 $\overline{X}$의 분산은 σ^2/n이므로

$$\widehat{\theta_1} = \overline{X} = \frac{1}{n}(X_1 + X_2 + \cdots + X_n)$$

$$\widehat{\theta_2} = \widetilde{X} = \text{Median}\{X_1, X_2, \cdots, X_n\}$$

라 하면,

$$\frac{Var(\widehat{\theta_1})}{Var(\widehat{\theta_2})} = \frac{\sigma^2/n}{\pi\sigma^2/2n} = \frac{2}{\pi} < 1$$

이므로 표본평균 $\overline{X}$가 표본의 중앙값 $\widetilde{X}$보다 더 좋은 효율성을 갖는 추정량인 것을 알 수 있다.

예제 5.2

평균 μ와 분산 σ^2을 갖는 확률변수들 $X_1, X_2, \cdots, X_n$에 대하여, μ에 대한 점추정량

$$\hat{\mu} = a_1 X_1 + a_2 X_2 + \cdots + a_n X_n$$

을 생각하자. 이 때, $a_1, a_2, \cdots, a_n$은 양의 실수이다.

(1) $\hat{\mu}$가 모평균 μ에 대한 불편추정량이 되기 위한 $a_1, a_2, \cdots, a_n$의 조건을 구하여라.

(2) $\hat{\mu}$가 최소분산을 갖기 위한 $a_1, a_2, \cdots, a_n$을 구하여라.

풀이

(1)
$$\begin{aligned} E(\hat{\mu}) &= E(a_1 X_1 + a_2 X_2 + \cdots + a_n X_n) \\ &= a_1 E(X_1) + a_2 E(X_2) + \cdots + a_n E(X_n) \\ &= (a_1 + a_2 + \cdots + a_n)\mu = \mu \end{aligned}$$

이어야 하므로 $a_1 + a_2 + \cdots + a_n = 1$이다.

(2) 일반성을 잃지 않고, $n=2$인 경우에 대하여 $\hat{\mu}$가 최소분산을 갖기 위한 a_1, a_2를 구한다.

$$\begin{aligned} Var(\hat{\mu}) &= Var(a_1 X_1 + a_2 X_2) \\ &= a_1^2 Var(X_1) + a_2^2 Var(X_2) \\ &= (a_1^2 + a_2^2)\,\sigma^2 \end{aligned}$$

이므로 $a_1^2 + a_2^2$이 최소일 때, $Var(\hat{\mu})$가 최소이다. 한편 $a_1 + a_2 = 1$이므로

$$a_1^2 + a_2^2 = a_1^2 + (1-a_1)^2 = 2\left(a_1 - \frac{1}{2}\right)^2 + \frac{1}{2}$$

이고, 따라서 $a_1 = 1/2$일 때 $a_1^2 + a_2^2$은 최소이다. 즉, $a_1 = a_2 = 1/2$일 때, $\hat{\mu}$가 최소분산을 갖는다. ◉

한편 모수 θ를 추정하기 위한 크기 n인 표본으로부터 얻은 추정량을 $\widehat{\theta_n}$라 할 때, 크기 n이 커질수록 $\widehat{\theta_n}$가 모수 θ에 근접하는 경우, 즉 임의의 양수 $arepsilon$에 대하여

$$\lim_{n \to \infty} P(|\widehat{\theta_n} - \theta| \geq \varepsilon) = 0$$

을 만족할 때, 추정량 $\widehat{\theta_n}$을 모수 θ에 대한 일치추정량(consistent estimator)이라 한다.

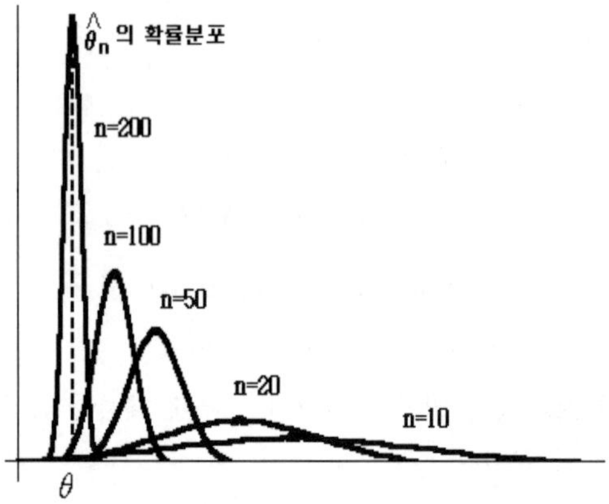

그림 5.6 일치추정량과 표본의 크기

[정리] 5.2 | Chebyshey 부등식

확률변수 X의 평균과 분산을 각각 μ와 σ^2이라 할 때, 각가의 양수 $\bar{e}$에 대하여

$$P(|X-\mu| \geq \bar{e}) \leq \sigma^2/\bar{e}$$

이 성립한다.

[정리] 5.3

(1) 표본평균 $\overline{X}$는 모평균 μ에 대한 일치추정량이다.
(2) 표본분산 S^2은 모분산 σ^2에 대한 일치추정량이다.
(3) 표본비율 $\hat{p}$은 모비율 p에 대한 일치추정량이다.

증명

(1) $E(\overline{X})=\mu$, $Var(\overline{X})=\sigma^2/n$ 이므로

$$P(|\overline{X}-\mu|\geq \varepsilon)\leq \frac{Var(\overline{X})}{\varepsilon^2}=\frac{\sigma^2}{n\,\varepsilon^2}$$

이고, 따라서

$$\lim_{n\to\infty} P(|\overline{X}-\mu|\geq \varepsilon)=\lim_{n\to\infty}\frac{\sigma^2}{n\,\varepsilon^2}=0$$

이다.

5.2 section 모평균의 점추정

정규모집단 $N(\mu,\sigma^2)$에서 크기 n인 확률표본을 추출할 경우, 표본평균 $\overline{X}$는 모평균 μ에 대하여 불편성과 유효성 그리고 일치성을 갖는다는 사실을 살펴보았다. 따라서 정규모집단의 모평균을 추정하기 위하여 표본평균을 이용한다.

모분산 σ^2이 알려진 정규모집단 $N(\mu,\sigma^2)$에서 크기 n인 확률표본을 추출할 때, 추정량 $\hat{\mu}=\overline{X}$의 표본분포는 정규분포 $N(\mu,\sigma^2/n)$을 이룬다. 따라서 추정량 $\hat{\mu}$의 표준오차는

$$SE(\hat{\mu})=\sqrt{Var(\overline{X})}=\frac{\sigma}{\sqrt{n}}$$

이다. 특히 $\overline{X}$의 표준화 확률변수 Z는

$$Z = \frac{\overline{X} - \mu}{\sigma / \sqrt{n}} \sim N(0,1)$$

이므로

$$P\left(\left|\frac{\overline{X} - \mu}{\sigma / \sqrt{n}}\right| < z_{1-\alpha/2}\right) = P\left(|\overline{X} - \mu| < \frac{\sigma}{\sqrt{n}} z_{1-\alpha/2}\right) = 1 - \alpha$$

이고, 그러므로 $|\overline{X} - \mu|$에 대한 $100(1-\alpha)\%$의 오차한계는 $\frac{\sigma}{\sqrt{n}} z_{1-\alpha/2}$ 이다. 특히, 표준정규분포로부터 $z_{0.05} = 1.645$, $z_{0.025} = 1.96$, $z_{0.005} = 2.58$이므로

$$P(|\overline{X} - \mu| < 1.645\sigma / \sqrt{n}) = P\left(\left|\frac{\overline{X} - \mu}{\sigma / \sqrt{n}}\right| < 1.645\right) = 0.90$$

$$P(|\overline{X} - \mu| < 1.96\sigma / \sqrt{n}) = P\left(\left|\frac{\overline{X} - \mu}{\sigma / \sqrt{n}}\right| < 1.96\right) = 0.95$$

$$P(|\overline{X} - \mu| < 2.58\sigma / \sqrt{n}) = P\left(\left|\frac{\overline{X} - \mu}{\sigma / \sqrt{n}}\right| < 2.58\right) = 0.99$$

를 얻는다.

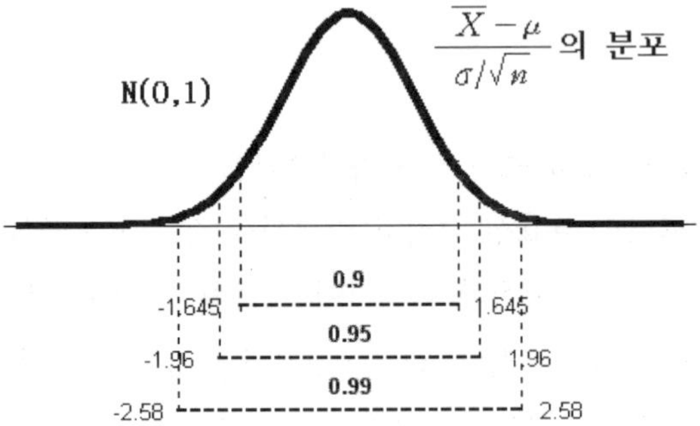

그림 5.7 Z의 범위와 확률

그러므로 $|\overline{X}-\mu|$에 대한 90%, 95% 그리고 99% 오차한계를 구하면 다음과 같다.

$|\overline{X}-\mu|$에 대한 90% 오차한계 : $1.645\sigma/\sqrt{n}$
$|\overline{X}-\mu|$에 대한 95% 오차한계 : $1.96\sigma/\sqrt{n}$
$|\overline{X}-\mu|$에 대한 99% 오차한계 : $2.58\sigma/\sqrt{n}$

예제 5.3

모분산 σ^2이 알려진 정규모집단 $N(\mu,\sigma^2)$에서 크기 n인 표본을 추출하여 $\hat{\mu}=\overline{X}$가 μ의 참값$\pm\sigma/4$ 안에 놓일 확률을 구하여라.

(1) $n=20$인 경우

(2) $n=100$인 경우

$$\frac{\overline{X}-\mu}{\sigma/\sqrt{n}} \sim N(0,1)\text{이므로}$$

풀이

$$\begin{aligned}
(1)\ P(|\overline{X}-\mu|<\sigma/4) &= P\left(\frac{|\overline{X}-\mu|}{\sigma/\sqrt{20}}<\frac{\sqrt{20}}{4}\right)\\
&= P(|Z|<1.12)\\
&= \Phi(1.12)-\Phi(-1.12)\\
&= 2\times 0.8686-1=0.7372
\end{aligned}$$

$$\begin{aligned}
(2)\ P(|\overline{X}-\mu|<\sigma/4) &= P\left(\frac{|\overline{X}-\mu|}{\sigma/\sqrt{100}}<\frac{\sqrt{100}}{4}\right)\\
&= P(|Z|<2.5)\\
&= \Phi(2.5)-\Phi(-2.5)\\
&= 2\times 0.9938-1=0.9876
\end{aligned}$$

예제 5.4

모표준편차 6인 정규모집단에서 10개의 자료를 표본으로 추출하여 다음과 같은 결과를 얻었다.

27	34	34	36	30	28	41	35	48	43

(1) 모집단의 평균을 추정하여라.
(2) 표준오차를 구하여라.
(3) $|\overline{X}-\mu|$에 대한 95% 오차한계를 구하여라.

풀이

(1) 임의로 추출한 자료의 평균을 구하면,

$$\hat{\mu}=\bar{x}=\frac{1}{10}(27+34+34+36+30+28+41+35+48+43)=35.6$$

(2) $SE(\overline{x})=6/\sqrt{10}=1.897$

(3) $1.96\sigma/\sqrt{n}=\dfrac{1.96\times 6}{\sqrt{10}}=3.719$

그러나 실제 정규모집단 $N(\mu,\sigma^2)$에서 모분산 σ^2은 미지이므로, 이 경우에 표본으로부터 관찰된 표본분산 S^2으로 모분산을 대치한다. 그러면 관찰된 표본평균 $\overline{x}$의 표준오차는

$$SE(\overline{x})=\frac{S}{\sqrt{n}}$$

이고, 또한

$$T=\frac{\overline{X}-\mu}{S/\sqrt{n}}\sim t(n-1)$$

이므로

$$P\left(\left|\frac{\overline{X}-\mu}{S/\sqrt{n}}\right| < t_{1-\alpha/2}\right) = P\left(|\overline{X}-\mu| < \frac{S}{\sqrt{n}}t_{1-\alpha/2}\right) = 1-\alpha$$

이다. 그러므로 $|\overline{X}-\mu|$에 대한 $100(1-\alpha)\%$의 오차한계는 $\frac{S}{\sqrt{n}}t_{1-\alpha/2}(n-1)$이다. 또한 T-분포의 성질로부터

$$P\left(|\overline{X}-\mu| < t_{0.05}(n-1)\cdot S/\sqrt{n}\right) = P\left(\left|\frac{\overline{X}-\mu}{S/\sqrt{n}}\right| < t_{0.05}(n-1)\right) = 0.90$$

$$P\left(|\overline{X}-\mu| < t_{0.025}(n-1)\cdot S/\sqrt{n}\right) = P\left(\left|\frac{\overline{X}-\mu}{S/\sqrt{n}}\right| < t_{0.025}(n-1)\right) = 0.95$$

$$P\left(|\overline{X}-\mu| < t_{0.005}(n-1)\cdot S/\sqrt{n}\right) = P\left(\left|\frac{\overline{X}-\mu}{S/\sqrt{n}}\right| < t_{0.005}(n-1)\right) = 0.99$$

인 것을 알 수 있다.

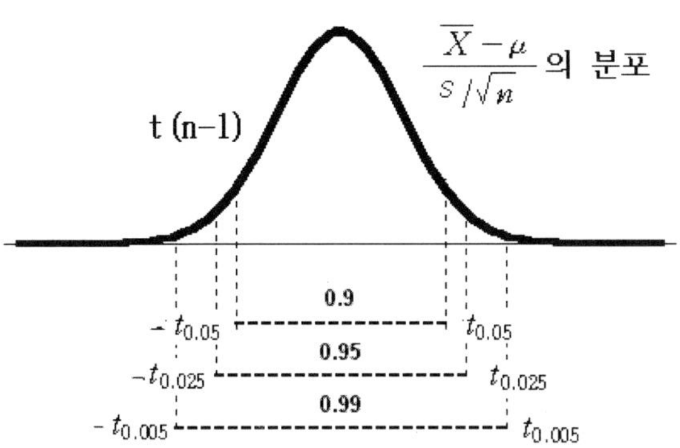

그림 5.8 t의 범위와 확률

그러므로 $|\overline{X}-\mu|$에 대한 90%, 95% 그리고 99% 오차한계를 구하면 다음과 같다.

$$|\overline{X}-\mu| \text{에 대한 90\% 오차한계 : } t_{0.05}(n-1)\cdot S/\sqrt{n}$$
$$|\overline{X}-\mu| \text{에 대한 95\% 오차한계 : } t_{0.025}(n-1)\cdot S/\sqrt{n}$$
$$|\overline{X}-\mu| \text{에 대한 99\% 오차한계 : } t_{0.005}(n-1)\cdot S/\sqrt{n}$$

예제 5.5

정규모집단 $N(\mu,\sigma^2)$에서 크기 10인 표본을 추출하여 측정하여 다음과 같은 결과를 얻었다.

295	302	310	285	290	198	307	300	291	288

(1) 모평균의 점추정값을 구하여라.
(2) 표준오차를 구하여라.
(3) $|\overline{X}-\mu|$에 대한 95% 오차한계를 구하여라.

풀이

(1) 모평균에 대한 점추정량은 표본평균이므로, 점추정값은 다음과 같다.

$$\overline{x}=\frac{1}{n}\sum_{i=1}^{n}x_i=\frac{1}{10}(295+302+\cdots+288)=286.6$$

(2) 표본분산은

$$S^2=\frac{1}{n-1}\sum_{i=1}^{n}(x_i-\overline{x})^2$$
$$=\frac{1}{9}(70.56+237.16+\cdots+1.96)=1037.38$$

이고 따라서 표본표준편차는 $S=\sqrt{1037.38}=32.2083$이다. 그러므로 표준오차는

$$SE(\overline{x})=32.2083/\sqrt{10}=10.185$$

(3) 자유도 9인 T-분포로부터, $t_{0.025}(9)=2.262$이고, $SE(\overline{x})=10.185$이므로 확률 95%에서 오차한계는

$$t_{0.025}(n-1)\,S/\sqrt{n}=2.262\times 10.1852=23.04$$

이다.

이제 두 정규모집단의 평균의 차에 대한 추정 방법에 대하여 살펴본다. 우선 모분산 σ_1^2과 σ_2^2이 알려진 독립인 두 정규모집단 $N(\mu_1,\sigma_1^2)$과 $N(\mu_2,\sigma_2^2)$으로부터 각각 크기 n, m인 두 표본을 추출한다면, 두 표본평균 $\overline{X}$와 $\overline{Y}$는 각각 다음과 같은 정규분포를 이룬다.

$$\overline{X}\sim N\left(\mu_1,\ \frac{\sigma_1^2}{n}\right),\quad \overline{Y}\sim N\left(\mu_2,\ \frac{\sigma_2^2}{m}\right)$$

따라서

$$\overline{X}-\overline{Y}\sim N\left(\mu_1-\mu_2,\ \frac{\sigma_1^2}{n}+\frac{\sigma_2^2}{m}\right)\quad \text{또는}\quad \frac{\overline{X}-\overline{Y}-(\mu_1-\mu_2)}{\sqrt{\dfrac{\sigma_1^2}{n}+\dfrac{\sigma_2^2}{m}}}\sim N(0,1)$$

이다. 그러므로 두 모평균의 차 $\mu_1-\mu_2$에 대한 점추정량은 $\overline{X}-\overline{Y}$이고, 표준오차는

$$SE(\overline{X}-\overline{Y})=\sqrt{\frac{\sigma_1^2}{n}+\frac{\sigma_2^2}{m}}$$

이다. 특히 $|(\overline{X}-\overline{Y})-(\mu_1-\mu_2)|$에 대한 $100(1-\alpha)\%$의 오차한계는 $Z_{1-\alpha/2}\sqrt{\dfrac{\sigma_1^2}{n}+\dfrac{\sigma_2^2}{m}}$이고 따라서 $|(\overline{X}-\overline{Y})-(\mu_1-\mu_2)|$에 대한 90%, 95% 그리고 99% 오차한계를 구하면 다음과 같다.

$\left|(\overline{X}-\overline{Y})-(\mu_1-\mu_2)\right|$에 대한 90% 오차한계 : $1.645 \cdot \sqrt{\dfrac{\sigma_1^2}{n}+\dfrac{\sigma_2^2}{m}}$

$\left|(\overline{X}-\overline{Y})-(\mu_1-\mu_2)\right|$에 대한 95% 오차한계 : $1.96 \cdot \sqrt{\dfrac{\sigma_1^2}{n}+\dfrac{\sigma_2^2}{m}}$

$\left|(\overline{X}-\overline{Y})-(\mu_1-\mu_2)\right|$에 대한 99% 오차한계 : $2.58 \cdot \sqrt{\dfrac{\sigma_1^2}{n}+\dfrac{\sigma_2^2}{m}}$

예제 5.6

독립인 두 정규모집단 $N(\mu_1,9)$와 $N(\mu_2,4)$로부터 각각 크기 16과 36인 표본을 추출하여 표본평균 $\overline{x}=22, \overline{y}=21$을 얻었다.

(1) 모평균 차의 점추정값을 구하여라.

(2) $\overline{X}-\overline{Y}$의 표준오차를 구하여라.

(3) $\left|(\overline{X}-\overline{Y})-(\mu_1-\mu_2)\right|$에 대한 95% 오차한계를 구하여라.

풀이

(1) $\overline{x}=22, \overline{y}=21$이므로 $\mu_1-\mu_2$의 추정값은
$\widehat{\mu_1}-\widehat{\mu_2}=\overline{x}-\overline{y}=22-21=1$이다.

(2) $\sigma_1^2=9, \sigma_2^2=4$이고 $n=16, m=36$이므로

$$SE(\overline{X}-\overline{Y})=\sqrt{\frac{9}{16}+\frac{4}{36}}$$

$$=\sqrt{0.5625+0.1111}=\sqrt{0.6736}=0.8207$$

이다.

(3) $\left|(\overline{X}-\overline{Y})-(\mu_1-\mu_2)\right|$에 대한 95% 오차한계는

$$1.96 \cdot SE(\overline{X}-\overline{Y})=1.96\times 0.8207=1.609$$

이다.

한편 두 모분산이 $\sigma_1^2 = \sigma_2^2 = \sigma^2$ 으로 미지인 두 정규모집단 $N(\mu_1, \sigma^2)$ 과 $N(\mu_2, \sigma^2)$ 으로부터 각각 크기 n 과 m 인 두 표본을 추출하면, 두 표본평균 $\overline{X}, \overline{Y}$ 와 표본분산 S_1^2, S_2^2 그리고 합동표본분산

$$S_p^2 = \frac{(n-1)S_1^2 + (m-1)S_2^2}{n+m-2}$$

에 대하여 다음과 같이 $\overline{X} - \overline{Y}$ 는 자유도 $n+m-2$ 인 T-분포

$$\frac{\overline{X} - \overline{Y} - (\mu_1 - \mu_2)}{S_p \sqrt{\frac{1}{n} + \frac{1}{m}}} \sim t(n+m-2)$$

를 형성한다. 따라서 모분산이 동일하나 미지인 경우에 두 모평균의 차 $\mu_1 - \mu_2$ 에 대한 점추정량은 $\overline{X} - \overline{Y}$ 이고, 이 추정량의 표준오차는

$$SE(\overline{x} - \overline{y}) = S_p \sqrt{\frac{1}{n} + \frac{1}{m}}$$

이다. 그러므로 $\left|(\overline{X} - \overline{Y}) - (\mu_1 - \mu_2)\right|$ 에 대한 $100(1-\alpha)\%$ 의 오차한계는

$$t_{1-\alpha/2}(n-1) \cdot S_p \sqrt{\frac{1}{n} + \frac{1}{m}}$$

이다.

예제 5.7

남학생과 여학생의 몸무게는 각각 동일한 분산을 갖는 정규분포를 이룬다고 한다. 두 그룹에서 각각 4명씩을 임의로 추출하여 조사한 결과 다음과 같은 결과를 얻었다.

남학생	64	66	69	72
여학생	46	47	53	53

(1) 두 그룹의 평균 몸무게의 차를 추정하여라.

(2) $\overline{X}-\overline{Y}$의 표준오차를 구하여라.

(3) $|(\overline{X}-\overline{Y})-(\mu_1-\mu_2)|$에 대한 90% 오차한계를 구하여라.

풀이

(1) 남학생과 여학생 각각의 표본평균은 $\overline{x}=67.75, \overline{y}=49.75$이고, 따라서 두 그룹의 평균 몸무게의 차에 대한 추정값은
$\widehat{\mu_1}-\widehat{\mu_2}=\overline{x}-\overline{y}=67.75-49.75=18$이다.

(2) 두 표본의 표본분산을 구하면 각각 다음과 같다.

$$S_1^2=\frac{1}{3}\sum_{i=1}^{4}(x_i-67.75)^2=12.25$$

$$S_2^2=\frac{1}{3}\sum_{i=1}^{4}(y_i-49.75)^2=14.25$$

따라서 합동표본분산과 합동표준편차는 다음과 같다.

$$S_p^2=\frac{(n-1)S_1^2+(m-1)S_2^2}{n+m-2}=\frac{3\times 12.25+3\times 14.25}{4+4-2}=13.25$$

$$S_p=\sqrt{13.25}=3.64$$

그러므로 $\overline{X}-\overline{Y}$의 표준오차는 다음과 같다.

$$SE(\overline{x}-\overline{y})=3.64\times\sqrt{\frac{1}{4}+\frac{1}{4}}=2.574$$

(3) 자유도가 6이므로 $t_{0.05}(6)=1.943$이고, 따라서
$|(\overline{X}-\overline{Y})-(\mu_1-\mu_2)|$에 대한 90% 오차한계는

$$t_{0.05}(6)\cdot SE(\overline{x}-\overline{y})=1.943\times 2.574=5$$

이다.

또한 두 모분산이 서로 다르고 미지인 정규모집단 $N(\mu_1, \sigma_1^2)$, $N(\mu_2, \sigma_2^2), \sigma_1^2 \neq \sigma_2^2$에서 각각 크기 n과 m인 표본을 추출하여 두 확률표본의 표본평균 $\overline{X}, \overline{Y}$와 표본분산 S_1^2, S_2^2에 대하여

$$Var(\overline{X}) = \frac{S_1^2}{n}, \quad Var(\overline{Y}) = \frac{S_2^2}{m}$$

이고 $\overline{X}, \overline{Y}$가 독립이므로 $\mu_1 - \mu_2$에 대한 점추정량 $\overline{X} - \overline{Y}$의 표준오차는

$$SE(\overline{X} - \overline{Y}) = \sqrt{Var(\overline{X}) + Var(\overline{Y})} = \sqrt{\frac{S_1^2}{n} + \frac{S_2^2}{m}}$$

이다. 따라서 $\overline{X} - \overline{Y}$는 다음과 같은 T-분포에 따른다.

$$\frac{(\overline{X} - \overline{Y}) - (\mu_1 - \mu_2)}{\sqrt{\frac{S_1^2}{n} + \frac{S_2^2}{m}}} \sim t(\nu)$$

이때 자유도 ν는 다음에 제시된 값에 가장 가까운 정수이다.

$$\nu = \frac{(S_1^2/n + S_2^2/m)^2}{(S_1^2/n)^2/(n-1) + (S_2^2/m)^2/(m-1)}$$

예제 5.8

예제 7에서 남학생 그룹과 여학생 그룹의 몸무게가 서로 다른 분산을 갖는 정규분포를 이룬다고 할 때, 예제 7의 표본에 대하여

(1) $\overline{X} - \overline{Y}$의 표준오차를 구하여라.

(2) $|(\overline{X} - \overline{Y}) - (\mu_1 - \mu_2)|$에 대한 90% 오차한계를 구하여라.

풀이

(1) 두 표본의 표본분산이 각각 $S_1^2 = 12.25$, $S_2^2 = 14.25$이고 표본의 크기가 4이므로

$\overline{X} - \overline{Y}$의 표준오차는

$$SE(\overline{X} - \overline{Y}) = \sqrt{\frac{12.25}{4} + \frac{14.25}{4}} = \frac{5.1478}{2} = 2.5739$$

이다.

(2) 자유도를 구하기 위하여 v 의 값을 구하면

$$\nu = \frac{(12.25^2/4 + 14.25^2/4)^2}{\dfrac{(12.25^2/4)^2}{3} + \dfrac{(14.25^2/4)^2}{3}} = \frac{43.89}{3.126 + 4.23} = 5.966$$

이고, 따라서 자유도는 $\nu = 6$이다. 그러므로 $t_{0.05}(6) = 1.943$이고 $|(\overline{X} - \overline{Y}) - (\mu_1 - \mu_2)|$에 대한 90% 오차한계는

$$t_{0.05}(6) \cdot SE(\overline{x} - \overline{y}) = 1.943 \times 2.5739 = 5$$

이다.

5.3 section 모분산과 모비율의 점추정

정규모집단 $N(\mu, \sigma^2)$에서 크기 n인 확률표본을 추출하면, 표본분산

$$S^2 = \frac{1}{n-1} \sum_{i=1}^{n} (X_i - \overline{X})^2$$

은 모분산 σ^2에 대한 최소분산불편추정량이며, 또한 일치추정량이라는 사실을 살펴

보았다. 따라서 표본분산 S^2을 이용하여 모분산 σ^2을 추정한다. 그러나 $E(S) < \sigma$이므로 표본표준편차 S는 모표준편차 σ에 대한 편의추정량이다. 그러므로 표본표준편차를 이용하여 모표준편차를 추정하는 것은 곤란하지만, 일반적으로 $n \geq 10$이면 이러한 편의를 무시할 수 있다. 따라서 일반적으로 표본표준편차 S를 이용하여 모표준편차 σ를 추정한다. 그러면 정규모집단에 대한 표본분산 S^2에 대하여

$$\frac{(n-1)S^2}{\sigma^2} \sim \chi^2(n-1)$$

이 성립한다.

예제 5.9

예제 5의 표본을 이용하여 모분산과 모표준편차를 추정하여라.

풀이

표본분산은 $S^2 = 1037.38$이고, 표본표준편차는 $S = 32.2083$이므로 모분산과 모표준편차의 점추정값은 각각 $\sigma^2 = 1037.38$, $\sigma = 32.2083$이다. ◉

한편 성공률 p인 모집단에서 크기 n인 표본을 임의로 추출한다면, 표본으로 추출된 n개의 값은 확률 p를 가지고 "1"이 나오거나, 확률 $1-p$를 가지고 "0"인 결과만을 갖는다. 따라서 n개의 표본의 결과 $x_1, x_2, \cdots, x_n$에 대하여 $x = x_1 + x_2 + \cdots + x_n$이라 하면, x는 표본에서 얻어진 성공의 횟수를 나타내고 따라서 $X \sim B(n, p)$이다. 그러면 표본비율 $\hat{p} = X/n$는 모비율 p에 대한 불편추정량이고, 특히 일치추정량인 것을 살펴보았다. 또한 크기 n이 충분히 크다면, 중심극한정리에 의하여

$$X \approx N(np, np(1-p))$$

로 정규근사하므로 표본비율은 근사적으로 다음과 같은 정규근사한다.

$$\hat{p} = \frac{X}{n} \approx N\left(p, \frac{p(1-p)}{n}\right)$$

따라서 $\hat{p}$ 의 표준오차는

$$S.E(\hat{p}) = \sqrt{\frac{p(1-p)}{n}}$$

이고, 모비율 p가 미지의 값이므로 $\hat{p}$ 의 표준오차 역시 미지의 값이다. 그러나 이미 앞에서 살펴본 바와 같이 표본비율 $\hat{p}$는 모비율 p에 대한 일치추정량, 즉 $\lim_{n \to \infty} \hat{p} = p$ 이므로 충분히 큰 n에 대하여 $\hat{p} \doteqdot p$ 이고, 따라서 관습적으로 $\hat{p}$ 의 표준오차를 다음과 같이 사용한다.

$$SE(\hat{p}) = \sqrt{\frac{\hat{p}(1-\hat{p})}{n}} = \frac{1}{n}\sqrt{\frac{x(n-x)}{n}}$$

그러므로 표본비율은 근사적으로

$$\hat{p} = \frac{X}{n} \approx N\left(p, \frac{\hat{p}(1-\hat{p})}{n}\right) \text{ 또는 } \frac{\hat{p} - p}{\sqrt{\hat{p}(1-\hat{p})/n}} \approx N(0,1)$$

에 가까워진다. 그러므로 $|\hat{p}-p|$에 대한 $100(1-\alpha)\%$의 오차한계는

$$\sqrt{\frac{\hat{p}(1-\hat{p})}{n}}\, z_{1-\alpha/2} \text{ 또는 } \frac{1}{n}\sqrt{\frac{x(n-x)}{n}}\, z_{1-\alpha/2}$$

이다. 특히, 표준정규분포로부터 $z_{0.05} = 1.645$, $z_{0.025} = 1.96$, $z_{0.005} = 2.58$ 이므로 $|\hat{p}-p|$에 대한 90%, 95% 그리고 99% 오차한계를 구하면 다음과 같다.

$$|\hat{p}-p| \text{에 대한 90\% 오차한계} : 1.645 \times \frac{1}{n}\sqrt{\frac{x(n-x)}{n}}$$

$$|\hat{p}-p| \text{에 대한 95\% 오차한계} : 1.96 \times \frac{1}{n}\sqrt{\frac{x(n-x)}{n}}$$

$$|\hat{p}-p| \text{에 대한 99\% 오차한계} : 2.58 \times \frac{1}{n}\sqrt{\frac{x(n-x)}{n}}$$

예제 5.10

A 후보의 지지율을 조사하기 위하여 1,000명을 임의로 조사한 결과 485명의 지지를 받았다. 이 후보의 지지율에 대하여 다음을 구하여라.

(1) 전체 유권자의 지지율을 추정하여라.

(2) 표본비율 $\hat{p}$ 의 표준오차를 구하여라.

(3) $|\hat{p}-p|$에 대한 95% 오차한계를 구하여라.

풀이

(1) 표본으로 추출된 1,000명에 대한 지지율은

$$\hat{p}=\frac{X}{n}=\frac{485}{1000}=0.485$$

이므로 전체 유권자에 대한 지지율의 추정값은 48.5%이다.

(2) 표본비율 $\hat{p}$ 의 표준오차는 $n=1{,}000$, $x=485$ 이므로

$$SE(\hat{p})=\frac{1}{n}\sqrt{\frac{x(n-x)}{n}}=\frac{1}{1000}\sqrt{\frac{485(1000-485)}{1000}}=0.016$$

(3) 95% 오차한계는 $d=1.96\,SE(\hat{p})=0.011$, 즉 1.1%이다.

이제 서로 독립이고 모비율이 p_1 과 p_2 인 두 모집단에 대하여 모비율의 차를 추정하는 방법을 살펴본다. 이를 위해서 각각 크기 n 과 m 인 표본을 추출하여 표본비율을 $\widehat{p_1}$, $\widehat{p_2}$ 라 하면,

$$\widehat{p_1}\approx N\left(p_1, \frac{p_1q_1}{n}\right), \quad \widehat{p_2}\approx N\left(p_2, \frac{p_2q_2}{m}\right)$$

이고, 또한 두 모집단이 독립이므로

$$\widehat{p_1}-\widehat{p_2}\approx N\left(p_1-p_2, \frac{p_1q_1}{n}+\frac{p_2q_2}{m}\right)$$

이다. 더욱이 표본비율 $\hat{p_1}$ 와 $\hat{p_2}$ 는 각각 p_1 과 p_2 에 대한 일치추정량이므로

$$\frac{\hat{p_1} - \hat{p_2} - (p_1 - p_2)}{\sqrt{\frac{\hat{p_1}\,\hat{q_1}}{n} + \frac{\hat{p_2}\,\hat{q_2}}{m}}} \approx N(0,1)$$

이고, 따라서 $\hat{p_1} - \hat{p_2}$ 의 표준오차는 다음과 같다.

$$SE(\hat{p_1} - \hat{p_2}) = \sqrt{\frac{\hat{p_1}\,\hat{q_1}}{n} + \frac{\hat{p_2}\,\hat{q_2}}{m}}$$

예제 5.11

대한가족계획협회에서 1998년 7월 미혼 직장인 1천89명(남 470명, 여 619명)을 대상으로 성인전용 극장의 허용에 대해 설문조사를 하였다. 그 결과 254명의 남성과 223명의 여성이 지지하는 결과를 얻었다.

(1) 남성과 여성의 지지율의 차 $p_1 - p_2$ 를 추정하여라.

(2) $\hat{p_1} - \hat{p_2}$ 의 표준오차를 구하여라.

(3) $|(\hat{p_1} - \hat{p_2}) - (p_1 - p_2)|$ 에 대한 95% 오차한계를 구하여라.

풀이

(1) $\hat{p_1} = 254/470 = 0.54$, $\hat{p_2} = 223/619 = 0.36$ 이므로

$\hat{p_1} - \hat{p_2} = 0.54 - 0.36 = 0.18$

(2) $\hat{q_1} = 0.46$, $\hat{q_2} = 0.64$ 이므로

$$SE(\hat{p_1} - \hat{p_2}) = \sqrt{\frac{0.54 \times 0.46}{470} + \frac{0.36 \times 0.64}{619}} = 0.03$$

(3) $z_{0.025} = 1.96$ 이므로 95% 오차한계는

$$z_{0.025}\, SE(\hat{p_1} - \hat{p_2}) = 1.96 \times 0.03 = 0.059$$

이다.

점추정에 의한 모수의 추정은 표본의 선정에 따라서 모수의 참값과 다르게 나타날 수 있으며, 따라서 잘못된 추정값을 제시할 소지가 있어서 항상 오차의 한계를 함께 고려해야 한다는 단점을 갖고 있다. 따라서 이러한 단점을 보완하기 위하여 미리 정해진 어느 정도의 확신을 가지고 모수의 참값이 포함되리라고 믿어지는 구간을 추정하는 방법을 생각할 수 있으며, 이러한 추정 방법을 **구간추정**(interval estimation)이라 한다. 이 때, 모수의 참값이 추정한 구간 안에 포함될 것으로 믿어지는 미리 정해 놓은 확신의 정도를 **신뢰수준**(confidence level)이라 하며, 일반적으로 $1-\alpha$로 나타낸다. 그러면 모수 θ에 대한 두 통계량 $L(X_1,\cdots,X_n)$, $U(X_1,\cdots,X_n)$을 적당히 취하여

$$P(L<\theta<U)=1-\alpha,\ 0<\alpha<1$$

가 되도록 할 수 있으며, 구간

$$(L(X_1,\cdots,X_n),\ U(X_1,\cdots,X_n))$$

을 모수 θ에 대한 **구간추정량**(interval estimator)이라 한다. 또한 표본의 관측값으로부터 얻은 통계량 L, U의 측정값을 각각 l, u라 할 때, 구간

$$(l(x_1,\cdots,x_n),\ u(x_1,\cdots,x_n))$$

을 모수 θ에 대한 $100(1-\alpha)\%$ **신뢰구간**(confidence interval)이라 한다. 이 때, 신뢰수준은 보편적으로 α가 0.1, 0.05, 0.01이 되는 90%, 95% 그리고 99%의 신뢰수준을 사용하며, 이와 같은 신뢰수준에서 추정된 신뢰구간에 대하여 $l(x_1,\cdots,x_n)$을 신뢰구간의 **하한**(lower bound), $u(x_1,\cdots,x_n)$를 신뢰구간의 **상한**(upper bound)이라 하고, 점추정값 $\hat{\theta}$를 신뢰구간의 중심으로 한다.

한편 90% 신뢰수준이라 함은 표본으로부터 얻은 신뢰구간이 정확한 모수의 참값을 포함할 확률이 90%임을 나타내는 것은 아니다. 이것은 다음 표와 같이 동일한 모집단으로부터 동일한 크기의 표본 10개를 임의로 추출하였을 때, 이 표본으로부터 얻은 구간들 중에서 90%에 해당하는 9개 구간이 모평균의 참값을 포함하고 나머지 10%에 해당하는 1개 구간은 모수의 참값을 포함하지 않음을 의미한다. 즉, 모평균 μ에 대한 90% 신뢰구간이라 함은 그림 7.9에서와 같이 $\overline{x_1}$, $\overline{x_2}$, $\cdots$, $\overline{x_{10}}$은 동일한 모집단에서 임의로 추출한 서로 다른 표본들의 평균을 나타내며, 이들 표본평균을 중심으로 하는

구간들 중에서 표본 9를 제외한 나머지 9개 구간이 모평균의 참값 $\mu = 25$를 포함하고, 표본 9만이 모평균의 참값을 포함하지 않음을 나타낸다.

확률표본	추정값 $\bar{x}$	90% 신뢰구간		모평균 μ의 포함여부
		하한	상한	
1	24.96	22.46	27.46	O
2	27.00	24.50	29.50	O
3	24.45	21.95	26.95	O
4	25.52	23.02	28.02	O
5	27.20	24.70	29.70	O
6	24.23	21.73	26.73	O
7	24.63	22.13	27.13	O
8	23.60	21.10	26.10	O
9	22.01	19.51	24.51	X
10	25.39	22.89	27.89	O

5.4 section 모평균의 구간추정

모분산이 알려진 정규모집단 $N(\mu, \sigma^2)$에서 크기 n인 확률표본을 추출할 때, 모평균 μ에 대한 점추정량은 표본평균 $\overline{X}$이고, 또한 $\overline{X} \sim N(\mu, \sigma^2/n)$이다. 그러므로 $\overline{X}$에 대한 표준화 Z-통계량은 표준정규분포에 따른다.

$$Z = \frac{\overline{X} - \mu}{\sigma / \sqrt{n}} \sim N(0, 1)$$

그러므로 **임계점**(critical point) $z_{\alpha/2}$에 대하여 $P(|Z| < z_{\alpha/2}) = 1 - \alpha$ 이므로

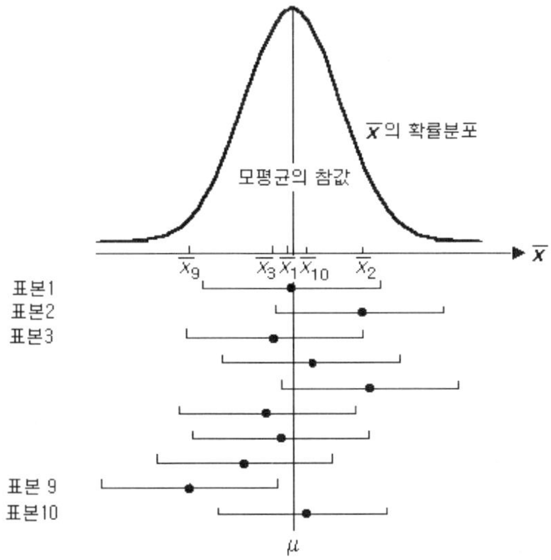

그림 5.9 모평균의 참값과 신뢰구간들

$$P\left(-z_{\alpha/2}<\frac{\overline{X}-\mu}{\sigma/\sqrt{n}}<z_{\alpha/2}\right)=1-\alpha$$

또는

$$P\left(\overline{X}-z_{\alpha/2}\frac{\sigma}{\sqrt{n}}<\mu<\overline{X}+z_{\alpha/2}\frac{\sigma}{\sqrt{n}}\right)=1-\alpha$$

가 성립한다. 따라서 모분산 σ^2을 알고 있는 정규모집단의 모평균 μ에 대하여 가장 널리 사용하는 $100(1-\alpha)\%$ 신뢰구간은 다음과 같은 양측 z-구간(two-sided z-interval)이다.

$$\left(\bar{x}-z_{\alpha/2}\frac{\sigma}{\sqrt{n}},\quad \bar{x}+z_{\alpha/2}\frac{\sigma}{\sqrt{n}}\right)$$

즉, $100(1-\alpha)\%$ 신뢰구간은 최적의 추정값 $\hat{\mu}=\bar{x}$를 중심으로 임계점 $z_{\alpha/2}$와 $\hat{\mu}$의 표준오차 $SE(\hat{\mu})=\sigma/\sqrt{n}$의 곱을 반경으로 갖는다.

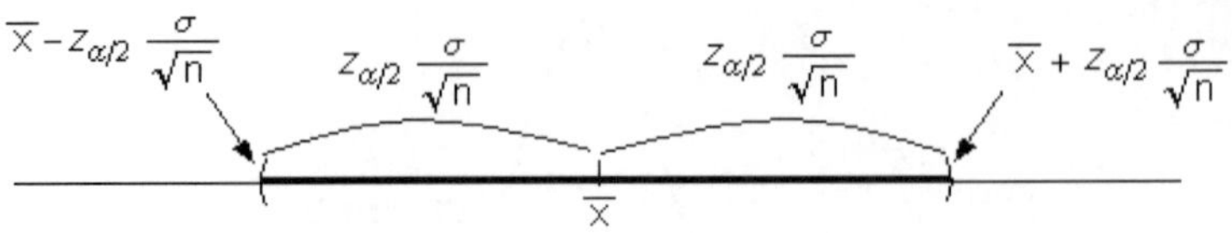

그림 5.10 모평균의 신뢰구간(σ^2이 기지인 경우)

특히 $z_{0.05} = 1.645$, $z_{0.025} = 1.96$, $z_{0.005} = 2.58$이므로 모분산 σ^2을 알고 있는 정규모집단의 모평균 μ에 대한 90%, 95% 그리고 99% 신뢰수준을 갖는 신뢰구간의 상한과 하한은 다음 표와 같다.

신뢰수준$(1-\alpha)$	신뢰구간	
	하 한	상 한
$0.90(\alpha=0.1)$	$\overline{x} - 1.645\frac{\sigma}{\sqrt{n}}$	$\overline{x} + 1.645\frac{\sigma}{\sqrt{n}}$
$0.95(\alpha=0.05)$	$\overline{x} - 1.96\frac{\sigma}{\sqrt{n}}$	$\overline{x} + 1.96\frac{\sigma}{\sqrt{n}}$
$0.99(\alpha=0.01)$	$\overline{x} - 2.58\frac{\sigma}{\sqrt{n}}$	$\overline{x} + 2.58\frac{\sigma}{\sqrt{n}}$

예제 5.12

모표준편차 6인 정규모집단에서 10개의 자료를 표본으로 추출하여 다음과 같은 결과를 얻었다.

27	34	34	36	30	28	41	35	48	43

(1) 신뢰수준 90%에 대한 모평균 μ의 신뢰구간을 구하여라.

(2) 신뢰수준 95%에 대한 모평균 μ의 신뢰구간을 구하여라.

(3) 신뢰수준 99%에 대한 모평균 μ의 신뢰구간을 구하여라.

풀이

예제 4에서 $\hat{\mu} = \overline{x} = 35.6$, $SE(\overline{x}) = 3.719$를 얻었다.

(1) 90% 신뢰수준에 대한 신뢰구간의 하한과 상한은 각각

$$l = \bar{x} - 1.645 \cdot SE(\bar{x}) = 35.6 - 6.118 = 29.482$$

$$u = \bar{x} + 1.645 \cdot SE(\bar{x}) = 35.6 + 6.118 = 41.718$$

이다. 따라서 신뢰수준 90%에 대한 모평균 μ의 신뢰구간은 (31.881, 39.319) 이다.

(2) 95% 신뢰수준에 대한 신뢰구간의 하한과 상한은 각각

$$l = \bar{x} - 1.96 \cdot SE(\bar{x}) = 35.6 - 7.289 = 28.311$$

$$u = \bar{x} + 1.96 \cdot SE(\bar{x}) = 35.6 + 7.289 = 42.889$$

이다. 따라서 신뢰수준 95%에 대한 모평균 μ의 신뢰구간은 (28.311, 42.889) 이다.

(3) 99% 신뢰수준에 대한 신뢰구간의 하한과 상한은 각각

$$l = \bar{x} - 2.58 \cdot SE(\bar{x}) = 35.6 - 9.595 = 26.005$$

$$u = \bar{x} + 2.58 \cdot SE(\bar{x}) = 35.6 + 9.595 = 45.195$$

이다. 따라서 신뢰수준 99%에 대한 모평균 μ의 신뢰구간은 (26.005, 45.195) 이다.

그러면 위의 예제 12로부터 다음 그림과 같이 신뢰수준이 커질수록 그에 대응하는 신뢰구간의 폭이 넓어지는 것을 알 수 있다.

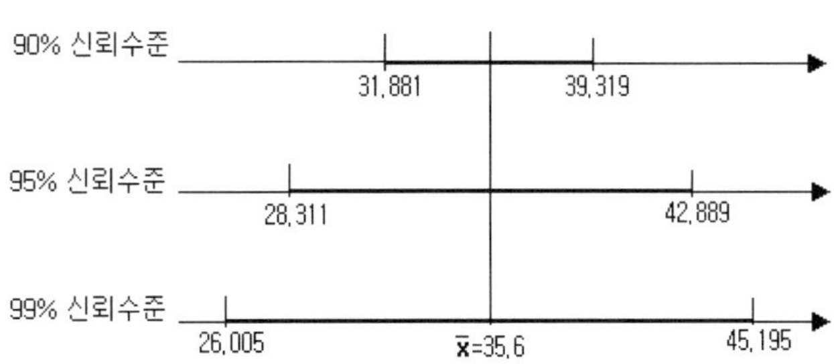

그림 5.11 신뢰수준에 따른 신뢰구간

한편 모분산을 모르는 정규모집단 $N(\mu,\sigma^2)$에서 크기 $n<30$인 확률표본을 추출할 때, 표본평균 $\overline{X}$는

$$T=\frac{\overline{X}-\mu}{S/\sqrt{n}}\sim t(n-1)$$

에 따른다. 따라서 임계점 $t_{\alpha/2}(n-1)$에 대하여

$$P\left(-t_{\alpha/2}(n-1)<\frac{\overline{X}-\mu}{S/\sqrt{n}}<t_{\alpha/2}(n-1)\right)=1-\alpha$$

또는

$$P\left(\overline{X}-t_{\alpha/2}(n-1)\frac{S}{\sqrt{n}}<\mu<\overline{X}+t_{\alpha/2}(n-1)\frac{S}{\sqrt{n}}\right)=1-\alpha$$

이다. 따라서 모분산을 모르는 경우의 모평균에 대한 $100(1-\alpha)\%$ 신뢰구간은 다음과 같다.

$$\left(\overline{x}-t_{\alpha/2}(n-1)\frac{S}{\sqrt{n}},\quad \overline{x}+t_{\alpha/2}(n-1)\frac{S}{\sqrt{n}}\right)$$

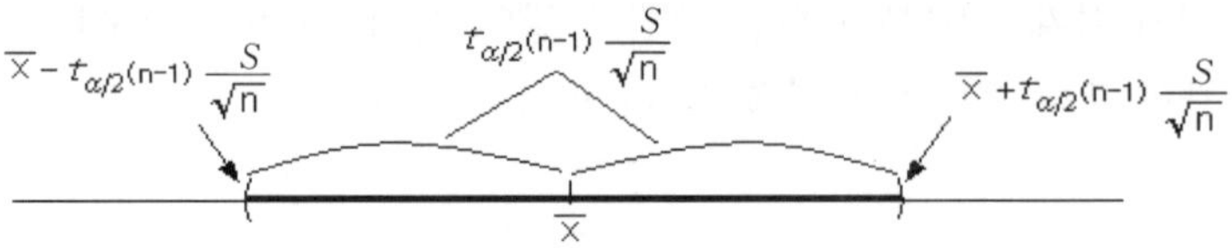

그림 5.12 모평균의 신뢰구간(σ^2이 미지인 경우)

그러므로 모분산 σ^2을 모르는 정규모집단의 모평균 μ에 대한 90%, 95% 그리고 99% 신뢰수준을 갖는 신뢰구간의 상한과 하한은 다음 표와 같다. 또한 일반적으로 통계실험에서 모분산을 모르고 있으며, 따라서 z-추정보다는 t-추정을 주로 사용한다.

신뢰수준$(1-\alpha)$	신뢰구간	
	하 한	상 한
$0.90(\alpha=0.1)$	$\overline{x}-t_{0.05}(n-1)\dfrac{S}{\sqrt{n}}$	$\overline{x}+t_{0.05}(n-1)\dfrac{S}{\sqrt{n}}$
$0.95(\alpha=0.05)$	$\overline{x}-t_{0.025}(n-1)\dfrac{S}{\sqrt{n}}$	$\overline{x}+t_{0.025}(n-1)\dfrac{S}{\sqrt{n}}$
$0.99(\alpha=0.01)$	$\overline{x}-t_{0.005}(n-1)\dfrac{S}{\sqrt{n}}$	$\overline{x}+t_{0.005}(n-1)\dfrac{S}{\sqrt{n}}$

예제 5.13

어느 컴퓨터 제조회사에서 생산되는 컴퓨터의 내구연한이 정규분포를 이룬다고 한다. 10명의 소비자를 대상으로 설문 조사한 결과 다음의 자료를 얻었다.

(단위 : 년)

4.6	3.6	4.0	6.1	8.8	5.3	1.2	5.6	3.3	1.6

(1) 신뢰수준 90%에 대한 모평균 μ의 신뢰구간을 구하여라.

(2) 신뢰수준 95%에 대한 모평균 μ의 신뢰구간을 구하여라.

(3) 신뢰수준 99%에 대한 모평균 μ의 신뢰구간을 구하여라.

풀이

모평균에 대한 점추정값은

$$\overline{x}=\frac{1}{10}(4.6+3.6+\cdots+3.3+1.6)=4.41$$

이고, 또한 표본분산 S^2과 표본표준편차 S 그리고 표준오차는 각각 다음과 같다.

$$S^2=\frac{1}{9}\sum_{i=1}^{10}(x_i-4.41)^2=\frac{44.629}{9}=4.959$$

$$S=\sqrt{4.959}=2.227,\quad SE(\overline{x})=s/\sqrt{n}=0.704$$

(1) T-분포표로부터 $t_{0.05}(9)=1.833$이므로 90% 신뢰수준에 대한 신뢰구간의 하한과 상한은 각각

$$l = \overline{x} - t_{0.05}(9) \cdot SE(\overline{x}) = 4.41 - 1.29 = 3.12$$

$$u = \overline{x} + t_{0.05}(9) \cdot SE(\overline{x}) = 4.41 + 1.29 = 5.70$$

이다. 따라서 신뢰수준 90%에 대한 모평균 μ의 신뢰구간은 $(3.12, 5.70)$이다.

(2) T-분포표로부터 $t_{0.025}(9) = 2.262$이므로 95% 신뢰수준에 대한 신뢰구간의 하한과 상한은 각각

$$l = \overline{x} - t_{0.025}(9) \cdot SE(\overline{x}) = 4.41 - 1.592 = 2.818$$

$$u = \overline{x} + t_{0.025}(9) \cdot SE(\overline{x}) = 4.41 + 1.592 = 6.002$$

이다. 따라서 신뢰수준 95%에 대한 모평균 μ의 신뢰구간은 $(2.818, 6.002)$이다.

(3) T-분포표로부터 $t_{0.005}(9) = 3.25$이므로 99% 신뢰수준에 대한 신뢰구간의 하한과 상한은 각각

$$l = \overline{x} - t_{0.005}(9) \cdot SE(\overline{x}) = 4.41 - 2.288 = 2.122$$

$$u = \overline{x} + t_{0.005}(9) \cdot SE(\overline{x}) = 4.41 + 2.288 = 6.698$$

이다. 따라서 신뢰수준 99%에 대한 모평균 μ의 신뢰구간은 $(2.122, 6.698)$이다. ◉

또한 모분산을 모르는 정규모집단에서 크기가 큰$(n \geq 30)$ 표본을 추출할 경우, 표본평균 $\overline{X}$에 대하여 추정량 $(\overline{X} - \mu)/(S/\sqrt{n})$ 역시 자유도 $n-1$인 T-분포에 따른다. 그러나 표본의 크기가 충분히 크면, 중심극한정리에 의하여 T-분포는 표준정규분포에 근사하고 따라서

$$\frac{\overline{X} - \mu}{S/\sqrt{n}} \approx N(0,1)$$

이 성립한다. 그러므로 σ를 s로 대치하여, 모분산을 알고 있는 경우와 동일한 방법에 의하여 근사적으로 모평균에 대한 신뢰구간을 구할 수 있다.

예제 5.14

전국 100세 이상 노인 103명을 대상으로 2002년 10월에 조사된 자료에 의하면, 평균 혈중 콜레스테롤이 174.6㎎/dl로 나타났다. 이 때, 만일 이 자료에서 표준편차가 12㎎/dl으로 나타난다 할 때, 전국 100세 이상 노인의 평균 혈당치에 대한 95% 신뢰구간을 구하여라.

풀이

$n=103$, $\bar{x}=174.6$, $s=12$이므로 평균 콜레스테롤 μ에 대한 95% 신뢰구간의 하한과 상한은

$$l=\bar{x}-1.96\cdot\frac{s}{\sqrt{n}}=174.6-2.317=172.283$$

$$u=\bar{x}+1.96\cdot\frac{s}{\sqrt{n}}=174.6+2.317=176.917$$

이고, 따라서 μ에 대한 95% 신뢰구간은 $(172.283, 176.917)$이다.

이제 두 정규모집단의 모평균 차에 대한 신뢰구간을 구하는 방법에 대하여 살펴본다. 두 모분산 σ_1^2과 σ_2^2이 알려진 독립인 두 정규모집단 $N(\mu_1, \sigma_1^2)$과 $N(\mu_2, \sigma_2^2)$으로부터 각각 크기 n, m인 두 표본을 추출하여, 표본평균을 각각 $\overline{X}, \overline{Y}$라 하면,

$$\overline{X}-\overline{Y}\sim N\left(\mu_1-\mu_2,\ \frac{\sigma_1^2}{n}+\frac{\sigma_2^2}{m}\right)$$

이고, 따라서 $\widehat{\mu_1}-\widehat{\mu_2}=\overline{X}-\overline{Y}$의 표준오차는

$$SE(\widehat{\mu_1}-\widehat{\mu_2})=\sqrt{\frac{\sigma_1^2}{n}+\frac{\sigma_2^2}{m}}$$

이다. 그러므로 $\mu_1-\mu_2$에 대한 $100(1-\alpha)\%$ 신뢰구간은

$$\left(\bar{x}-\bar{y}-z_{\alpha/2}\sqrt{\frac{\sigma_1^2}{n}+\frac{\sigma_2^2}{m}},\quad \bar{x}-\bar{y}+z_{\alpha/2}\sqrt{\frac{\sigma_1^2}{n}+\frac{\sigma_2^2}{m}}\right)$$

이고, $\mu_1-\mu_2$에 따른 신뢰구간의 형태는 다음 그림과 같다.

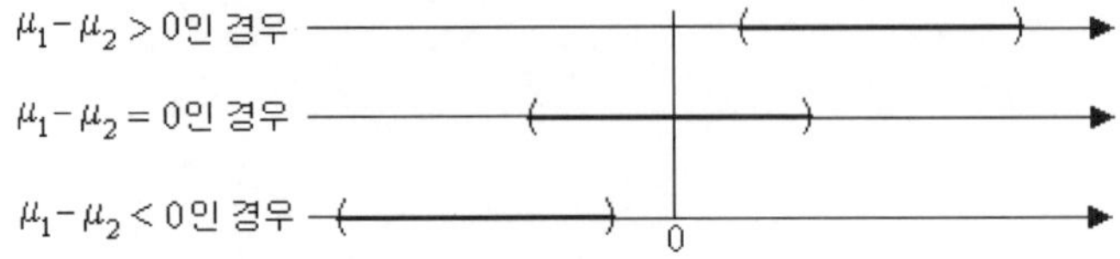

그림 5.13 $\mu_1-\mu_2$에 대한 신뢰구간의 형태

특히, 정규모집단의 모평균 μ에 대한 90%, 95% 그리고 99% 신뢰수준을 갖는 신뢰구간의 상한과 하한은 다음 표와 같다.

신뢰수준 $(1-\alpha)$	신뢰구간	
	하 한	상 한
$0.90(\alpha=0.1)$	$\bar{x}-\bar{y}-1.645\cdot\sqrt{\frac{\sigma_1^2}{n}+\frac{\sigma_2^2}{m}}$	$\bar{x}-\bar{y}+1.645\cdot\sqrt{\frac{\sigma_1^2}{n}+\frac{\sigma_2^2}{m}}$
$0.95(\alpha=0.05)$	$\bar{x}-\bar{y}-1.96\cdot\sqrt{\frac{\sigma_1^2}{n}+\frac{\sigma_2^2}{m}}$	$\bar{x}-\bar{y}+1.96\cdot\sqrt{\frac{\sigma_1^2}{n}+\frac{\sigma_2^2}{m}}$
$0.99(\alpha=0.01)$	$\bar{x}-\bar{y}-2.58\cdot\sqrt{\frac{\sigma_1^2}{n}+\frac{\sigma_2^2}{m}}$	$\bar{x}-\bar{y}+2.58\cdot\sqrt{\frac{\sigma_1^2}{n}+\frac{\sigma_2^2}{m}}$

예제 5.15

우리나라 100세 이상인 노인들의 혈당치가 모표준편차가 12㎎/dl와 10㎎/dl인 정규분포에 따른다고 하자. 이 때 전국 100세 이상 노인 103명(남자 13명, 여자 90명)을 대상으로 조사된 자료에 의하면, 남자와 여자의 평균 혈당치가 각각 115.9㎎/dl와 104㎎/dl로 나타났다. 이 때, 전국 100세 이상 남자와 여자의 평균 혈당치의 차에 대한 95% 신뢰구간을 구하여라.

풀이

$\sigma_M^2 = 144$, $\sigma_F^2 = 100$이고 $n_M = 13$, $n_F = 90$이므로

$$\sqrt{\frac{\sigma_M^2}{n_M} + \frac{\sigma_F^2}{n_F}} = \sqrt{\frac{144}{13} + \frac{100}{90}} = \sqrt{12.188} = 3.491$$

이다. 또한 $\bar{x} - \bar{y} = 11.9$이므로 95% 신뢰구간의 상한과 하한은 각각 다음과 같다.

$$l = \bar{x} - \bar{y} - 1.96 \cdot \sqrt{\frac{\sigma_M^2}{n_M} + \frac{\sigma_F^2}{n_F}} = 11.9 - 6.842 = 5.058$$

$$u = \bar{x} - \bar{y} + 1.96 \cdot \sqrt{\frac{\sigma_M^2}{n_M} + \frac{\sigma_F^2}{n_F}} = 11.9 + 6.842 = 18.742$$

그러므로 $\mu_M - \mu_F$에 대한 95% 신뢰구간은 $(5.058, 18.742)$이다. ◉

한편 동일한 모분산을 갖는 독립인 두 정규모집단에 대하여 모분산이 알려져 있지 않다고 하자. 이러한 두 모집단에서 각각 크기 n, m인 두 표본을 임의로 추출하여 표본평균을 각각 $\overline{X}$, $\overline{Y}$ 그리고 표본분산을 각각 S_1^2, S_2^2이라 하면, 합동표본분산

$$S_p^2 = \frac{(n-1)S_1^2 + (m-1)S_2^2}{n+m-2}$$

에 대하여

$$\frac{\overline{X} - \overline{Y} - (\mu_1 - \mu_2)}{S_p \sqrt{\frac{1}{n} + \frac{1}{m}}} \sim t(n+m-2)$$

이다. 따라서 모분산을 모르는 경우에 두 모평균의 차 $\mu_1 - \mu_2$에 대한 점추정량은 $\overline{X} - \overline{Y}$이고, $100(1-\alpha)\%$ 신뢰구간은

$$\left(\bar{x} - \bar{y} - t_{\alpha/2}(n+m-2)S_p \sqrt{\frac{1}{n} + \frac{1}{m}} \;,\; \bar{x} - \bar{y} + t_{\alpha/2}(n+m-2)S_p \sqrt{\frac{1}{n} + \frac{1}{m}} \right)$$

이다.

예제 5.16

남학생과 여학생의 몸무게는 각각 동일한 분산을 갖는 정규분포를 이룬다고 한다. 두 그룹에서 각각 4명씩을 임의로 추출하여 조사한 결과 다음과 같은 결과를 얻었다. 두 학생 그룹간의 평균 몸무게의 차에 대한 90% 신뢰구간을 구하여라.

남학생	64	66	69	72
여학생	46	47	53	53

풀이

예제 7로부터 $\bar{x}-\bar{y}=18$과 $S_p=3.64$를 얻었으며, 또한 $t_{0.05}(6)=1.943$이므로 $\mu_1-\mu_2$에 대한 90% 신뢰구간의 상한과 하한은 다음과 같다.

$$l=\bar{x}-\bar{y}-t_{0.05}(6)S_p\sqrt{\frac{1}{n}+\frac{1}{m}}=18-5=13$$

$$u=\bar{x}-\bar{y}+t_{0.05}(6)S_p\sqrt{\frac{1}{n}+\frac{1}{m}}=18+5=23$$

즉, 몸무게 평균의 대한 90% 신뢰구간은 $(13, 23)$이다.

또한 서로 다른 미지의 모분산을 갖는 두 정규모집단에 대한 표본평균 차 $\overline{X}-\overline{Y}$는 다음과 같이 정의되는 자유도

$$\nu=\frac{(S_1^2/n+S_2^2/m)^2}{(S_1^2/n)^2/(n-1)+(S_2^2/m)^2/(m-1)}$$

에 가까운 정수를 갖는 T-분포

$$\frac{(\overline{X}-\overline{Y})-(\mu_1-\mu_2)}{\sqrt{\frac{S_1^2}{n}+\frac{S_2^2}{m}}}\sim t(\nu)$$

에 따르므로 모평균의 차 $\mu_1-\mu_2$에 대한 $100(1-\alpha)\%$ 신뢰구간은 다음과 같다.

$$\left(\bar{x}-\bar{y}-t_{\alpha/2}(\nu)\sqrt{\frac{S_1^2}{n}+\frac{S_2^2}{m}}\ ,\quad \bar{x}-\bar{y}+t_{\alpha/2}(\nu)\sqrt{\frac{S_1^2}{n}+\frac{S_2^2}{m}}\right)$$

예제 517

서로 다른 미지의 모분산을 갖는 두 정규모집단으로부터 각각 크기 15와 17인 표본을 추출하여 다음과 같은 결과를 얻었다. 이 때, $\mu_1-\mu_2$에 대한 99% 신뢰구간을 구하여라.

$n=15$	$\bar{x}=6.56$	$S_1=1.58$
$m=17$	$\bar{y}=5.13$	$S_2=1.62$

풀이

자유도를 구하기 위하여 다음을 계산하면

$$\nu=\frac{(S_1^2/n+S_2^2/m)^2}{(S_1^2/n)^2/(n-1)+(S_2^2/m)^2/(m-1)}=\frac{0.1029}{0.003}=34.3$$

이므로 자유도는 $\nu=34$이다. 한편 $t_{0.005}(34)=2.4411$(자유도 34인 경우는 T-분포표에 나타나지 않으므로, 미니탭을 이용하여 임계점을 구하였다)이다. 또한 $\sqrt{\frac{S_1^2}{n}+\frac{S_2^2}{m}}=0.5664$이고 $\bar{x}-\bar{y}=1.43$이므로 구하고자 하는 두 모평균 차에 대한 99% 신뢰구간은

$$\left(\bar{x}-\bar{y}-t_{\alpha/2}(\nu)\sqrt{\frac{S_1^2}{n}+\frac{S_2^2}{m}}\ ,\quad \bar{x}-\bar{y}+t_{\alpha/2}(\nu)\sqrt{\frac{S_1^2}{n}+\frac{S_2^2}{m}}\right)$$

$$=(1.43-1.3826,\ 1.43+1.3826)$$

$$=(0.0474,\ 2.8126)$$

이다.

5.5 section 모분산의 구간추정

정규모집단 $N(\mu,\sigma^2)$에서 크기 n인 확률표본을 추출할 때, 표본분산 S^2은

$$V = \frac{(n-1)S^2}{\sigma^2} \sim \chi^2(n-1)$$

인 χ^2-분포(카이제곱 분포)를 이루며, S^2은 σ^2에 대한 불편추정량이다. 한편 자유도 $n-1$인 χ^2-분포에서 왼쪽과 오른쪽 꼬리확률이 각각 $\alpha/2$가 되는 임계점은 $\chi^2_{1-\alpha/2}(n-1)$, $\chi^2_{\alpha/2}(n-1)$이고 따라서

$$P\left[\chi^2_{1-\alpha/2}(n-1) < \frac{(n-1)S^2}{\sigma^2} < \chi^2_{\alpha/2}(n-1)\right] = 1-\alpha$$

또는

$$P\left(\frac{(n-1)S^2}{\chi^2_{\alpha/2}(n-1)} < \sigma^2 < \frac{(n-1)S^2}{\chi^2_{1-\alpha/2}(n-1)}\right) = 1-\alpha$$

가 성립한다. 따라서 모분산 σ^2에 대한 $100(1-\alpha)\%$ 신뢰구간은 다음과 같다.

$$\left(\frac{(n-1)S^2}{\chi^2_{\alpha/2}(n-1)},\ \frac{(n-1)S^2}{\chi^2_{1-\alpha/2}(n-1)}\right)$$

특히 모분산 σ^2에 대한 90%, 95%, 99% 신뢰구간의 상한과 하한은 다음과 같다.

신뢰수준$(1-\alpha)$	신뢰구간	
	하 한	상 한
$0.90(\alpha=0.1)$	$\dfrac{(n-1)S^2}{\chi^2_{0.95}(n-1)}$	$\dfrac{(n-1)S^2}{\chi^2_{0.05}(n-1)}$
$0.95(\alpha=0.05)$	$\dfrac{(n-1)S^2}{\chi^2_{0.975}(n-1)}$	$\dfrac{(n-1)S^2}{\chi^2_{0.025}(n-1)}$
$0.99(\alpha=0.01)$	$\dfrac{(n-1)S^2}{\chi^2_{0.995}(n-1)}$	$\dfrac{(n-1)S^2}{\chi^2_{0.005}(n-1)}$

한편 표본표준편차 S는 모표준편차 σ에 대한 불편추정량이 되지 못하지만, $n \geq 10$이면 편의를 무시할 수 있으므로 모표준편차 σ에 대한 $100(1-\alpha)\%$ 신뢰구간은 다음과 같다.

$$\left(S\sqrt{\frac{n-1}{\chi^2_{\alpha/2}(n-1)}}\ ,\ S\sqrt{\frac{n-1}{\chi^2_{1-\alpha/2}(n-1)}}\right)$$

예제 5.18

1991년부터 2000년까지 10년간 국민 1인당 쌀 소비량을 조사한 결과 다음 자료를 얻었다. 이 자료를 이용하여 지난 10년간 국민 1인당 쌀 소비량의 모분산과 모표준편차에 대한 90% 신뢰구간을 구하여라.

년 도	1991	1992	1993	1994	1995	1996	1997	1998	1999	2000
소비량	116.3	112.9	110.2	108.3	106.5	104.9	102.4	99.2	96.9	93.4

풀이

표본의 크기가 10이므로 $9S^2/\sigma^2$은 자유도 9인 χ^2-분포를 이룬다. 한편 표본평균과 표본분산을 구하면 각각 다음과 같다.

$$\bar{x} = \frac{1}{10}\sum_{i=1}^{10} x_i = \frac{1}{10}(116.3 + 112.9 + \cdots + 96.9 + 93.4) = 105.1$$

$$S^2 = \frac{1}{9}\sum_{i=1}^{10}(x_i - 105.1)^2 = \frac{449.36}{9} = 49.929$$

또한 자유도 9인 χ^2-분포로부터

$$\chi^2_{0.95}(9) = 3.32511, \quad \chi^2_{0.05}(9) = 16.919$$

이다. 따라서 σ^2 에 대한 90% 신뢰구간의 상한과 하한은 각각

$$l = \frac{9S^2}{\chi^2_{0.05}(9)} = \frac{9 \times 49.929}{16.919} = 26.56$$

$$u = \frac{9S^2}{\chi^2_{0.95}(9)} = \frac{9 \times 49.929}{3.32511} = 135.14$$

이고, σ^2 에 대한 90% 신뢰구간은 (26.56, 135.14)이다. 또한 σ 에 대한 90% 신뢰구간의 상한과 하한은 각각

$$l = \sqrt{26.56} = 5.154, \quad u = \sqrt{135.14} = 11.625$$

이고, 따라서 σ 에 대한 90% 신뢰구간은 (5.154, 11.625)이다. ◉

section 5.6 모비율의 구간추정

모비율 p 인 모집단으로부터 $np > 5$, $n(1-p) > 5$를 만족하는 크기 n 인 확률표본을 임의로 추출하여 표본비율을 $\hat{p}$ 라 하면, $\hat{p}$ 는 근사적으로 정규분포

$$Z = \frac{\hat{p} - p}{\sqrt{\hat{p}(1-\hat{p})/n}} \approx N(0,1)$$

이고, $\hat{p}$ 의 표준오차는

$$SE(\hat{p}) = \frac{1}{n}\sqrt{\frac{x(n-x)}{n}}$$

임을 살펴보았다. 그러므로 임계점 $z_{\alpha/2}$ 에 대하여

$$P\left(\hat{p} - SE(\hat{p})\, z_{1-\alpha/2} < p < \hat{p} + SE(\hat{p})\, z_{1-\alpha/2}\right) = 1-\alpha$$

가 성립하고, 따라서 모비율 p 에 대한 $100(1-\alpha)\%$ 신뢰구간은

$$\left(\hat{p} - \frac{z_{\alpha/2}}{n}\sqrt{\frac{x(n-x)}{n}},\quad \hat{p} + \frac{z_{\alpha/2}}{n}\sqrt{\frac{x(n-x)}{n}}\right)$$

이다. 특히 모비율 p 에 대한 90%, 95%, 99% 신뢰구간의 상한과 하한은 다음과 같다.

신뢰수준$(1-\alpha)$	신뢰구간	
	하 한	상 한
$0.90(\alpha=0.1)$	$\hat{p} - \frac{1.645}{n}\sqrt{\frac{x(n-x)}{n}}$	$\hat{p} + \frac{1.645}{n}\sqrt{\frac{x(n-x)}{n}}$
$0.95(\alpha=0.05)$	$\hat{p} - \frac{1.96}{n}\sqrt{\frac{x(n-x)}{n}}$	$\hat{p} + \frac{1.96}{n}\sqrt{\frac{x(n-x)}{n}}$
$0.99(\alpha=0.01)$	$\hat{p} - \frac{2.58}{n}\sqrt{\frac{x(n-x)}{n}}$	$\hat{p} + \frac{2.58}{n}\sqrt{\frac{x(n-x)}{n}}$

예제 5.18

2000년 한 해 동안에 성인 남녀 1,000명을 대상으로 해외 여행을 경험한 사람을 조사한 결과 59명이 경험한 사실을 알았다. 2000년 한 해 동안 해외 여행자 비율에 대한 95% 신뢰구간을 구하여라.

풀이

1,000명의 성인 중에서 59명이 해외 여행을 경험하였으므로, 해외 여행 비율은 $\hat{p} = 59/1000 = 0.059$이다. 따라서 해외 여행자 비율에 대한 95% 신뢰구간의 상한과 하한은 각각

$$l = \hat{p} - \frac{1.96}{n}\sqrt{\frac{x(n-x)}{n}} = 0.059 - \frac{1.96}{1000}\sqrt{\frac{59 \cdot 941}{1000}} = 0.044$$

$$u = \hat{p} + \frac{1.96}{n}\sqrt{\frac{x(n-x)}{n}} = 0.059 + \frac{1.96}{1000}\sqrt{\frac{59 \cdot 941}{1000}} = 0.074$$

이고, 그러므로 해외 여행자 비율에 대한 95% 신뢰구간은 $(0.044,\ 0.074)$이다. ◉

모비율이 p_1, p_2이고 독립인 두 모집단에 대하여 모비율의 차를 추정하기 위해서 각각 크기 n, m의 표본을 추출하면, 표본비율 $\hat{p_1}$, $\hat{p_2}$에 대하여

$$\frac{\hat{p_1} - \hat{p_2} - (p_1 - p_2)}{\sqrt{\dfrac{\hat{p_1}\hat{q_1}}{n} + \dfrac{\hat{p_2}\hat{q_2}}{m}}} \approx N(0,1)$$

이 성립하는 것을 살펴보았다. 따라서 추정량 $\hat{p_1} - \hat{p_2}$에 대한 표준오차는

$$SE(\hat{p_1} - \hat{p_2}) = \sqrt{\frac{\hat{p_1}\hat{q_1}}{n} + \frac{\hat{p_2}\hat{q_2}}{m}}$$

이고, 모비율의 차 $p_1 - p_2$에 대한 $100(1-\alpha)\%$ 신뢰구간은 다음과 같다.

$$\left(\hat{p_1} - \hat{p_2} - z_{\alpha/2}\sqrt{\frac{\hat{p_1}\hat{q_1}}{n} + \frac{\hat{p_2}\hat{q_2}}{m}},\ \hat{p_1} - \hat{p_2} + z_{\alpha/2}\sqrt{\frac{\hat{p_1}\hat{q_1}}{n} + \frac{\hat{p_2}\hat{q_2}}{m}}\right)$$

또는 두 표본의 성공의 횟수 x와 y에 대하여

$$\left(\hat{p_1} - \hat{p_2} - z_{\alpha/2}\sqrt{\frac{x(n-x)}{n^3} + \frac{y(m-y)}{m^3}},\ \hat{p_1} - \hat{p_2} + z_{\alpha/2}\sqrt{\frac{x(n-x)}{n^3} + \frac{y(m-y)}{m^3}}\right)$$

이다.

예제 5.19

2000년 4월 (사)한국 청소년 순결 운동본부가 전국의 고등학생(남학생 256명, 여학생 348명)을 대상으로 청소년의 음주정도에 대한 무작위 표본조사를 실시한 결과, 남학생 83.9%, 여학생 59.2%가 음주 경험이 있는 것으로 조사되었다. 남학생과 여학생의 음주율 차에 대한 95% 신뢰구간을 구하여라.

풀이

표본으로 선정된 남학생과 여학생의 음주율을 각각 $\hat{p_1}$, $\hat{p_2}$라 하면,

$$\hat{p_1}=0.839,\ \ \hat{q_1}=0.161,\ \ \hat{p_2}=0.592,\ \ \hat{q_2}=0.408$$

이므로 $\hat{p_1}-\hat{p_2}=0.247$이고, 추정량 $\hat{p_1}-\hat{p_2}$에 대한 표준오차는

$$SE(\hat{p_1}-\hat{p_2})=\sqrt{\frac{0.839\times0.161}{256}+\frac{0.592\times0.408}{348}}=0.035$$

이다. 한편 95% 신뢰구간에 대한 상한과 하한은 각각

$$l=\hat{p_1}-\hat{p_2}-1.96\cdot\sqrt{\frac{\hat{p_1}\hat{q_1}}{n}+\frac{\hat{p_2}\hat{q_2}}{m}}=0.247-1.96\times0.035=0.1784$$

$$u=\hat{p_1}-\hat{p_2}+1.96\cdot\sqrt{\frac{\hat{p_1}\hat{q_1}}{n}+\frac{\hat{p_2}\hat{q_2}}{m}}=0.247+1.96\times0.035=0.3156$$

이다. 그러므로 구하고자 하는 신뢰구간은 $(0.1784,\ 0.3156)$이다.

5.7 section 두 모분산 비의 구간추정

두 모집단의 분산의 대소관계를 추정하기 위하여 분산의 비를 이용하여 비교할 수 있다. 독립인 두 정규모집단 $N(\mu_1,\sigma_1^2)$, $N(\mu_2,\sigma_2^2)$의 모분산의 비 σ_1^2/σ_2^2을 비

교하기 위하여 각각 크기 n, m 인 표본을 추출하여 그들의 표본분산을 S_1^2, S_2^2 이라 하면

$$\frac{S_1^2/\sigma_1^2}{S_2^2/\sigma_2^2} \sim F(n-1, m-1)$$

이 성립하는 것을 이미 살펴보았다. 또한 분자·분모의 자유도가 $n-1$, $m-1$인 F-분포에서 왼쪽과 오른쪽 꼬리확률이 각각 $\alpha/2$가 되는 임계점은 $f_{1-\alpha/2}(n-1, m-1)$, $f_{\alpha/2}(n-1, m-1)$이고 따라서

$$P\left[f_{1-\alpha/2}(n-1, m-1) < \frac{S_1^2/\sigma_1^2}{S_2^2/\sigma_2^2} < f_{\alpha/2}(n-1, m-1)\right] = 1-\alpha$$

이므로

$$P\left[\frac{S_1^2/S_2^2}{f_{\alpha/2}(n-1, m-1)} < \frac{\sigma_1^2}{\sigma_2^2} < \frac{S_1^2/S_2^2}{f_{1-\alpha/2}(n-1, m-1)}\right] = 1-\alpha$$

이다. 그러므로 모분산의 비에 대한 $100(1-\alpha)\%$ 신뢰구간은 다음과 같다.

$$\left(\frac{s_1^2/s_2^2}{f_{\alpha/2}(n-1, m-1)}, \quad \frac{s_1^2/s_2^2}{f_{1-\alpha/2}(n-1, m-1)}\right)$$

특히 모분산의 비 σ_1^2/σ_2^2 에 대한 90%, 95%, 99% 신뢰구간의 상한과 하한은 다음과 같다.

신뢰수준$(1-\alpha)$	신뢰구간	
	하 한	상 한
$0.90(\alpha=0.1)$	$\frac{S_1^2/S_2^2}{f_{0.95}}$	$\frac{S_1^2/S_2^2}{f_{0.05}}$
$0.95(\alpha=0.05)$	$\frac{S_1^2/S_2^2}{f_{0.975}}$	$\frac{S_1^2/S_2^2}{f_{0.025}}$
$0.99(\alpha=0.01)$	$\frac{S_1^2/S_2^2}{f_{0.995}}$	$\frac{S_1^2/S_2^2}{f_{0.005}}$

예제 5.20

어느 컴퓨터 공정라인에서 종사하는 남자와 여자의 작업능률을 비교하기 위하여 남·여 근로자를 각각 12명, 10명을 임의추출 하였다. 그 결과 남자 근로자의 표준편차는 2.3이고, 여자 근로자의 표준편차는 1.5대였다. 남자와 여자의 모분산의 비에 대한 90% 신뢰구간을 구하여라.

풀이

$S_1^2 = 5.29, S_2^2 = 2.25$ 이므로 $S_1^2/S_2^2 = 5.29/2.25 = 2.35$ 이고, 분자분모의 자유도는 $d.f. = (11, 9)$ 이므로 90% 신뢰구간에 대한 임계점은 각각 다음과 같다.

$$f_{0.05}(11,9) = 3.1,$$
$$f_{0.95}(11,9) = \frac{1}{f_{0.05}(9,11)} = \frac{1}{2.9} = 0.345$$

그러므로 모분산의 비에 대한 90% 신뢰구간의 상한과 하한은 각각

$$l = \frac{S_1^2/S_2^2}{f_{0.95}} = \frac{2.35}{0.345} = 6.812, \quad u = \frac{S_1^2/S_2^2}{f_{0.05}} = \frac{2.35}{3.1} = 0.758$$

이고, 구하고자 하는 90% 신뢰구간은 $(0.758, 6.812)$ 이다.

5.8 section 표본의 크기

지금까지는 주어진 표본의 크기를 이용하여 모수를 추정하는 방법을 살펴보았다. 이때 표본의 크기가 너무 적으면 왜곡된 모집단의 특성을 추정할 수 있으며, 또한 표본의 크기가 너무 크면 모집단의 특성을 잘 표현할 수 있으나 경제적·시간적·공간적인 여러 제약으로 어려움을 겪을 수 있다. 그러면 주어진 신뢰수준과 오차한계에

맞춰서 어느 정도의 크기를 갖는 표본을 추출해야 동일한 결과를 얻는데 가장 경제적인가 하는 문제 역시 매우 중요하다. 따라서 여기서는 모평균과 모비율에 대한 추정을 위한 표본의 크기를 결정하는 방법을 다루도록 한다.

정규모집단에서 크기 n인 표본을 추출할 때, 모평균 μ에 대한 $100(1-\alpha)\%$ 신뢰구간은

$$\bar{x} - z_{\alpha/2}\frac{\sigma}{\sqrt{n}} < \mu < \bar{x} + z_{\alpha/2}\frac{\sigma}{\sqrt{n}}$$

이다. 따라서 신뢰구간의 길이는

$$L = 2\, z_{\alpha/2}\, \frac{\sigma}{\sqrt{n}}$$

이다. 그러므로 신뢰구간의 길이가 L_0를 넘지 않을 표본의 크기는

$$n \geq 4 \cdot \left(\frac{z_{\alpha/2}\,\sigma}{L_0}\right)^2$$

이다. 그러나 거의 대부분의 통계분석에서 모분산은 알려져 있지 않으므로, 모분산을 모르는 경우에 대한 표본의 크기를 구하는 방법을 살펴볼 필요가 있다. 이 경우에 크기 n인 표본으로부터 모평균 μ에 대한 $100(1-\alpha)\%$ 신뢰구간은

$$\bar{x} - t_{\alpha/2}(n-1)\frac{S}{\sqrt{n}} < \mu < \bar{x} + t_{\alpha/2}(n-1)\frac{S}{\sqrt{n}}$$

이고, 신뢰구간의 길이는

$$L = 2\, t_{\alpha/2}(n-1)\, \frac{S}{\sqrt{n}}$$

이다. 그러므로 고정된 임계점에 대하여 신뢰구간의 길이 L은 $1/\sqrt{n}$에 비례한다. 또한 표본의 크기가 증가함에 따라 임계점 $t_{\alpha/2}(n-1)$은 n에 의존하며, 다음 표와 같이 표준정규분포의 임계점 $z_{\alpha/2}$로 감소한다. 그러면 90%, 95% 그리고 99% 신뢰수준에서 표본을 선택할 경우에, 표본의 크기가 충분히 크다면,

$$t_{0.05}(n-1) \le 1.7, \quad t_{0.025}(n-1) \le 2.1, \quad t_{0.005}(n-1) \le 2.8$$

인 것을 알 수 있다.

신뢰수준$(1-\alpha)$	임계점$(t_{\alpha/2}(n-1))$				
	$n=11$	$n=21$	$n=31$	$n=41$	$n=\infty$
$0.90(\alpha=0.1)$	1.812	1.725	1.697	1.684	1.645
$0.95(\alpha=0.05)$	2.228	2.086	2.042	2.021	1.960
$0.99(\alpha=0.01)$	3.169	2.845	2.750	2.704	2.580

또한 표본표준편차 s는 표본을 추출해야 알 수 있는 상수이므로, 표본의 크기를 결정하기 위하여 사전 실험을 통하여 얻은 S에 대하여 확신할 수 있는 값을 사용한다. 그러면 모분산을 모르는 모집단에 대한 모평균을 추정할 때, 신뢰구간의 길이가 L_0를 넘지 않을 표본의 크기는

$$n \ge 4 \cdot \left(\frac{S \cdot t_{\alpha/2}}{L_0}\right)^2$$

이다.

예제 5.21

95% 신뢰수준과 ±0.1에서 모평균을 추정한다면 표본의 크기를 얼마로 해야하는가? 단, 모분산은 4이다.

풀이

95% 신뢰수준에 대한 임계점은 $z_{0.025}=1.96$이고, 신뢰구간의 길이가 $L_0=0.2$이므로 표본의 크기는

$$n \ge 4 \cdot \left(\frac{z_{\alpha/2}\,\sigma}{L_0}\right)^2 = 4 \times \left(\frac{1.96 \times 2}{0.2}\right)^2 = 1535.6$$

즉, $n=1536$이다.

예제 5.22

A 철강회사에서 제조한 강판의 평균 두께를 표본조사하고자 한다. 오차범위 ±0.01mm에 90% 신뢰수준으로 표본조사하기 위한 표본의 크기를 구하여라. 단, 이전의 자료에 의하면 강판 두께의 표준편차는 0.04mm를 넘지 않는다고 한다.

풀이

90% 신뢰수준 $t_{0.05}(n-1) \le 1.7$이고 $S \le 0.04$ 그리고 $L_0 = 0.02$이므로

$$n \ge 4 \cdot \left(\frac{S \cdot t_{\alpha/2}}{L_0}\right)^2 = 4 \cdot \left(\frac{1.7 \times 0.04}{0.02}\right)^2 = 46.24$$

그러므로 $n = 47$이다.

예제 5.23

1.5리터 페트병에 들어 있는 음료수의 양을 조사하기 위하여 크기 21인 표본을 조사하여 95% 신뢰수준에서 조사한 결과 신뢰구간 $(1.491, 1.507)$을 얻었다. 오차범위 ±0.01에서 95% 신뢰구간을 얻기 위하여 얼마나 많은 페트병이 더 필요한지 구하여라.

풀이

사전 조사에 의한 신뢰구간의 길이가 $L = 0.016$이므로

$$0.016 = 2\, t_{\alpha/2}(n-1)\, \frac{S}{\sqrt{n}} = \frac{2 \times 2.086 \times s}{\sqrt{21}}$$

즉, $s = 0.018$이다. $L_0 = 0.01$ 그러므로 표본의 크기는

$$n \ge 4 \cdot \left(\frac{t_{\alpha/2}(n-1)\, S}{L_0}\right)^2 = 4 \times \left(\frac{2.086 \times 0.018}{0.01}\right)^2 = 56.394$$

즉, 약 $n = 57$이다. 그러므로 신뢰구간 95%와 오차범위 ±0.01리터에서 신뢰구간을 얻기 위하여 36개의 음료수 페트병이 더 필요하다.

또한 크기 n과 m인 두 표본으로부터 얻은 $\mu_1 - \mu_2$에 대한 $100(1-\alpha)\%$ 신뢰구간이

$$\left(\bar{x} - \bar{y} - z_{\alpha/2}\sqrt{\frac{\sigma_1^2}{n} + \frac{\sigma_2^2}{m}}\ ,\quad \bar{x} - \bar{y} + z_{\alpha/2}\sqrt{\frac{\sigma_1^2}{n} + \frac{\sigma_2^2}{m}} \right)$$

이므로 신뢰구간의 길이는

$$L = 2\, z_{\alpha/2}\sqrt{\frac{\sigma_1^2}{n} + \frac{\sigma_2^2}{m}}$$

이다. 특히 $n = m$인 경우

$$L = 2\, z_{\alpha/2}\sqrt{\frac{\sigma_1^2 + \sigma_2^2}{n}}$$

이므로 신뢰구간의 길이가 L_0를 넘지 않을 표본의 크기는

$$n = m \geq \frac{4\, z_{\alpha/2}^2 (\sigma_1^2 + \sigma_2^2)}{L_0^2}$$

이다. 한편 모분산이 알려져 있지 않다면,

$$n = m \geq \frac{4\, t_{\alpha/2}^2(2n-2) \cdot (s_1^2 + s_2^2)}{L_0^2}$$

이며, 앞에서와 같은 방법으로 표본의 크기를 구할 수 있다.

예제 5.24

두 회사에서 제조되는 1.5리터 페트병에 들어 있는 음료수 양의 평균 차를 조사하기 위하여 각각 크기 15인 표본을 조사하여 95% 신뢰수준에서 조사하여 다음 결과를 얻었다. 신뢰수준 95%에서 평균의 차에 대한 신뢰구간을 얻기 위하여 얼마나 많은 페트병을 추가로 조사해야 하는가? 단, 오차범위는 ±0.02이다.

$n=15$	$\bar{x}=1.56$	$S_1=0.06$
$m=15$	$\bar{y}=1.53$	$S_2=0.04$

풀이

사전 조사에 의하여 두 표본의 표본분산은 각각

$$s_1^2=0.0036,\ s_2^2=0.0016$$

이고, $t_{0.025}(28)=2.048$ 그리고 $L_0=0.04$이므로

$$n=m \geq \frac{4\,t_{\alpha/2}^2(2n-2)\,(s_1^2+s_2^2)}{L_0^2}=\frac{4\times 2.048\times 0.0052}{0.04^2}=26.624$$

즉, $n=m=27$이다. 따라서 두 회사 제품을 동일하게 12개씩 추가로 더 조사해야 한다.

한편 모비율 p를 추정하기 위한 $100(1-\alpha)\%$ 신뢰구간은

$$\hat{p}-z_{\alpha/2}\sqrt{\frac{\hat{p}\,(1-\hat{p})}{n}} < p < \hat{p}+z_{\alpha/2}\sqrt{\frac{\hat{p}\,(1-\hat{p})}{n}}$$

이고, 따라서 이 신뢰구간의 길이는

$$L=2\,z_{\alpha/2}\sqrt{\frac{\hat{p}\,(1-\hat{p})}{n}}$$

이다. 그러므로 이와 같은 길이를 갖는 신뢰구간을 구하기 위한 표본의 크기는

$$n=4\,z_{\alpha/2}^2\,\frac{\hat{p}\,(1-\hat{p})}{L^2}$$

이어야 하고, 구간의 길이 L이 작아지거나 신뢰수준 $1-\alpha$가 커짐에 따라 표본의 크기 n은 증가한다. 이 때, n을 구하기 위한 위 식에서 한 가지 문제점은 $\hat{p}$가 미지의 수라는 것이다. 한편 $\hat{p}$는 0과 1사이의 실수이고,

$$\hat{p}\,(1-\hat{p}\,) = -\left(\hat{p} - \frac{1}{2}\right)^2 + \frac{1}{4} \le \frac{1}{4}$$

이므로 최대값 $\hat{p}\,(1-\hat{p}\,) = 1/4$ 를 취하여

$$n = \frac{z_{\alpha/2}^2}{L^2}$$

인 크기를 선택한다. 그러나 모비율에 대한 사전정보 p^*를 알고 있다면 표본의 크기를 다음과 같이 구할 수 있다.

$$n \simeq 4\,z_{\alpha/2}^2\,\frac{p^*\,(1-p^*\,)}{L^2}$$

예제 5.25

신뢰수준 95%와 ±2.6%포인트 오차범위에서 대통령 후보의 지지율을 조사하기 위하여 여론조사를 실시한다면 얼마나 많은 사람이 필요한지 구하여라.

풀이

$|\hat{p} - p| = 0.026$이므로 $L = 2 \cdot 0.026 = 0.052$이고, $z_{0.025} = 1.96$이므로

$$n = \frac{z_{\alpha/2}^2}{L^2} = \frac{1.96^2}{0.052^2} = 1420.71$$

즉, 1,421명이 필요하다.

예제 5.26

2002년도 대학문화신문이 발표한 자료에 따르면, 서울지역 대학생의 78%가 '강의도중 핸드폰을 사용한 경험이 있다'고 답하였다. 올해 신뢰수준 90%와 오차한계 ±2%에서 이와 같은 항목을 조사하려면, 얼마나 많은 학생을 대상으로 조사하여야 하는가?

풀이

90% 신뢰구간에 대한 임계점은 $z_{0.05}=1.645$이고, $L=2\cdot 0.02=0.04$이다. 또한 사전정보 $p^*=0.78$, $1-p^*=0.22$를 알고 있으므로,

$$n \simeq 4\,z_{0.05}^2\,\frac{p^*(1-p^*)}{L^2}=\frac{4\times 1.645^2\times 0.78\times 0.22}{0.04^2}=1160.88$$

즉, 1,161명을 조사하면 된다.

5.9 가설검정

section

우리는 모집단에 대한 정보를 추정하는 방법을 살펴보았다. 이러한 모수의 추정은 표본을 이용하여 모집단의 특성을 추측하는 것으로 사전적 분석과정을 나타낸다. 그러나 이와 같은 분석결과를 과연 믿을 수 있는가 하는 문제는 살펴보지 않았다. 예를 들어, 5.4의 예제 13에서 컴퓨터 제조회사에서 생산된 컴퓨터 10대를 조사한 결과 평균 수명이 4.41년인 것을 알았다. 이 자료를 기초로 이 회사에서 생산되는 컴퓨터의 내구연한이 평균 4.5년 이상이라고 회사에서 거짓 주장한다 할 때, 검증이 이뤄지지 않는 한 그 회사를 상대로 비난할 수 없을 것이다. 그 이유는 평균 수명으로 분석된 4.41년이라는 기간은 단지 표본에 불과하기 때문이다. 다시 말해서, 회사측에서 주장하는 4.5년(모집단에 대하여 요구되는 평균 내구연한)과 표본으로부터 관측된 평균 내구연한인 4.41년 사이의 차이는 단순히 표본을 추출하는 과정에서 발생하는 오차일 수 있기 때문이다. 즉, 다른 표본을 선정할 경우에 평균 내구연한이 5년으로 측정될 수 있다. 따라서 4.5년과 4.41년 사이의 차이가 얼마나 큰지를 검증하고 도한 이러한 차이가 단순히 표본 설정에 의한 것인지를 규명할 필요가 있다. 만일 10대의 컴퓨터뿐만 아니라 모든 컴퓨터의 내구연한이 4.41년이라면 검증할 필요가 없을 것이다. 그러나 모든 컴퓨터의 내구연한이 4.5년 이상이라면 즉시 잘못 알려진 사실을 바로 잡아야 할 것이다. 이와 같은 진위여부를 결정하

는 과정을 가설검정이라 하며, 이 가설검정은 표본 통계량의 관찰값을 기초로 한 모수에 대한 주장의 타당성이나 진위여부를 판정하는 사후 분석과정이다.

일반적으로 모집단 또는 모수에 대한 주장이나 예측에 대하여 설정된 가설과 추출된 표본을 기초로 얻은 관찰값에 의하여 가설의 타당성을 인정하거나 인정하지 않는 통계적 방법을 통계적 **가설검정**(hypothesis testing)이라 한다. 그러나 어떠한 가설의 진위여부를 판정하기 위하여 표본을 추출하여 그 표본으로부터 얻은 정보를 기초로 진위여부를 판정하므로 판정과정에는 항상 오류의 가능성이 존재한다. 예를 들어, 컴퓨터 회사에서 제조된 컴퓨터의 평균 수명이 4.5년 이상이라고 회사측에서 주장한다고 하자. 그러면 이러한 회사측의 주장은 아직 검증되지 않은 주장이므로 하나의 가설이 되며, 이러한 가설을 **귀무가설**(null hypothesis)이라 하고,

$$H_0 : \mu \geq 4.5$$

로 나타낸다. 반면에 귀무가설에 반대가 되는 가설 즉, 귀무가설이 거짓이면 참이 될 모수에 대한 주장을 **대립가설**(alternative hypothesis)이라

$$H_1 : \mu < 4.5$$

로 나타낸다. 이러한 통계적 가설은 주장에 따라 일반적으로 다음 세 가지 유형으로 나타난다.

- **양측검정**(two sided hypothesis) : 평균 μ가 μ_0와 동일하다는 주장 H_0과 이에 상반되는 주장 H_1로 구성된다.

$$\text{귀무가설 } H_0 : \mu = \mu_0, \quad \text{대립가설 } H_1 : \mu \neq \mu_0$$

- **상단단측검정**(one sided upper hypothesis) : 평균 μ가 μ_0보다 작거나 같다는 주장 H_0과 이에 상반되는 주장 H_1로 구성된다.

$$\text{귀무가설 } H_0 : \mu \leqq \mu_0, \quad \text{대립가설 } H_1 : \mu > \mu_0$$

- **하단단측검정**(one sided lower hypothesis) : 평균 μ가 μ_0보다 크거나 같다는 주장 H_0과 이에 상반되는 주장 H_1로 구성된다.

$$\text{귀무가설 } H_0 : \mu \geq \mu_0, \quad \text{대립가설 } H_1 : \mu < \mu_0$$

그러면 귀무가설 H_0의 타당성을 어떻게 알 것인가 하는 문제가 대두되며, H_0의 타당성 또는 신빙성에 대한 척도를 나타내는 p-값(p-value)이 사용된다. 관찰된 유의수준(observed significance level)이라고도 하는 p-값은 귀무가설이 사실이라는 전제 아래서 관찰된 표본으로부터 얻은 결과이기보다는 귀무가설에 대한 모순을 극복할 표본을 얻을 확률을 나타내며, 따라서 이 값이 작을수록 H_0에 대한 신빙성은 떨어진다. 보편적으로 p-값이 0.01보다 작으면 H_0에 대한 신빙성은 떨어지며, 따라서 대립가설 H_1에 대한 신빙성이 높아진다. 이와 같은 경우에 귀무가설 H_0을 기각(reject)한다 또는 대립가설 H_1을 채택(accept)한다고 한다. 반면에 p-값이 0.1보다 크면 H_0에 대한 신빙성이 매우 높게 나타나고, 대립가설 H_1에 대한 신빙성이 약하게 나타난다. 따라서 이 경우에는 H_0을 채택하고 H_1을 기각한다. 따라서 귀무가설 H_0을 채택한다면, "$\mu \geq 4.5$"이라는 회사측 주장이 타당함하고, 반대로 대립가설 H_1을 채택한다면, 회사측 주장에 신빙성이 없음을 나타낸다. 그러면 p-값이 0.01과 0.1 사이이면 H_0에 대한 두 가지 가능성이 모두 존재하며, 보편적으로 0.05를 기준으로 p-값이 0.05보다 크면 H_0을 채택하고 p-값이 0.05보다 작으면 H_0을 기각한다. 따라서 p-값을 어떻게 계산할 것인가 하는 문제가 남는다.

특정 귀무가설에 대한 p-값은 귀무가설이 참이라는 조건 아래서 표본으로부터 계산된 값이므로 추출한 표본으로부터 얻은 자료집합이 좋은지 나쁜지 그리고 귀무가설이 진실로 참인가에 크게 의존한다. 이 때, p-값이 0.01 이하라는 것은 귀무가설이 참인 경우에 귀무가설에 대한 모순을 극복할 표본을 얻을 확률이 0.01 이하임을 의미하고, 따라서 100번의 표본을 추출하여 얻은 자료집합 중에서 1번 이하로 귀무가설에서의 주장을 밑받침할 표본이 얻어짐을 나타낸다. 반면에 p-값이 0.1 이상이라 함은 귀무가설이 참이라는 조건 아래서 귀무가설의 타당함을 보여주는 표본을 10번 중에 적어도 1번 이상 얻을 수 있음을 의미한다. 그러므로 귀무가설의 주장이 타당성이 있고 따라서 귀무가설을 채택할 수 있다.

한편 표본을 이용하여 두 가지 가설 중에서 어느 하나를 택할 경우에, 다음 표와 같이 어느 한 가설을 정확하게 선택할 수 있는가 하면, 또 다른 측면에서 오류를 범할 가능성이 있다. 즉, 귀무가설 H_0이 실제로는 참이나 표본으로부터 얻은 결과에 따라 대립가설 H_1을 채택하여 오류가 발생할 수 있으며, 또한 실제로는 대립가설 H_1이 참이지만 표본으로부터 얻은 결과에 따라 귀무가설 H_0을 채택함으로써 오류가 발생할 수 있다.

검정결과 \ 실제상황	H_0 이 참	H_1 이 참
H_0 을 채택	올바른 결정	제2종 오류
H_1 을 채택	제1종 오류	올바른 결정

이 때, 전자에 의한 오류를 **제1종 오류**(type I error)라 하며, 후자에 의한 오류를 **제2종 오류**(type II error)라 한다. 다시 말해서, 제 1종 오류는

$$\alpha = P(H_0: \text{기각} \mid H_0: \text{참})$$

이고, 제2종 오류는

$$\beta = P(H_0: \text{채택} \mid H_0: \text{거짓})$$

이다. 그리고 이러한 오류 α 를 **유의수준**(significance level)이라 하며, 제2종 오류를 범하지 않을 확률을 나타내는 $1-\beta$ 를 **검정력**(power of test)이라 한다. 특히, 유의수준 α 는 실제로 H_0 이 참이지만 H_1 을 채택하여 발생하는 오류를 범할 확률의 허용한계를 나타내는 것으로, 주로 $\alpha = 0.01, 0.05$ 그리고 0.1을 많이 사용한다. 이것은 추정에서 사용하는 신뢰수준 99%, 95% 그리고 90%와 비교된다.

그러면 추정에서 모수에 대한 신뢰구간을 구하기 위하여 표본으로부터 모수와 관련있는 추정량을 사용하듯이, 가설검정에서도 역시 검정하고자 하는 귀무가설 H_0 과 관련된 표본으로부터 얻은 적당한 통계량을 선택하며 이러한 통계량을 **검정통계량**(test statistic)이라 한다. 그러면 유의수준과 신뢰구간이 비교되듯이 검정통계량을 선택하는 기준은 추정량의 선택기준과 동일하다. 이 때, 추정에서 신뢰수준을 미리 정해 놓듯이 가설검정에서도 유의수준α 를 미리 정해 놓고, 이 유의수준 α 에 따른 귀무가설 H_0 을 버리도록 해주는 영역과 채택해주는 영역을 구분하는 경계값인 **임계값**(critical value) 또는 임계점(critical point)을 결정한다. 그러면 임계점을 기준으로 꼬리부분은 귀무가설 H_0 을 기각하는 범위이며, 이 범위를 **기각역**(critical region)이라 한다. 그리고 꼬리를 제외한 중심부분은 H_0 을 채택해주는 영역으로, 이 영역을 **채택역**(acceptance region)이라 한다. 이 때, 표본으로부터 얻은 검정통계량의 값이 기각역에 놓이면 귀무가설 H_0 을 기각하고, 반대로 검정통계량값이 채택역에 놓이면 H_0 을

채택한다. 그러면 귀무가설 H_0 의 기각역과 p-값의 관계는 다음 그림 5.14와 같다.

이상의 내용을 요약하여 귀무가설에 대한 진위여부에 대하여 다음과 같은 방법으로 통계적 검정을 이룰 수 있다.

방법 1

1. 귀무가설 H_0 과 대립가설 H_1 을 설정한다.
2. 적당한 검정통계량을 선택한다.
3. 유의수준 α 를 정한다.
4. 유의수준 α 에 대한 임계값과 기각역을 구한다.
5. 표본으로부터 검정통계량의 관측값을 구하고, 기각역과 비교하여 관측값이 기각역에 있는지 아니면 채택역에 들어 있는지 확인한다.

방법 2

1. 귀무가설 H_0 과 대립가설 H_1 을 설정한다.
2. 적당한 검정통계량을 선택한다.
3. 유의수준 α 를 정한다.
4. p-값을 구한다.
5. $p < \alpha$ 이면 귀무가설을 기각하고, $p \geq \alpha$ 이면 귀무가설을 채택한다.

그리고 검정방법과 H_0 과 H_1 의 부등호 사이의 관계를 요약하면 다음 표와 같으며,

구 분	양측검정	상단단측검정	하단단측검정
H_0 의 (부)등호	=	= 또는 ≤	= 또는 ≥
H_1 의 부등호	≠	〉	〈
기각역	양쪽 꼬리	오른쪽 꼬리	왼쪽 꼬리

또한 p-값과 유의수준 α 에 따른 귀무가설 H_0 의 기각 및 채택은 다음과 같다.

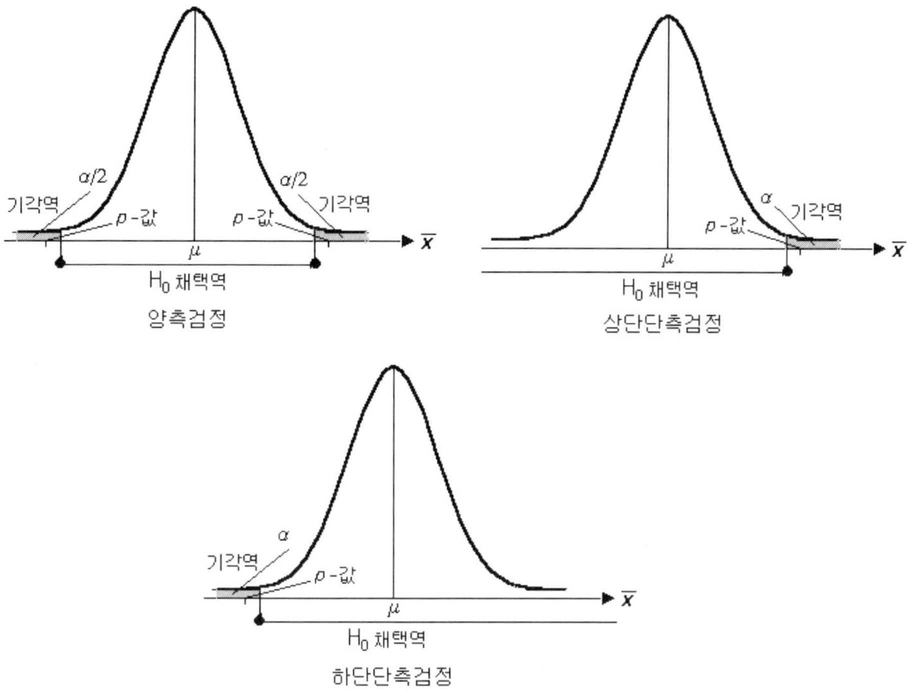

그림 5.14 기각역과 채택역

p-값	$\alpha=0.1$	$\alpha=0.05$	$\alpha=0.01$
$p \geq 0.1$	H_0을 채택	H_0을 채택	H_0을 채택
$0.05 \leq p < 0.1$	H_0을 기각	H_0을 채택	H_0을 채택
$0.01 \leq p < 0.05$	H_0을 기각	H_0을 기각	H_0을 채택
$p < 0.01$	H_0을 기각	H_0을 기각	H_0을 기각

5.10 모평균의 검정
section

모분산 σ^2이 알려져 있는 정규모집단에서 크기 n인 표본을 임의로 추출한 표본평균에 대하여

$$Z = \frac{\overline{X} - \mu}{\sigma / \sqrt{n}} \sim N(0,1)$$

이므로, 귀무가설 $H_0 : \mu = \mu_0$에 대하여 대립가설 $H_1 : \mu < \mu_0$을 설정하자. 그리고 크기 n인 표본으로부터 표본평균의 관찰값 $\overline{x_0}$를 얻었다고 하면, 귀무가설 $H_0 : \mu = \mu_0$이 참이라는 조건 아래서 Z-검정통계량은 다음과 같이 표준정규분포에 따르며

$$Z = \frac{\overline{X} - \mu_0}{\sigma / \sqrt{n}} \sim N(0,1)$$

따라서 제1종 오류를 범할 확률인 유의수준 α에 대하여

$$\begin{aligned} \alpha &= P(H_0 : \text{기각} \mid H_0 : \text{참}) \\ &= P\left(\overline{X} < c \mid \overline{X} \sim N(\mu_0, \sigma^2 / \sqrt{n})\right) \\ &= P\left(Z < \frac{c - \mu_0}{\sigma / \sqrt{n}}\right) \\ &= P(Z < -z_\alpha) \end{aligned}$$

가 성립한다. 즉, $c = \mu_0 - z_\alpha \sigma / \sqrt{n}$이고, 따라서 기각역은

$$R : Z < -z_\alpha \quad \text{또는} \quad R : \overline{X} < \mu_0 - z_\alpha \frac{\sigma}{\sqrt{n}}$$

이다. 그러므로 표본으로부터 구한 표본평균의 관찰값 $\overline{x_0}$에 대하여

$$z_0 = \frac{\overline{x_0} - \mu_0}{\sigma / \sqrt{n}} < -z_\alpha \quad \text{또는} \quad \overline{x_0} < \mu_0 - z_\alpha \frac{\sigma}{\sqrt{n}}$$

이면, 하단단측검정에서 귀무가설 H_0을 기각한다. 한편 하단단측검증인 경우에 p -값은 검정통계량값 z_0에 대하여

$$p-\text{값} = P(Z \leq z_0) = \Phi(z_0)$$

으로 정의된다.

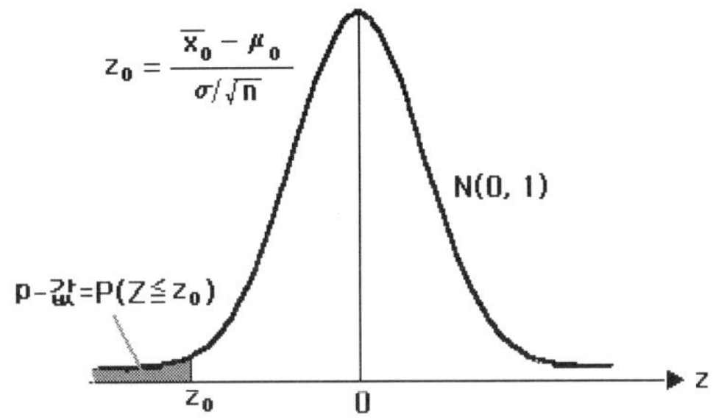

그림 5.15 p-값과 Z-검정통계량값

같은 방법에 의하여 상단단측검정 $H_1 : \mu > \mu_0$과 양측검정 $H_1 : \mu \neq \mu_0$에 대한 기각역을 구하면 다음과 같다.

- 상단단측검정 $R : Z > z_\alpha$ 또는 $R : \overline{X} > \mu_0 + z_\alpha \frac{\sigma}{\sqrt{n}}$

- 양측검정 $R : |Z| > z_{\alpha/2}$ 또는

$$R : \mu_0 - z_{\alpha/2} \frac{\sigma}{\sqrt{n}} < \overline{X} < \mu_0 + z_{\alpha/2} \frac{\sigma}{\sqrt{n}}$$

그러므로 이들 검정방법에 대한 p -값은 각각

$$p-\text{값} = P(Z \geq z_0) = 1 - \Phi(z_0)$$

$$p-값 = P(Z \le -z_0) + P(Z \ge z_0) = 2\Phi(-|z_0|)$$

이다.

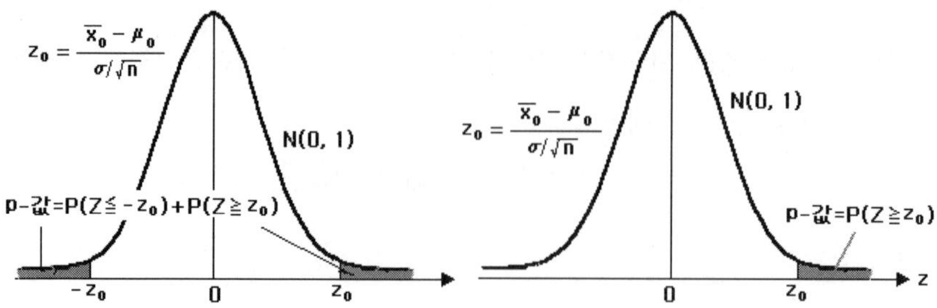

그림 5.16 양측(상단단측)검정의 p−값과 Z−검정통계량값

가설과기각역 / 검정 방법	귀무가설 H_0	대립가설 H_1	H_0의 기각역 R	p−값
하단단측검정	$\mu=\mu_0$ (또는 $\mu \ge \mu_0$)	$\mu < \mu_0$	$R: \ Z < -z_\alpha$	$\Phi(z_0)$
상단단측검정	$\mu=\mu_0$ (또는 $\mu \le \mu_0$)	$\mu > \mu_0$	$R: \ Z > z_\alpha$	$1-\Phi(z_0)$
양 측 검 정	$\mu=\mu_0$	$\mu \ne \mu_0$	$R: \ \lvert Z\rvert > z_{\alpha/2}$	$2\Phi(-\lvert z_0\rvert)$

그러므로 모분산 σ^2을 알고 있는 경우에 모평균 $\mu=\mu_0$에 대한 가설검정은 다음과 같이 요약할 수 있다.

① 검정통계량과 확률분포는 다음과 같다.

$$Z = \frac{\overline{X}-\mu_0}{\sigma/\sqrt{n}} \sim N(0,1)$$

② 검정방법에 따른 주어진 유의수준 α에 대한 임계값과 기각역을 구한다.

③ 표본으로부터 검정통계량의 관찰값(또는 p−값)을 구하고, 기각역(또는 유의수준)과 비교하여 귀무가설 H_0의 기각 또는 채택 결정을 내린다.

예제 5.27

귀무가설 H_0: $\mu = 40$에 대한 주장을 확인하기 위하여 크기 100인 표본을 임의로 추출하여 조사한 결과 $\bar{x} = 40.6$을 얻었다. 모표준편차가 $\sigma = 6$이라 할 때,

(1) 유의수준 $\alpha = 0.05$에서 상단단측검정을 하여라.

(2) 유의수준 $\alpha = 0.16$에서 상단단측검정을 하여라.

풀이

(1) ① 귀무가설 H_0에 대한 대립가설 H_1: $\mu > 40$을 설정한다.

② 모표준편차를 알고 있으므로 모평균에 대한 검정통계량과 그의 분포는 다음과 같다.

$$Z = \frac{\overline{X} - 40}{6/\sqrt{100}} \sim N(0,1)$$

③ 유의수준 $\alpha = 0.05$에 대한 상단단측검정의 임계값은 $z_{0.05} = 1.645$이고 따라서 기각역은 R : $Z > 1.645$이다.

④ 표본으로부터 얻은 표본평균이 $\bar{x} = 40.6$이므로 검정통계량의 관측값은

$$z_0 = \frac{40.6 - 40}{6/\sqrt{100}} = 1.0$$

이고, 이 관측값은 기각역 안에 들어가지 않으므로 귀무가설을 기각할 수 없다. 따라서 유의수준 0.05에서 귀무가설인 $\mu = 40$은 타당성이 있다.

(2) ① 귀무가설 H_0에 대한 대립가설 H_1: $\mu > 40$을 설정한다.

② 검정통계량은 (1)과 동일하며, 유의수준 $\alpha = 0.16$에 대한 임계값은 $z_{0.16} = 0.995$이고 따라서 기각역은 R : $Z > 0.995$이다.

③ 표본평균으로부터 얻은 검정통계량의 관측값이 $z_0 = 1.0$이므로 관측값이 기각역 안에 놓인다. 따라서 유의수준 $\alpha = 0.16$에서 귀무가설인 $\mu = 40$은 타당성이 없다.

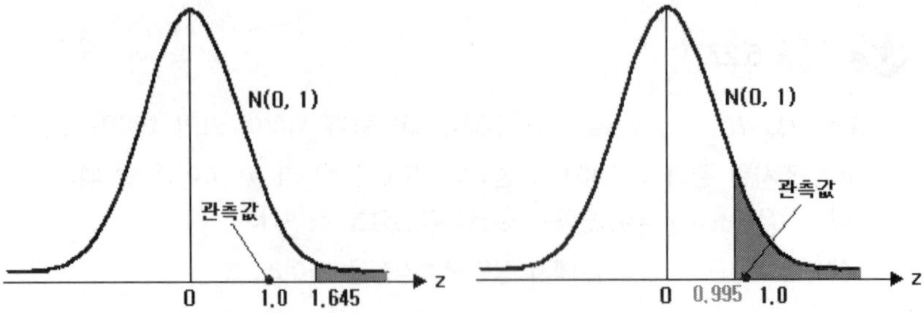

그림 5.17 검정통계량 관측값과 기각역

예제 5.28

예제 1에서 검정을 위한 p-값을 구하고, (1)과 (2)의 결론을 확인하여라.

풀이

예제 1에서 검정통계량의 관측값은 $z_0 = 1.0$이고, 상단단측검정을 하므로 p-값은 다음과 같다.

$$p-\text{값} = 1-\Phi(z_0) = 1-\Phi(1) = 1-0.8413 = 0.1587$$

(1) p-값$= 0.1587 > \alpha = 0.05$이므로 귀무가설을 기각할 수 없다.
(2) p-값$= 0.1587 < \alpha = 0.16$이므로 귀무가설을 기각한다.

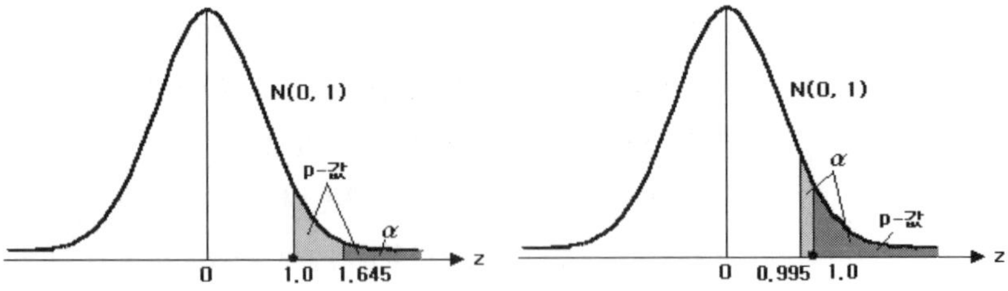

그림 5.18 유의수준 α와 p-값

예제 5.29

모표준편차가 $\sigma=1.75$인 정규모집단에서 모평균이 $\mu_0=10$이라고 한다. 이 모집단에서 15개의 자료를 임의로 추출하여 조사한 결과 15개의 자료에 대한 평균이 10.8이었다. 모평균이 10이라는 주장이 타당한지 유의수준 $\alpha=0.1$에서 양측검정하여라.

풀이

① 귀무가설 $H_0: \mu=10$에 대하여 대립가설 $H_0: \mu\neq 10$을 설정한다.

② 모표준편차 $\sigma=1.75$를 알고 있으므로 다음과 같은 Z-검정통계량을 사용한다.

$$Z=\frac{\overline{X}-\mu_0}{\sigma/\sqrt{n}}=\frac{\overline{X}-10}{1.75/\sqrt{15}}\sim N(0,1)$$

③ 유의수준 $\alpha=0.1$에 대한 양측검정의 임계값은 $z_{0.05}=1.645$이고 따라서 기각역은 $R:\ |Z|>1.645$이다.

④ 표본평균이 $\overline{x}=10.8$이므로 검정통계량의 관측값은

$$z_0=\frac{10.8-10}{1.75/\sqrt{15}}=1.77$$

이고, 이 관측값은 기각역 $R:\ |Z|>1.645$ 안에 들어가므로 귀무가설 $H_0: \mu=10$을 기각한다.

한편 p-값을 이용하여 검정하면, 검정통계량의 관측값은 $z_0=1.77$이고, 양측검정이므로

$$p\text{-값}=2\Phi(-1.77)=2\times 0.0384=0.0768$$

이고, 따라서 p-값$=0.0768<\alpha=0.1$이다. 그러므로 기각역을 이용하여 구한 결론과 동일하게 귀무가설 $H_0: \mu=10$을 기각한다.

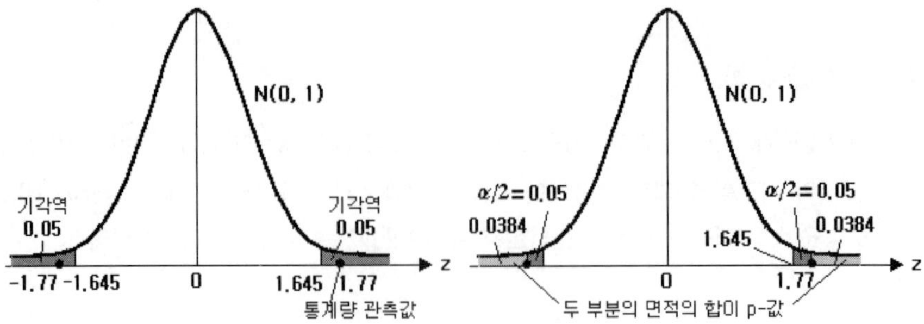

그림 5.19 양측검정의 기각역과 p-값

예제 5.30

전체 수험생을 대상으로 모의 수학능력시험을 치른 결과, 이번 수능시험에서 상위 50%의 성적에서 평균은 최소 210점이라고 주장하였다. 이러한 주장에 대하여 타당성이 있는지를 알아보기 위하여 20명의 수험생을 임의로 추출하여 모의 수학능력시험 점수를 조사한 결과 평균 206.4점을 얻었다. 이 자료를 근거로 평균이 210점 이상이라는 주장에 대한 타당성을 유의수준 $\alpha=0.1$에서 조사하여라. (단, 상위 50%의 수학능력시험 점수는 $N(\mu,55^2)$에 따른다고 한다.)

풀이

① 귀무가설 H_0: $\mu=10$에 대하여 대립가설 H_0: $\mu\neq10$을 설정한다.

② 적당한 검정통계량을 선택한다. 모표준편차 $\sigma=55$이므로 모평균에 대한 검정통계량과 그의 분포는 다음과 같다.

$$Z=\frac{\overline{X}-210}{55/\sqrt{20}}\sim N(0,1)$$

③ 표본으로부터 얻은 평균점수는 $\overline{x}=206.4$이므로 검정통계량의 관측값은 다음과 같다.

$$z_0=\frac{206.4-210}{55/\sqrt{20}}=-0.29$$

④ p-값은

$$p\text{-값} = P(Z \le -0.29) = 0.3859$$

이고, $p = 0.3859 \ge \alpha = 0.1$ 이므로 귀무가설 H_0 을 채택한다. ◉

한편 모분산 σ^2 을 모르는 정규모집단에서 크기 n 인 표본을 임의추출할 경우에 표본평균 $\overline{X}$ 와 표본표준편차 S 에 대하여

$$T = \frac{\overline{X} - \mu}{S/\sqrt{n}} \sim t(n-1)$$

이다. 따라서 귀무가설 H_0: $\mu = \mu_0$ 이 참이라는 조건 아래서

$$T = \frac{\overline{X} - \mu_0}{S/\sqrt{n}} \sim t(n-1)$$

이다. 그러므로 모분산 σ^2 을 모르는 경우, 귀무가설 H_0: $\mu = \mu_0$ 에 대한 가설검정은 T-통계량을 이용하고 검정 방법은 다음과 같이 Z-검정과 동일하다.

① 검정통계량과 확률분포는 다음과 같다.

$$T = \frac{\overline{X} - \mu_0}{s/\sqrt{n}} \sim t(n-1)$$

② 검정방법에 따른 주어진 유의수준 α 에 대한 임계값과 기각역을 구한다.

③ 표본으로부터 검정통계량의 관찰값(또는 p-값)을 구하고, 기각역(또는 유의수준)과 비교하여 귀무가설 H_0 의 기각 또는 채택 결정을 내린다.

가설과기각역 / 검정 방법	귀무가설 H_0	대립가설 H_1	H_0 의 기각역 R	p-값
하단단측검정	$\mu = \mu_0$ (또는 $\mu \ge \mu_0$)	$\mu < \mu_0$	R: $T < -t_\alpha(n-1)$	$P(T \ge t_0)$
상단단측검정	$\mu = \mu_0$ (또는 $\mu \le \mu_0$)	$\mu > \mu_0$	R: $T > t_\alpha(n-1)$	$P(T \le t_0)$
양 측 검 정	$\mu = \mu_0$	$\mu \ne \mu_0$	R: $\|T\| > t_{\alpha/2}(n-1)$	$P(\|T\| \ge t_0)$

예를 들어, 귀무가설 H_0: $\mu = \mu_0$ 에 대한 대립가설 H_1: $\mu \neq \mu_0$ 에 대하여, 다음 그림은 귀무가설 H_0 을 기각하는 경우와 채택하는 경우의 유의수준 α 와 기각역 그리고 p −값의 관계를 보여준다.

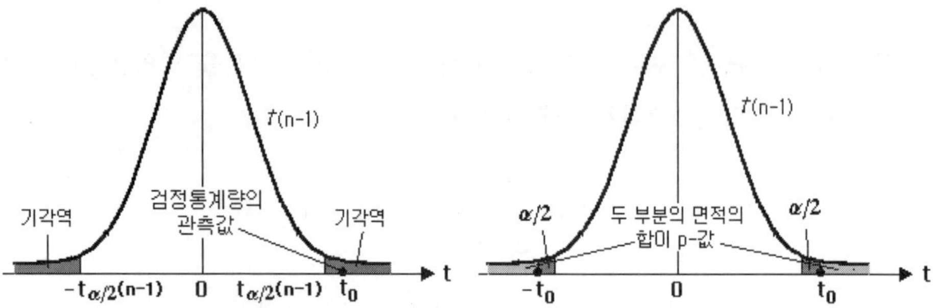

그림 5.20 H_0 를 기각하는 경우의 관측값과 p −값

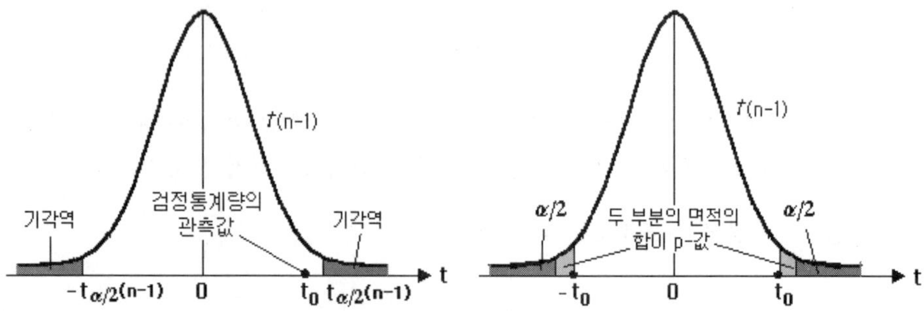

그림 5.21 H_0 를 채택하는 경우의 관측값과 p −값

예제 5.31

종합 입시학원에서 수학능력시험 다음날 고교 자연계 재학생을 상대로 가채점한 결과 지난해 자연계 평균 239.2점보다 평균 10점 이상 상승할 것으로 주장하였다. 이 주장에 대하여 20명의 점수를 임의로 추출하여 조사한 결과 다음과 같은 점수를 얻었다. 이 자료를 근거로 입시학원의 주장에 대한 타당성을 유의수준 $\alpha = 0.05$ 에서 조사하여라.

249	222	231	285	286	231	226	253	256	208
228	241	267	211	250	270	218	279	241	214

풀이

① 귀무가설 H_0: $\mu \geq 249.2$와 대립가설 H_1: $\mu < 249.2$를 설정한다.

② 검정통계량과 검정통계량의 확률분포는 다음과 같다.

$$T = \frac{\overline{X} - 249.2}{s/\sqrt{20}} \sim t(19)$$

③ 표본으로부터 평균과 표준편차를 구한다.

$$\overline{x} = 243.3, \quad S = 24.64$$

④ 주어진 유의수준 $\alpha = 0.05$에 대한 임계값과 기각역을 구한다.

$$R: \ T < -t_{0.05}(19) = -1.729$$

⑤ 검정통계량의 측정값을 구한다.

$$t_0 = \frac{243.3 - 249.2}{24.64/\sqrt{20}} = -1.07$$

⑥ 검정통계량의 측정값이 기각역 안에 들어가지 않으므로 귀무가설을 기각할 수 없다. 즉, 유의수준 0.05에서 자연계 학생들의 수능 점수가 10점 이상 상승하였다고 할 수 있다. ◉

이 예제에서 p-값$= P(T \leq -1.07)$은 자유도 19인 T-분포표에서 구할 수 없으므로 미니탭을 이용하면,

$$p\text{-값} = 0.149 > \alpha = 0.05$$

임을 알 수 있다. 따라서 p-값이 유의수준보다 크므로 귀무가설 H_0: $\mu \geq 249.2$을 기각할 수 없다. 즉, 금년도 수학능력시험에서 지난해 자연계 평균 239.2점보다 평균 10점 이상 상승하였다는 주장에 타당성이 있다.

예제 5.32

A 회사로부터 직경 60㎜인 금속 베어링을 제작해줄 것을 문의받은 제조업체에서 생산한 베어링의 직경이 60㎜가 안된다고 주장한다. 이러한 주장에 대하여 베어링 제조회사에서는 정확하게 60㎜이라고 주장하여, 50개의 베어링을 표본조사하여 다음과 같았다. 베어링 제조회사의 주장을 유의수준 5%에서 검정하여라.

(단위 : ㎜)

56.7	64.0	58.2	60.4	63.7	58.0	55.1	54.3	57.8	63.1
61.6	63.2	54.3	54.2	56.2	63.4	57.7	54.2	55.4	60.3
60.2	54.1	60.1	57.1	57.2	61.9	63.2	59.6	60.1	62.1
61.2	56.0	55.9	54.8	58.1	61.5	61.7	61.2	55.8	59.0
62.9	63.9	59.3	60.9	59.0	58.7	61.4	61.8	54.9	57.7

풀이

① 귀무가설 H_0: $\mu=60$와 대립가설 H_1: $\mu<60$을 설정한다.

② 검정통계량과 검정통계량의 확률분포는 다음과 같다.

$$T=\frac{\overline{X}-60}{S/\sqrt{50}} \sim t(49)$$

③ 표본조사한 자료로부터 평균과 표준편차를 구한다.

$$\overline{x}=59.062,\quad s=3.077$$

④ 주어진 유의수준 $\alpha=0.05$에 대한 임계값과 기각역을 구한다.

$$R:\ T < t_{0.05}(49)=-1.6766$$

⑤ 검정통계량의 측정값을 구한다.

$$T_0=\frac{\sqrt{50}\,(59.062-60)}{3.077}=-2.1556$$

⑥ 검정통계량의 측정값이 기각역 안에 들어가므로 귀무가설을 기각한다. 즉, 유

의수준 0.05에서 베어링의 평균 직경이 60㎜라는 제조회사의 주장은 타당성이 없다. ◉

한편 표본의 크기가 충분히 크면 표본분산 S^2 은 모분산 σ^2 에 근사하는 것을 이미 살펴보았다. 또한 표본의 크기가 충분히 크면 중심극한정리에 의하여 표본평균 $\overline{X}$는 정규분포에 가까워진다. 따라서 유한인 미지의 모분산을 가지는 임의의 모집단의 모평균에 대한 주장은 모표준편차를 이용하여 다음과 같이 정규근사할 수 있다.

$$\frac{\overline{X}-\mu}{S/\sqrt{n}} \approx N(0,1)$$

물론 모분산 σ^2 이 알려진 경우에는

$$\frac{\overline{X}-\mu}{\sigma/\sqrt{n}} \approx N(0,1)$$

이다. 따라서 모집단이 임의의 분포를 이루는 경우에, 모평균의 가설에 대한 검정 통계량은

① 모분산을 알고 있는 경우 : $z_0 = \dfrac{\overline{x}-\mu_0}{\sigma/\sqrt{n}}$

② 모분산을 모르는 경우 : $z_0 = \dfrac{\overline{x}-\mu_0}{S/\sqrt{n}}$

이고, 유의수준 α에 대한 임계값과 근사기각역 그리고 p−값은 다음 표와 같다.

가설과 검정 / 기각역방법	귀무가설 H_0	대립가설 H_1	H_0 의 근사기각역 R	p−값
하단단측검정	$\mu=\mu_0$ (또는 $\mu \geq \mu_0$)	$\mu < \mu_0$	$R: Z < -z_\alpha$	$\Phi(z_0)$
상단단측검정	$\mu=\mu_0$ (또는 $\mu \leq \mu_0$)	$\mu > \mu_0$	$R: Z > z_\alpha$	$1-\Phi(z_0)$
양 측 검 정	$\mu=\mu_0$	$\mu \neq \mu_0$	$R: \lvert Z \rvert > z_{\alpha/2}$	$2\Phi(-\lvert z_0 \rvert)$

예제 5.53

1996년 10월 경북지역 고3 남학생의 평균키가 10년전 평균키 169.27cm보다 3.1cm 더 커졌다고 보고되었다. 이러한 주장의 타당성을 살펴보기 위하여 400명의 고3 남학생을 조사한 결과 평균키 171.7cm와 표준편차 4.38cm를 얻었다. 이 조사 자료를 근거로 보고서의 진위를 유의수준 $\alpha=0.01$에서 보고서의 타당성을 조사하여라. 단, 10년전 고3 남학생의 키가 어떠한 분포를 이루는지 조사된 자료는 없다고 한다.

풀이

① 귀무가설 H_0: $\mu=172.37$과 대립가설 H_1: $\mu\neq 172.37$을 설정한다.

② 유의수준 $\alpha=0.01$에 대한 양측검정 기각역은 R : $|Z|>2.58$이다.

③ 모분산을 모르는 대표본이므로 모평균에 대한 검정통계량과 그의 분포는 다음과 같다.

$$Z=\frac{\overline{X}-172.37}{S/\sqrt{400}}\approx N(0,1)$$

그리고 표본평균과 표본표준편차가 $\overline{x}=171.7$, $S=4.38$이므로 검정통계량의 관측값은

$$z_0=\frac{20\times(171.7-172.37)}{4.38}=-3.06$$

이다.

④ 관측값 z_0이 기각역 R안에 있으므로 보고서의 주장을 기각한다.

또는

⑤ p-값을 구하면,

$$p=2\Phi(-3.06)=0.0022$$

이고, 따라서 유의수준 $\alpha=0.01$보다 작으므로 귀무가설 H_0을 기각한다. 다시 말해서 유의수준 $\alpha=0.01$에서 경북지역 고3 남학생의 평균키가 10년전보다 3.1cm 더 커졌다는 보고서의 주장은 타당성이 없다. ◉

이제 두 모평균의 차에 대한 주장을 검정하는 방법을 살펴본다. 우선 서로 독립인 두 정규모집단 $N(\mu_1, \sigma_1^2)$과 $N(\mu_2, \sigma_2^2)$의 두 모분산을 알고 있는 경우, 두 모평균의 차 $\mu_1 - \mu_2$에 대한 이미 설정된 가설을 검정하는 방법을 다룬다. 이때, 이미 설정된 귀무가설을 H_0: $\mu_1 - \mu_2 = \delta_0$이라 하면, 이에 반대되는 대립가설은 앞에서 살펴본 바와 동일하다. 이 때,

두 모집단에서 각각 크기 n, m인 표본을 취하여 표본평균을 각각 $\overline{X}, \overline{Y}$라 하면

$$\overline{X} - \overline{Y} \sim N\left(\mu_1 - \mu_2,\ \frac{\sigma_1^2}{n} + \frac{\sigma_2^2}{m}\right)$$

이므로 귀무가설 H_0: $\mu_1 - \mu_2 = \delta_0$에 대한 검정통계량과 확률분포는 다음과 같다.

$$Z = \frac{\overline{X} - \overline{Y} - (\mu_1 - \mu_2)}{\sqrt{\frac{\sigma_1^2}{n} + \frac{\sigma_2^2}{m}}} = \frac{\overline{X} - \overline{Y} - \delta_0}{\sqrt{\frac{\sigma_1^2}{n} + \frac{\sigma_2^2}{m}}} \sim N(0,1)$$

따라서 검정통계량의 관측값은

$$z_0 = \frac{\overline{x} - \overline{y} - \delta_0}{\sqrt{\frac{\sigma_1^2}{n} + \frac{\sigma_2^2}{m}}}$$

이고, 유의수준 α에서 $\mu_1 - \mu_2 = \delta_0$에 대한 검정방법과 그에 따른 기각역 그리고 p-값은 다음과 같다.

가설과 검정 / 기각역방법	귀무가설 H_0	대립가설 H_1	H_0의 기각역 R	p-값
하단단측검정	$\mu_1-\mu_2=\delta_0$ (또는 $\mu_1-\mu_2 \geq \delta_0$)	$\mu_1-\mu_2<\delta_0$	$R:\ Z<-z_\alpha$	$\Phi(z_0)$
상단단측검정	$\mu_1-\mu_2=\delta_0$ (또는 $\mu_1-\mu_2 \leq \delta_0$)	$\mu_1-\mu_2>\delta_0$	$R:\ Z>z_\alpha$	$1-\Phi(z_0)$
양 측 검 정	$\mu_1-\mu_2=\delta_0$	$\mu_1-\mu_2\neq\delta_0$	$R:\ \lvert Z\rvert>z_{\alpha/2}$	$2\Phi(-\lvert z_0\rvert)$

예제 5.34

남자보다 평균적으로 여자가 10년을 더 산다고 보도된 바 있다. 이러한 보고서의 진위를 알아보기 위하여 남자와 여자를 각각 20명씩 표본조사하여 다음 자료를 얻었다. 이 자료를 근거로 보고서의 주장에 대한 타당성을 유의수준 1%에서 검정하여라. 단, 남자와 여자의 수명에 대한 모표준편차는 11.7년이고, 이들 수명은 정규분포에 따른다고 한다.

남자	52	60	55	46	33	75	58	45	57	88
	35	57	48	54	52	46	38	40	52	64
여자	62	58	65	66	63	45	56	65	77	47
	85	77	58	69	64	66	58	70	72	58

풀이

① 여자의 평균연령을 μ_1 그리고 남자의 평균연령을 μ_2라 하고, 귀무가설 H_0: $\mu_1-\mu_2=10$과 대립가설 H_1: $\mu_1-\mu_2\neq 10$을 설정한다.

② 여자의 평균연령과 남자의 평균연령을 각각 $\overline{X}, \overline{Y}$라 하면, 모분산이 각각 $\sigma_1=\sigma_2=11.7$이므로

$$Z=\frac{\overline{X}-\overline{Y}-(\mu_1-\mu_2)}{\sqrt{\dfrac{\sigma_1^2}{n}+\dfrac{\sigma_2^2}{m}}}=\frac{\overline{X}-\overline{Y}-10}{\sqrt{13.689}}\sim N(0,1)$$

이다.

③ 유의수준 $\alpha=0.01$에 대한 임계값과 기각역을 구한다. 양측검정이므로 $\alpha=0.01$에 대한 임계값은 $z_{0.005}=2.58$이고, 따라서 기각역은 $R: |Z|>2.58$이다.

④ 검정통계량의 값을 구한다. 두 표본에 대한 표본평균이 각각 $\overline{x}=64.05$, $\overline{y}=52.75$이므로 검정통계량의 관측값은 $z_0=(11.3-10)/3.7=0.35$이다.

⑤ 검정통계량의 관측값이 기각역 안에 들어있지 않으므로 귀무가설 H_0을 기각할 수 없다. 즉, 여자가 남자보다 평균 10년을 더 산다고 할 수 있다. ◉

반면에 $\sigma_1^2=\sigma_2^2=\sigma^2$이지만 미지이고 서로 독립인 두 정규모집단 $N(\mu_1,\sigma^2)$, $N(\mu_2,\sigma^2)$의 모평균의 차 $\mu_1-\mu_2$에 대한 이미 설정된 귀무가설 H_0: $\mu_1-\mu_2=\delta_0$을 검정하는 방법을 살펴보자. 이 경우에 이미 설정된 귀무가설 H_0을 검정하기 위하여 T-검정을 이용하며, 특히 합동표본분산 S_p^2에 대하여

$$T=\frac{\overline{X}-\overline{Y}-(\mu_1-\mu_2)}{S_p\sqrt{\frac{1}{n}+\frac{1}{m}}}=\frac{\overline{X}-\overline{Y}-\delta_0}{S_p\sqrt{\frac{1}{n}+\frac{1}{m}}}\sim t(n+m-2)$$

이다. 따라서 두 모분산이 동일하지만 모르는 경우에 두 모평균의 차의 주장 $\mu_1-\mu_2=\delta_0$에 대한 검정은 T-검정을 이용하고, 그 검정방법은 다음 표와 같이 유의수준 α에 대한 기각역 또는 p-값을 구하여 검정한다.

가설과검정 / 기각역 방법	귀무가설 H_0	대립가설 H_1	H_0의 기각역 R	p-값
하단단측검정	$\mu_1-\mu_2=\delta_0$ (또는 $\mu_1-\mu_2\geq\delta_0$)	$\mu_1-\mu_2<\delta_0$	$T<-t_\alpha(n_1+n_2-2)$	$P(T\geq t_0)$
상단단측검정	$\mu_1-\mu_2=\delta_0$ (또는 $\mu_1-\mu_2\leq\delta_0$)	$\mu_1-\mu_2>\delta_0$	$T>t_\alpha(n_1+n_2-2)$	$P(T\leq t_0)$
양 측 검 정	$\mu_1-\mu_2=\delta_0$	$\mu_1-\mu_2\neq\delta_0$	$\|T\|>t_{\alpha/2}(n_1+n_2-2)$	$P(\|T\|\geq t_0)$

예제 5.35

신문활용학습(NIE)을 이용하여 수업을 진행한 결과, NIE를 이용한 학습방법에 효과가 있는지 살펴보고자 한다. 이를 위하여 동일한 학생 30명을 대상으로 NIE 이전 성적과 NIE 이후의 성적을 비교한 결과 다음과 같았다. NIE를 이용한 결과 평균 3점 이상 올랐다는 주장에 대하여 유의수준 $\alpha = 0.05$에서 검정하여라.

NIE 실시 전 점수	53	83	97	65	74	66	87	63	45	77
	59	72	52	74	49	71	61	65	99	73
	81	70	57	61	83	98	79	89	85	65
NIE 실시 후 점수	85	87	56	51	51	95	86	94	68	56
	72	53	92	69	80	55	96	95	56	92
	100	49	57	96	72	89	71	65	91	93

풀이

① NIE 교육을 실시한 후 평균점수를 μ_1 그리고 실시한 전 평균점수를 μ_2라 하고, 귀무가설 H_0: $\mu_1 - \mu_2 \geq 3$과 대립가설 H_1: $\mu_1 - \mu_2 < 3$을 설정한다.

② NIE 교육을 실시한 후 표본평균을 $\overline{X}$, 실시하기 전의 표본평균을 $\overline{Y}$라 하고, 표본분산을 각각 S_1^2, S_2^2이라 하면,

$$\overline{x} = 75.73,\quad \overline{y} = 71.77,\quad s_1^2 = 301.0225,\quad s_2^2 = 208.2249$$

이다. 따라서 합동표본분산은

$$S_p^2 = \frac{29 \times 301.0225 + 29 \times 208.2249}{58} = 254.6237$$

이고, 합동표준편차는 $S_p = 15.957$이다. 그러므로 검정통계량과 확률분포는

$$T = \frac{\overline{X} - \overline{Y} - \delta_0}{S_p\sqrt{\frac{1}{n} + \frac{1}{m}}} = \frac{\overline{X} - \overline{Y} - 3}{15.957 \times \sqrt{\frac{1}{15}}} \sim t(58)$$

이다.

③ 유의수준 $\alpha=0.05$에 대한 임계값과 기각역을 구한다. 하단단측검정이므로 유의수준 0.05에 대한 임계값은 $t_{0.05}(58)=-1.6716$(미니탭을 이용하여 임계값을 구했음)이고, 따라서 기각역은 $T<-1.6716$이다.

④ 검정통계량의 값을 구한다. 두 표본에 대한 표본평균이 각각 $\bar{x}=75.73$, $\bar{y}=71.77$이므로 검정통계량의 관측값은

$$t_0=\frac{\bar{x}-\bar{y}-3}{15.957\times\sqrt{\frac{1}{15}}}=\frac{0.96}{4.12}=0.233$$

이고, 이것은 기각역 안에 들어있지 않으므로 귀무가설 H_0을 기각할 수 없다. 즉, NIE 학습방법이 효과가 있다는 주장에 타당성이 있다. ◉

한편 서로 다르지만 알려지지 않은 모분산을 갖는 독립인 두 정규모집단 $N(\mu_1,\sigma_1^2)$과 $N(\mu_2,\sigma_2^2)$에 대한 $\mu_1-\mu_2$를 검정하기 위하여 각각 크기 n, m인 표본을 추출하면, 다음과 같이 정의되는 T-통계량은 자유도 ν인 T-분포에 따르는 것을 이미 살펴보았다.

$$T=\frac{(\overline{X}-\overline{Y})-(\mu_1-\mu_2)}{\sqrt{\frac{S_1^2}{n}+\frac{S_2^2}{m}}}\sim t(\nu)$$

이때, 자유도 ν는 다음에 제시된 값에 가장 가까운 정수이다.

$$\nu=\frac{(S_1^2/n+S_2^2/m)^2}{(S_1^2/n)^2/(n-1)+(S_2^2/m)^2/(m-1)}$$

따라서 유의수준 α에서 $\mu_1-\mu_2=\delta_0$에 대한 가설에 대한 검정은 T-검정법에 따르며, 검정방법과 그에 따른 기각역 및 p-값은 다음과 같다.

가설과 검정 / 기각역 방법	귀무가설 H_0	대립가설 H_1	H_0 의 기각역 R	p-값
하단단측검정	$\mu_1-\mu_2=\delta_0$ (또는 $\mu_1-\mu_2\ge\delta_0$)	$\mu_1-\mu_2<\delta_0$	$T< -t_\alpha(\nu)$	$P(T\ge t_0)$
상단단측검정	$\mu_1-\mu_2=\delta_0$ (또는 $\mu_1-\mu_2\le\delta_0$)	$\mu_1-\mu_2>\delta_0$	$T> t_\alpha(\nu)$	$P(T\le t_0)$
양 측 검 정	$\mu_1-\mu_2=\delta_0$	$\mu_1-\mu_2\ne\delta_0$	$\lvert T\rvert > t_{\alpha/2}(\nu)$	$P(\lvert T\rvert\ge t_0)$

예제 5.5

어떤 다이어트 식품제조회사에서 생산한 다이어트 식품을 한 달간 복용하면 평균 4kg의 감량효과가 있다고 주장한다. 이러한 주장에 대한 진위여부를 알기 위하여 무작위로 선발한 14명의 여성을 상대로 다이어트 식품을 복용하기 전의 몸무게와 복용 후 한 달이 지난 시점에서 몸무게를 측정하여 다음의 자료를 얻었다. 다이어트 식품제조회사의 주장이 타당한지 유의수준 1%에서 검정하여라. 단, 다이어트 식품 복용 전후의 분산이 다를 것으로 예상한다.

복용 후의 몸무게	55.0	60.5	56.3	57.4	55.6	57.5	60.4
	58.1	59.5	59.8	55.5	54.7	60.5	62.5
복용 전의 몸무게	51.6	58.5	54.8	54.3	53.7	55.5	58.9
	53.3	55.7	57.0	54.2	51.6	58.3	60.2

풀이

① 다이어트 식품 복용 전의 평균몸무게를 μ_1 그리고 복용 후의 평균 몸무게를 μ_2라 하자. 그러면 귀무가설 H_0: $\mu_1-\mu_2=4$와 대립가설 H_1: $\mu_1-\mu_2\ne 4$를 설정한다.

② 복용 전의 몸무게 표본평균을 $\overline{X}$ 그리고 복용 후의 표본평균을 $\overline{Y}$라 하면, 표본평균은 $\bar{x}=58.093$, $\bar{y}=55.543$이고, 표본분산은 각각 $S_1^2=6.1$, $S_2^2=7.29$이다. 그러므로

$$\nu=\frac{(6.1/14+7.29/14)^2}{(6.1/14)^2/13+(7.29/14)^2/13}=25.4$$

이고, 귀무가설을 검정하기 위하여 T-통계량

$$T=\frac{\overline{X}-\overline{T}-\delta_0}{\sqrt{\frac{S_1^2}{n}+\frac{S_2^2}{m}}}=\frac{\overline{X}-\overline{T}-4}{\sqrt{\frac{S_1^2}{14}+\frac{S_2^2}{14}}}\sim t(25)$$

를 사용한다.

③ 검정통계량의 측정값은

$$t_0=\frac{\overline{x}-\overline{y}-4}{\sqrt{\frac{S_1^2}{14}+\frac{S_2^2}{14}}}=-\frac{1.45}{0.978}=-1.4826$$

이고, 양측검정의 유의수준 $\alpha=0.01$에 대한 임계값 $t_{0.005}(25)=2.787$이고 기각역은 $|T|>2.787$이다.

④ 검정통계량의 측정값이 기각역 안에 들어가지 않으므로 식품 제조회사의 주장에 타당성이 있다.

5.11 section 모분산의 검정

모분산 σ^2인 정규모집단에서 크기 n인 확률표본을 추출하면, 표본분산 S^2에 대하여

$$V=\frac{(n-1)S^2}{\sigma^2}\sim\chi^2(n-1)$$

인 사실을 이미 살펴보았다. 이와 같은 정규모집단의 모분산에 대한 가설을 검정하기 위하여

$$V=\frac{(n-1)S^2}{\sigma^2}$$

을 이용한다. 그러므로 귀무가설 H_0에 대한 가설검정은 자유도 $n-1$인 χ^2-분포를 사용하며, 귀무가설에 대한 대립가설 H_1 그리고 유의수준 α와 각 점정방법에 대한 임계값과 기각역은 다음 표와 같이 주어진다.

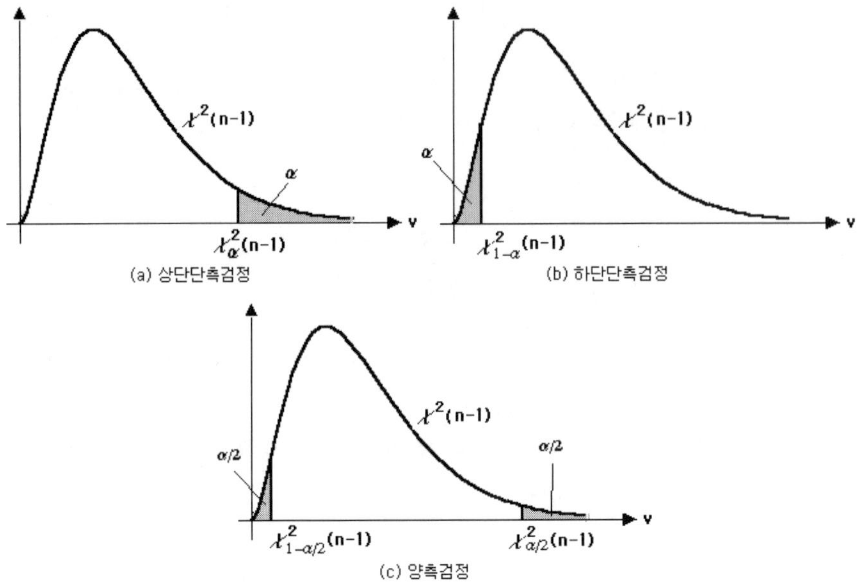

그림 5.22 χ^2-검정방법에 따른 기각역

가설과 검정 / 기각역 방법	귀무가설 H_0	대립가설 H_1	H_0의 기각역 R
하단단측검정	$\sigma^2=\sigma_0^2$ (또는 $\sigma^2 \geq \sigma_0^2$)	$\sigma^2 < \sigma_0^2$	$V < \chi^2_{1-\alpha}(n-1)$
상단단측검정	$\sigma^2=\sigma_0^2$ (또는 $\sigma^2 \leq \sigma_0^2$)	$\sigma^2 > \sigma_0^2$	$V > \chi^2_{\alpha}(n-1)$
양 측 검 정	$\sigma^2=\sigma_0^2$	$\sigma^2 \neq \sigma_0^2$	$V < \chi^2_{1-\alpha/2}(n-1)$ 또는 $V > \chi^2_{\alpha/2}(n-1)$

예제 5.37

어느 음료제조회사에서 생산되는 음료수 팩에 들어있는 순수 용량은 평균 1리터, 분산은 0.42리터 이하라고 한다. 이것을 확인하기 위하여 25개 상점에서 각각 1개씩 이 음료수를 임의로 수거하여 측정한 결과 분산 0.81리터인 것으로 조사되었다. 음료회사의 주장이 타당한지 유의수준 1%에서 검정하여라. 단, 이 회사에서 제조되는 음료수의 양은 정규분포에 따른다고 한다.

풀이

① 귀무가설 H_0: $\sigma^2 \le 0.42$와 반대되는 대립가설 H_1: $\sigma^2 > 0.42$를 설정한다.

② 25개의 음료수 팩을 조사하였으므로 자유도는 24이고, 따라서 다음과 같은 χ^2−통계량을 선택한다.

$$V = \frac{24S^2}{\sigma_0^2}$$

③ 유의수준 $\alpha = 0.01$에 대한 임계값은 $\chi^2_{0.01}(24) = 42.9798$이고, 기각역은 $V > 42.9798$이다.

④ 검정통계량의 측정값은

$$v_0 = \frac{24 \times 0.81}{0.42} = 46.286$$

이고, 이 측정값은 기각역 안에 들어가므로 유의수준 1%에서 귀무가설 H_0을 기각한다. 즉, 이 회사에서 제조되는 음료수의 순수 용량은 분산이 0.42리터 이하라고 할 수 없다. ◉

예제 5.38

어느 자동차 회사에서 생산된 신모델은 단위 연료당 주행거리를 나타내는 평균연비가 12.5㎞/L, 표준편차는 0.8㎞/L 이상이라고 한다. 이 주장을 조사하기 위하여 30대의 자동차를 이용하여 주행시험을 한 결과 표준편차 0.62㎞/L인 것으로 밝혀졌다. 이 회사의 주장을 수용할 수 있는지 유의수준 5%에서 검정하여라. 단, 자동차 연비는 점근적으로 정규분포에 따르는 것으로 알려져 있다.

풀이

① 자동차 회사의 주장 H_0: $\sigma^2 \ge 0.64$를 귀무가설로 설정하고, 이에 반대되는 대립가설 H_1: $\sigma^2 < 0.64$를 설정한다.

② 30대의 자동차를 조사하였으므로 자유도는 29이고, 따라서 다음과 같은 χ^2-통계량을 선택한다.

$$V = \frac{29\,S^2}{\sigma_0^2}$$

③ 유의수준 $\alpha = 0.05$에 대한 임계값은 $\chi^2_{0.95}(29) = 17.7083$이고, 따라서 기각역은 $V < 17.7083$이다.

④ 검정통계량의 측정값은

$$v_0 = \frac{29 \times 0.3844}{0.64} = 17.42$$

이고, 따라서 귀무가설을 기각한다. 다시 말해서, 연비의 표준편차가 표준편차는 0.8km/ℓ 이상이라는 주장을 기각한다.

5.12 section 모비율의 검정

모집단의 성공률 p_0에 대한 가설을 검정하는 방법을 살펴본다. 성공률 p인 모집단에서 크기 n인 확률표본을 추출하여 성공의 횟수를 X라 하면, $X \sim B(n, p)$이고 따라서 표본비율 $\hat{p} = X/n$는 $np_0 > 5$, $n(1-p_0) > 5$인 경우에 점근적으로 정규분포

$$Z = \frac{\hat{p} - p}{\sqrt{p(1-p)/n}} \approx N(0,1)$$

에 따른다. 그러므로 모비율에 대한 귀무가설 H_0: $p=p_0$의 가설검정문제는 Z-통계량

$$Z=\frac{\hat{p}-p_0}{\sqrt{p_0(1-p_0)/n}}=\frac{x-np_0}{\sqrt{np_0(1-p_0)}}$$

을 이용한다. 이 때, Z-통계량의 분자에 주어진 $x-np_0$를 $x-np_0-0.5$ 또는 $x-np_0+0.5$로 대치하여 다음과 같이 연속성을 수정할 수 있으나 표본의 크기가 매우 크다면 연속성 수정의 효과는 거의 없다.

① $x-np_0>0.5$인 경우 : $Z=\dfrac{x-np_0-0.5}{\sqrt{np_0(1-p_0)}}$

② $x-np_0<-0.5$인 경우 : $Z=\dfrac{x-np_0+0.5}{\sqrt{np_0(1-p_0)}}$

따라서 유의수준 α에 따른 임계값과 기각역은 표준정규분포로부터 다음 표와 같이 얻을 수 있으며, 따라서 모비율에 대한 가설검정은 모평균의 검정방법과 동일하다.

가설과검정 / 기각역 방법	귀무가설 H_0	대립가설 H_1	H_0의 기각역 R	p-값
하단단측검정	$p=p_0$ (또는 $p\geq p_0$)	$p<p_0$	R: $Z<-z_\alpha$	$\Phi(z_0)$
상단단측검정	$p=p_0$ (또는 $p\leq p_0$)	$p>p_0$	R: $Z>z_\alpha$	$1-\Phi(z_0)$
양 측 검 정	$p=p_0$	$p\neq p_0$	R: $\lvert Z\rvert>z_{\alpha/2}$	$2\Phi(-\lvert z_0\rvert)$

특히, H_0: $p=p_0$에 대한 H_1: $p\neq p_0$을 검정하기 위한 p-값은 $2\Phi(-\lvert z_0\rvert)$이고

$$z_0=\frac{x-np_0}{\sqrt{np_0(1-p_0)}}$$

이므로

$$z_0 > 0 \text{ 또는 } x > np_0 \text{ 이면 } p\text{-값} = 2\,\Phi(Z > z_0)$$
$$z_0 < 0 \text{ 또는 } x < np_0 \text{ 이면 } p\text{-값} = 2\,\Phi(Z < z_0)$$

으로 변경할 수 있다. 그러므로 표본의 수가 작은 경우, $X \sim B(n, p_0)$으로부터

$$x > np_0 \text{ 즉, } \hat{p} > p_0 \text{ 이면 } p\text{-값} = 2\,P(X \geq x)$$
$$x < np_0 \text{ 또는 } \hat{p} < p_0 \text{ 이면 } p\text{-값} = 2\,P(X \leq x)$$

이 성립한다.

예제 5.39

한국금연운동협의회에 따르면 전국의 20세 이상 성인 남자의 흡연율은 55.1%로 2001년 69.9%에 비해 14.8%포인트 감소했다고 주장하였다. 이러한 주장에 대한 진위여부를 확인하기 위하여 850명의 20세 이상 성인 남자를 조사한 결과 503명이 흡연을 하는 것으로 조사되었다면, 흡연율이 55.1%이라는 주장에 타당성이 있는지 다음 방법에 의하여 유의수준 1%에서 검정하여라.

(1) p-값$=2\Phi(-|z_0|)$을 이용

(2) 연속성을 수정

풀이

(1) ① 귀무가설 H_0: $p = 0.551$과 대립가설 H_1: $p \neq 0.551$을 설정한다.

② Z-통계량을 선택한다.

$$Z = \frac{\hat{p} - p_0}{\sqrt{p_0(1-p_0)/n}} = \frac{x - np_0}{\sqrt{np_0(1-p_0)}}$$

③ $n = 850$, $x = 503$ 그리고 $p_0 = 0.551$이므로 Z-통계량의 관측값은

$$z_0 = \frac{503 - 850 \times 0.551}{\sqrt{850 \times 0.551 \times 0.449}} = \frac{34.65}{14.501} = 2.39$$

이다.

④ p-값$= 2\Phi(-2.39) = 0.0168$이고 유의수준 0.01보다 크므로 한국금연운동협의회의 주장이 타당성을 갖는다.

(2) ① 귀무가설과 대립가설은 (1)과 동일하다.

② 연속성을 수정한 Z-통계량을 선택한다.

$$Z = \frac{x - np_0 - 0.5}{\sqrt{np_0(1-p_0)}}$$

③ 유의수준 $\alpha = 0.01$에 대한 임계값은 $z_{0.005} = 2.58$이고 기각역은 $|Z| > 2.58$이다.

④ 검정통계량의 값은

$$z_0 = \frac{503 - 850 \times 0.551 - 0.5}{\sqrt{850 \times 0.551 \times 0.449}} = \frac{34.15}{14.501} = 2.355$$

이고, 따라서 검정통계량의 관측값이 채택역 안에 들어가므로 귀무가설을 기각할 수 없다. ◉

예제 5.40

우리나라 남아의 출생율이 52.4%라는 주장이 공공연하게 제기되고 있다. 이에 이러한 주장을 증명하기 위하여 산부인과 병원에서 무작위하게 선정한 25명의 신생아를 조사한 결과 14명이 남자아이이었다. 다음 방법에 의하여 남아의 출생율이 52.4%라는 주장을 유의수준 5%에서 검정하여라.

(1) p-값$= 2P(X \geq x)$를 이용

(2) p-값$= 2\Phi(-|z_0|)$을 이용

풀이

(1) ① 귀무가설 H_0: $p = 0.524$과 대립가설 H_1: $p \neq 0.524$를 설정한다.

② 표본비율 $\hat{p} = 14/25 = 0.56$이고, 따라서 $\hat{p} > p_0 = 0.524$이다.

③ 표본의 확률분포는 $X \sim B(25, 0.524)$이고 $x = 14$이므로 p-값을 구하면,

$$p\text{-값} = 2P(X \geq 14) = 2 \times 0.2888 = 0.5776$$

이다.

④ p-값이 유의수준 $\alpha = 0.05$보다 크므로 H_0: $p = 0.524$를 기각하지 않는다.

(2) ① 귀무가설과 대립가설은 (1)과 동일하다.

② $n=25$, $p_0=0.524$이므로 정규근사 Z-통계량을 선택한다.

$$Z=\frac{x-25\times 0.524-0.5}{\sqrt{25\times 0.524\times 0.476}}=\frac{x-13.6}{2.497}$$

③ $x=14$이므로 Z-통계량의 관측값은

$$z_0=\frac{14-13.6}{2.497}=0.16$$

이다.

④ p-값$=2\Phi(-0.16)=2\times 0.4364=0.8728$이고 $\alpha=0.05$보다 크므로 H_0: $p=0.524$를 기각하지 않는다. ◉

이제 모비율 p_1, p_2를 갖는 독립인 두 모집단 A와 B에 대하여, 모비율의 차 p_1-p_2에 대한 가설을 살펴보도록 한다. 이를 위하여 두 모집단으로부터 각각 크기 n, m인 표본을 추출하여, 두 표본의 성공의 횟수를 각각 X와 Y라 하자. 그러면

$$X\sim B(n,p_1),\quad Y\sim B(m,p_2)$$

이고, 표본비율 $\hat{p_1}=X/n$와 $\hat{p_2}=Y/m$의 차 $\hat{p_1}-\hat{p_2}$는 다음과 같이 정규분포에 근사한다.

$$\hat{p_1}-\hat{p_2}\approx N\left(p_1-p_2,\ \frac{p_1q_1}{n}+\frac{p_2q_2}{m}\right)$$

즉,

$$Z=\frac{(\hat{p_1}-\hat{p_2})-(p_1-p_2)}{\sqrt{\dfrac{p_1q_1}{n}+\dfrac{p_2q_2}{m}}}\approx N(0,1)$$

이므로 독립인 두 모집단의 모비율에 차이에 대한 귀무가설 H_0: $p_1-p_2=p_0$에 대한

검정은 Z-검정법을 사용한다. 특히, 표본의 크기 n과 m이 충분히 크면,

$$\hat{p_1} \approx p_1,\ \hat{q_1} \approx q_1,\ \hat{p_2} \approx p_2,\ \hat{q_2} \approx q_2$$

이므로 검정통계량의 p_1, p_2, q_1, q_2를 각각 $\hat{p_1}$, $\hat{p_2}$, $\hat{q_1}$, $\hat{q_2}$로 대치한 다음 통계량을 사용한다.

$$Z = \frac{(\hat{p_1} - \hat{p_2}) - p_0}{\sqrt{\frac{\hat{p_1}\hat{q_1}}{n} + \frac{\hat{p_2}\hat{q_2}}{m}}}$$

한편 귀무가설 H_0: $p_1 = p_2$에 대한 가설을 검정하는 경우, 귀무가설은 두 모비율이 항등적으로 동일하다는 가설이므로, 이에 대한 가설을 검정하기 위하여 합동표본비율(pooled sample proportion)

$$\hat{p} = \frac{x+y}{n+m}$$

를 이용하며, 따라서 귀무가설 H_0: $p_1 = p_2$에 대한 검정통계량은

$$Z = \frac{\hat{p_1} - \hat{p_2}}{\sqrt{\hat{p}\,\hat{q}\left(\frac{1}{n} + \frac{1}{m}\right)}}$$

이다. 그러므로 두 모비율의 차에 대한 검정에서 주어진 유의수준 α에 따른 임계값과 기각역 그리고 p-값은 다음과 같다.

가설과 검정 / 기각역 방법	귀무가설 H_0	대립가설 H_1	H_0의 기각역 R	p-값
하단단측검정	$p_1 = p_2$ (또는 $p_1 \geq p_2$)	$p_1 < p_2$	$R:\ Z < -z_\alpha$	$\Phi(z_0)$
상단단측검정	$p_1 = p_2$ (또는 $p_1 \leq p_2$)	$p_1 > p_2$	$R:\ Z > z_\alpha$	$1-\Phi(z_0)$
양 측 검 정	$p_1 = p_2$	$p_1 \neq p_2$	$R:\ \lvert Z\rvert > z_{\alpha/2}$	$2\Phi(-\lvert z_0\rvert)$

예제 5.41

성인 남녀의 스트레스 차이를 비교하면, 여자의 경우 남자보다 5% 정도 더 많은 스트레스에 시달린다고 한다. 이를 알아보기 위하여 조사한 결과, 1,755명의 성인 남자 가운데 60.8% 그리고 1,540명의 성인 여자 가운데 67.5%가 어느 정도 이상의 스트레스에 시달리고 있는 것으로 나타났다. 이 자료를 근거로 성인 남녀가 스트레스에 시달리는 비율이 같은지를 유의수준 1%에서 검정하여라.

풀이

① 여자와 남자가 스트레스에 시달리는 비율을 각각 p_1, p_2라 하면, 귀무가설 $H_0:\ p_1 - p_2 = 0.05$와 대립가설 $H_1:\ p_1 - p_2 \neq 0.05$를 설정한다.

② $n = 1540,\ m = 1755$이고 두 표본비율은 각각 다음과 같다.

$$\hat{p_1} = 0.675\ ,\ \hat{q_1} = 0.325\ ,\ \hat{p_2} = 0.608\ ,\ \hat{q_2} = 0.392$$

따라서 검정통계량의 측정값은

$$z_0 = \frac{\hat{p_1} - \hat{p_2} - 0.05}{\sqrt{\dfrac{\hat{p_1}\,\hat{q_1}}{n} + \dfrac{\hat{p_2}\,\hat{q_2}}{m}}} = \frac{0.675 - 0.608 - 0.05}{\sqrt{\dfrac{0.675 \times 0.325}{1540} + \dfrac{0.608 \times 0.392}{1755}}} = 1.02$$

이다.

③ 유의수준 $\alpha = 0.01$에 대한 임계값은 $z_{0.005} = \pm 2.58$이고 기각역은 $\lvert Z\rvert > 2.58$이므로 검정통계량의 측정값 z_0은 기각역 안에 놓이지 않는다. 즉, 성인 여

자의 스트레스에 시달리는 비율은 성인 남자보다 5% 정도 더 많다고 할 수 있다.

예제 5.42

어떤 단체에서 국영 TV의 광고방송에 대한 찬반을 묻는 조사를 실시하였다. 대도시에 거주하는 사람들 2050명 중 1250명이 찬성하였고, 농어촌에 거주하는 사람 800명 중 486명이 찬성하였다. 도시 사람들과 농어촌 사람들의 찬성비율이 같은지 유의수준 5%에서 검정하여라.

풀이

① 도시와 농어촌의 찬성률을 각각 p_1, p_2라 하면, 귀무가설 H_0: $p_1 - p_2 = 0$과 대립가설 H_1: $p_1 - p_2 \neq 0$를 설정한다.

② 도시 사람의 표본 크기와 찬성자는 $n = 2050$, $x = 1250$이고, 농어촌 사람의 표본 크기와 찬성자는 $m = 800$, $y = 486$이므로 합동표본비율은

$$\hat{p} = \frac{1250 + 486}{2050 + 800} = 0.609$$

이고,

$$\hat{p_1} = \frac{1250}{2050} = 0.61\ ,\quad \hat{p_2} = \frac{486}{800} = 0.6075$$

이므로 검정통계량의 측정값은

$$z_0 = \frac{\hat{p_1} - \hat{p_2}}{\sqrt{\hat{p}\ \hat{q}\left(\frac{1}{n} + \frac{1}{m}\right)}}$$

$$= \frac{0.61 - 0.6075}{\sqrt{0.609 \times 0.391 \times \left(\frac{1}{2050} + \frac{1}{800}\right)}} = \frac{0.0025}{0.026} = 0.125$$

이다.

③ 유의수준 $\alpha = 0.05$에 대한 임계값은 $z_{0.025} = \pm 1.96$이고 기각역은 $|Z| > 1.96$

이므로 검정통계량의 측정값 z_0은 기각역 안에 놓이지 않는다. 즉, 국영 TV의 광고방송에 대하여 도시 사람들과 농어촌 사람들의 찬성비율이 동일하다고 할 수 있다. ◉

5.13 모분산 비의 검정

section

독립인 두 정규모집단 $N(\mu_1,\sigma_1^2)$, $N(\mu_2,\sigma_2^2)$에서 각각 크기 n, m인 표본을 추출하면, 그들의 표본분산 S_1^2, S_2^2에 대하여 다음이 성립한다.

$$\frac{S_1^2/\sigma_1^2}{S_2^2/\sigma_2^2} \sim F(n-1,\, m-1)$$

그러므로 F-분포를 이용하여 두 모분산의 비에 대한 가설을 검정하며, 이 때 사용되는 검정통계량은

$$F = \frac{S_1^2}{S_2^2}$$

이다. 한편 귀무가설 H_0: $\sigma_1^2 = \sigma_2^2$ (또는 $\sigma_1^2/\sigma_2^2 = 1$)에 대한 대립가설 그리고 유의수준 α에 대한 임계값과 기각역은 각각 다음 표와 같다.

기각역 방법 \ 가설과 검정	귀무가설 H_0	대립가설 H_1	H_0의 기각역 R
하단단측검정	$\sigma_1^2/\sigma_2^2=1$(또는 $\sigma_1^2/\sigma_2^2 \geq 1$)	$\sigma_1^2/\sigma_2^2<1$	$F< f_{1-\alpha}(n-1,m-1)$
상단단측검정	$\sigma_1^2/\sigma_2^2=1$(또는 $\sigma_1^2/\sigma_2^2 \leq 1$)	$\sigma_1^2/\sigma_2^2>1$	$F> f_{\alpha}(n-1,m-1)$
양 측 검 정	$\sigma_1^2/\sigma_2^2=1$	$\sigma_1^2/\sigma_2^2 \neq 1$	$F> f_{1-\alpha/2}(n-1,m-1)$, $F> f_{\alpha/2}(n-1,m-1)$

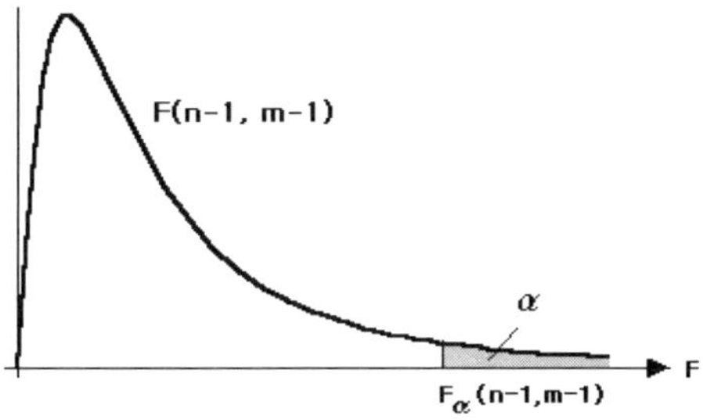

(a) 상단단측검정

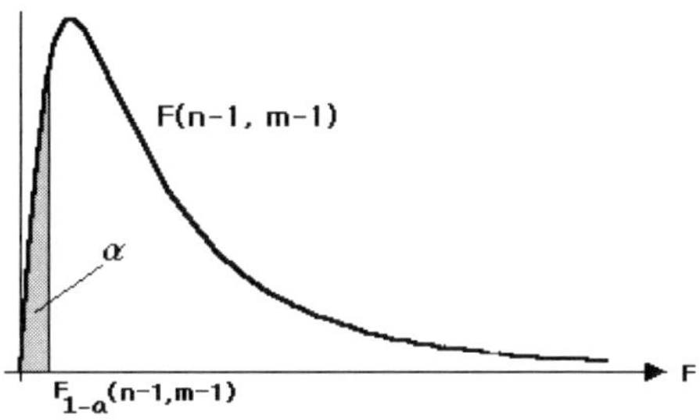

(b) 하단단측검정

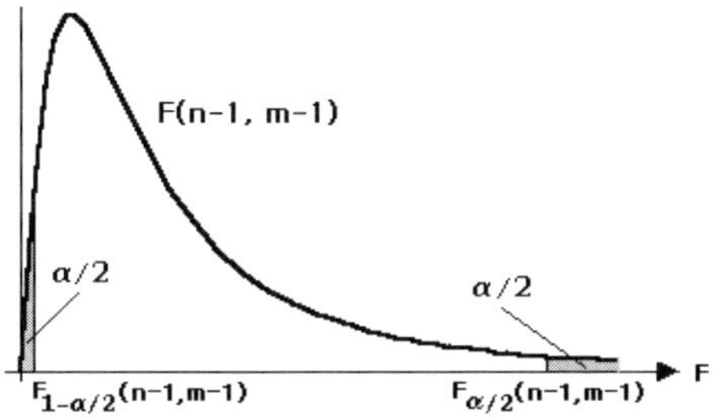

(c) 양측검정

그림 5.23 F-검정방법에 따른 기각역

예제 5.43

어느 컴퓨터 공정라인에서 종사하는 남자와 여자의 작업능률이 동일한 알아보기 위하여 남·여 근로자를 각각 12명, 10명씩 임의로 추출하여 조사한 결과 남자 근로자의 표준편차는 2.3대이고, 여자 근로자의 표준편차는 2.0대였다. 남자와 여자가 생산한 컴퓨터의 모분산에 차이가 있는지 유의수준 10%에서 검정하여라.

풀이

① 남녀 근로자가 생산한 컴퓨터의 분산이 동일하다는 귀무가설 H_0: $\sigma_1^2 = \sigma_2^2$과 이에 반대되는 대립가설 H_1: $\sigma_1^2 \neq \sigma_2^2$을 설정한다.

② 검정통계량은 $F = S_1^2/S_2^2$이고, $s_1 = 2.3$ 그리고 $s_2 = 2.0$이므로 검정통계량의 관측값은

$$f_0 = \frac{5.29}{4} = 1.32$$

이다.

③ 분자·분모의 자유도는 각각 11과 9이고, 유의수준 $\alpha = 0.1$인 양측검정에 대한 임계점은

$$f_{0.05}(11,9) = 3.1,$$
$$f_{0.95}(11,9) = \frac{1}{f_{0.05}(9,11)} = \frac{1}{2.9} = 0.345$$

이고, 따라서 기각역은 $F \le 0.345$, $F \ge 3.1$이다.

④ 검정통계량의 측정값 f_0이 기각역 안에 놓이지 않으므로 귀무가설 H_0을 기각할 수 없다. 다시 말해서, 남자 근로자와 여자 근로자의 능률은 거의 같다고 할 수 있다.

5.14 미니탭을 이용한 가설검정

section

● 모평균에 대한 구간 추정(모표준편차 기지 - 정규분포)

어느 대학 1학년 학생들의 영어성적의 평균을 조사하기 위하여 20명을 무작위로 추출하여 그들의 성적을 조사한 결과 다음 표와 같았다고 한다. 이때, 전체 학생의 영어 표준편차 3인 정규분포를 따른다고 한다.

[단계 1] 데이터를 입력한다.

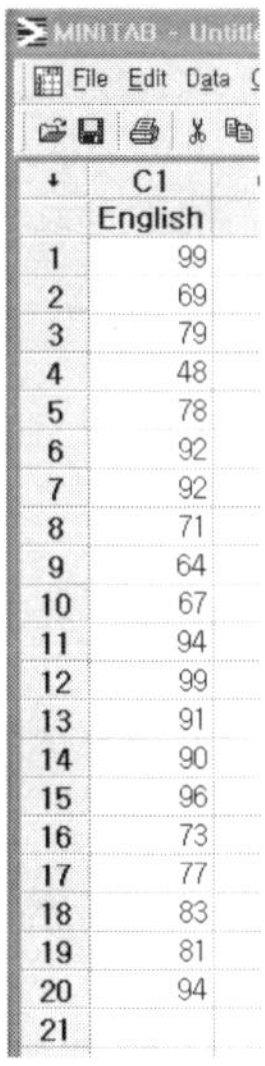

↓	C1 English
1	99
2	69
3	79
4	48
5	78
6	92
7	92
8	71
9	64
10	67
11	94
12	99
13	91
14	90
15	96
16	73
17	77
18	83
19	81
20	94
21	

[단계 2] Stat → Basic Statistics → 1-Sample Z

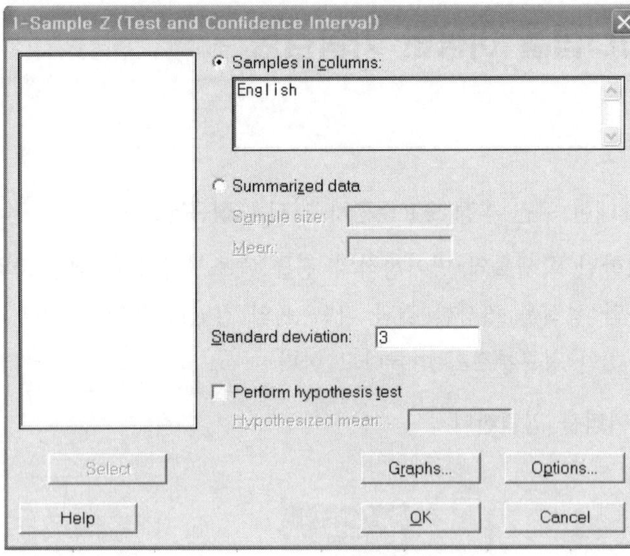

- Variables에 데이터가 입력되어 있는 열을 선택한다.
- Sigma에 알고 있는 표준편차를 입력한다.
- Test Mean에 알고 있는 평균을 입력한다.

[단계 3] 실행결과는 다음과 같다.

———— 2006-12-28 1:10:57 ————

Welcome to Minitab, press F1 for help.

One-Sample Z: English

The assumed standard deviation = 3

```
Variable   N     Mean    StDev  SE Mean         95% CI
English   20  81.8500  13.6392   0.6708  (80.5352, 83.1648)
```

모평균에 대한 구간추정 (모표준편차 미지 - t분포)

어느 대학 1학년 학생들의 영어성적의 평균을 조사하기 위하여 20명을 무작위로 추출하여 그들의 성적을 조사한 결과 다음 표와 같았다고 한다. 평균 영어점수가 75라고 하자.

[단계 1] 데이터를 입력한다.

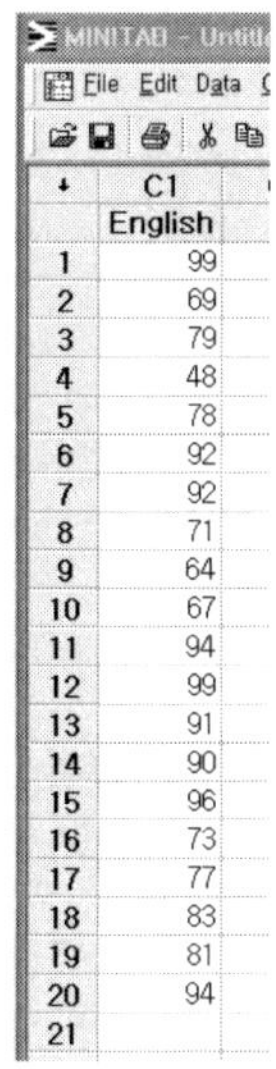

[단계 2] Stat → Basic Statistics → 1-Sample t

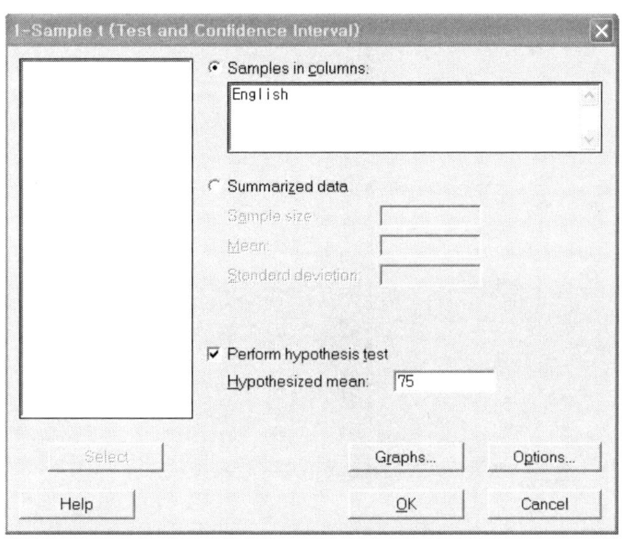

- Samples in columns에 데이터가 입력되어 있는 열을 선택한다.
- Hypothesized Mean에 알고 있는 평균을 입력한다.

[단계 3] 실행결과는 다음과 같다.

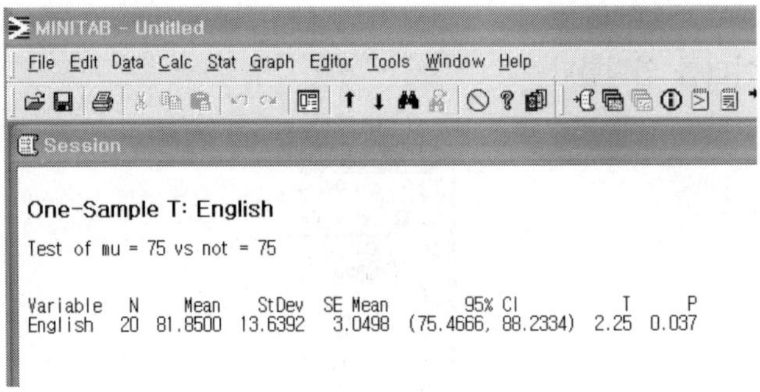

모평균에 대한 검정 (모표준편차 기지)

어느 대학 1학년 학생들의 영어성적의 평균을 조사하기 위하여 20명을 무작위로 추출하여 그들의 성적을 조사한 결과 다음 표와 같았다고 한다. 이때, 전체 학생의 영어 표준편차 3인 정규분포를 따른다고 한다. 모 평균이 80 인가를 검정하시오.

[단계 1] 데이터를 입력한다.

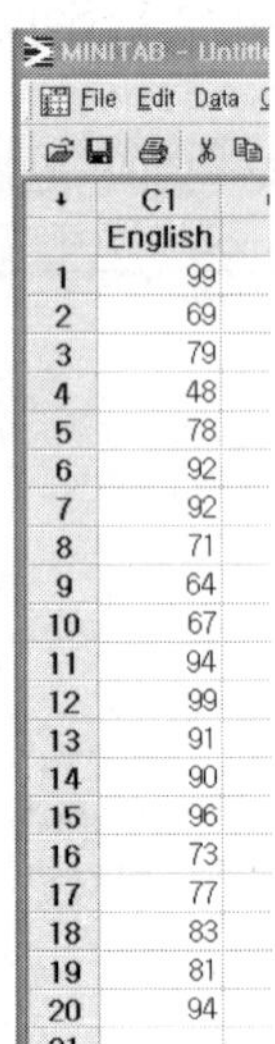

[단계 2] Stat → Basic Statistics → 1-Sample Z

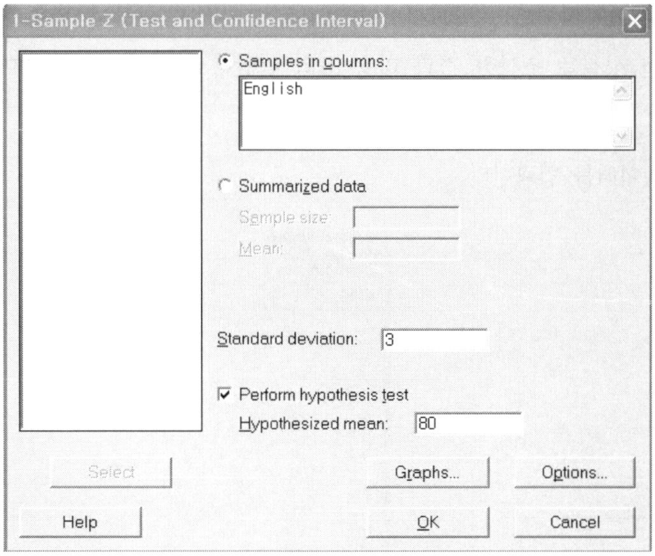

· Samples in columns에 데이터가 입력되어 있는 열을 선택한다.

· Standard deviation에 알고 있는 표준편차를 입력한다.

· Hypothesized mean에 알고 있는 평균을 입력한다.

[단계 3] 실행결과는 다음과 같다.

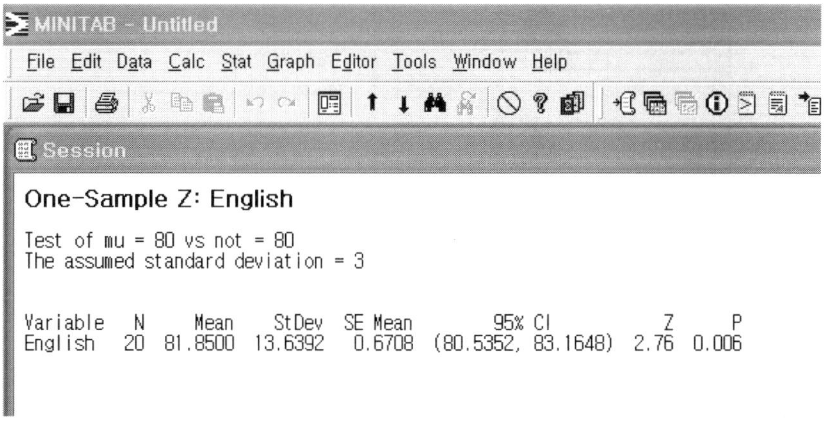

· p값이 0.006이므로 유의수준 0.05보다 작기 때문에 귀무가설을 기각한다.
  즉, 영어성적의 평균이 80이 아니라고 볼 수 있다.

모평균에 대한 검정 (모표준편차 미지)

어느 대학 1학년 학생들의 영어성적의 평균을 조사하기 위하여 20명을 무작위로 추출하여 그들의 성적을 조사한 결과 다음 표와 같았다고 한다. 평균 영어점수가 80라고 하자.

[단계 1] 데이터를 입력한다.

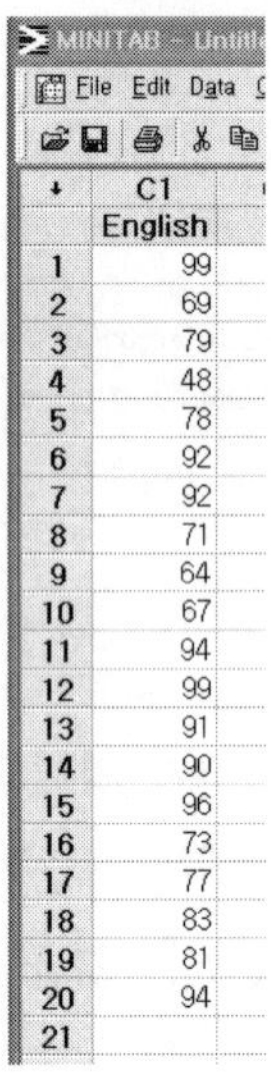

[단계 2] Stat → Basic Statistics → 1-Sample t

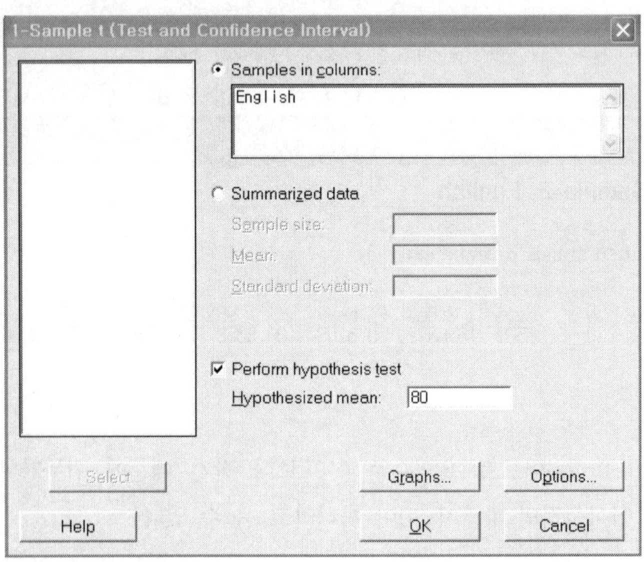

· Samples in columns에 데이터가 입력되어 있는 열을 선택한다.

· Hypothesized mean에 알고 있는 평균을 입력한다.

[단계 3] 실행결과는 다음과 같다.

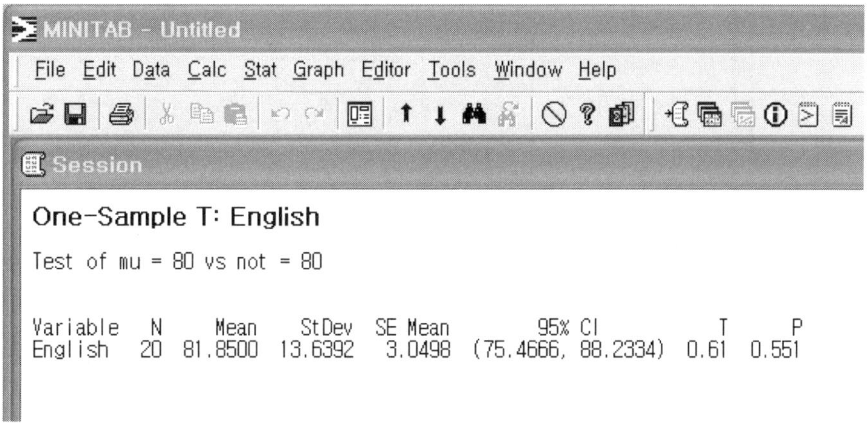

· p값이 유의수준 0.05보다 크므로 귀무가설을 채택한다.
즉, 평균이 80이라고 볼 수 있다.

모분산 비의 검정

어느 대학의 1학년 학생들의 수학점수를 1학기와 2학기로 나누어 보았다. 이때 1학기 수학점수와 2학기의 수학점수간에는 차이가 있는가를 유의수준 0.05에서 검정해 보시오.

[단계 1] 데이터를 입력한다.

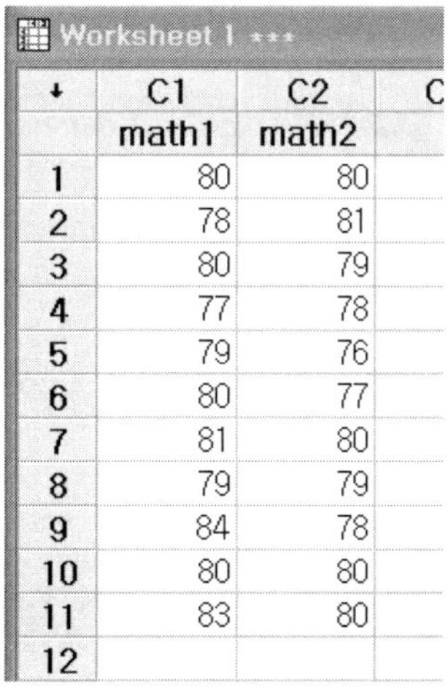

Worksheet 1 ***

↓	C1 math1	C2 math2	C
1	80	80	
2	78	81	
3	80	79	
4	77	78	
5	79	76	
6	80	77	
7	81	80	
8	79	79	
9	84	78	
10	80	80	
11	83	80	
12			

[단계 2] Stat → Basic Statistics → 2−Variances

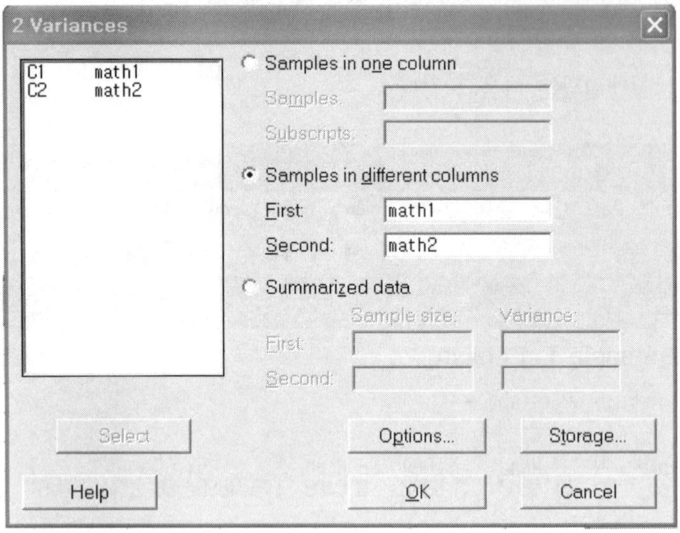

· Samples in one column은 분석할 Raw 데이터가 하나의 열에 입력되어 있다면 선택하는 것이다.
· Samples in different columns은 분석한 Raw 데이터가 두 열에 입력되어 있다면 선택하는 것이다.

[단계 3] 실행결과는 다음과 같다.

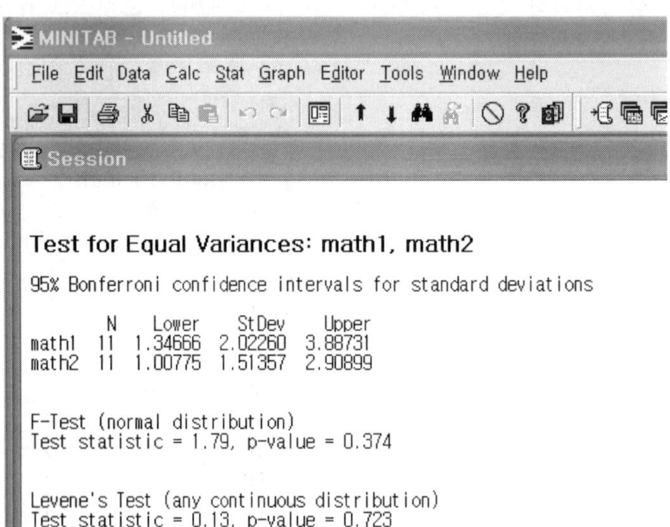

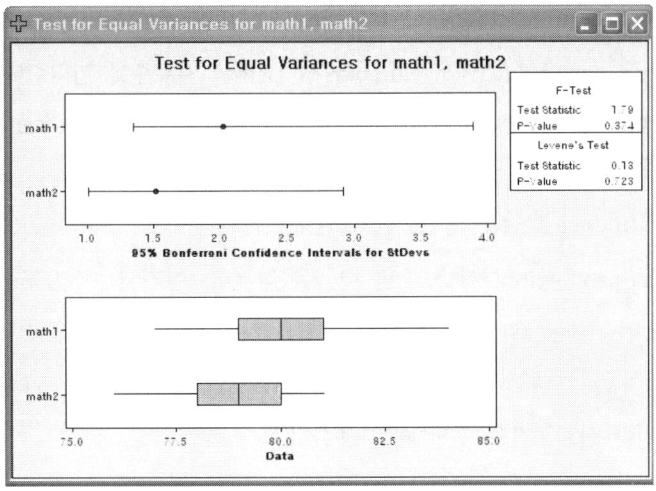

· F-test의 p값이 유의수준 0.05보다 크므로 귀무가설을 채택한다.
즉, 1학기때 수학성적과 2학기때 수학성적은 차이가 없다고 볼 수 있다.

모 비율 검정

A TV공장에서는 LCD용 튜너의 불량이 과거데이터에 의해 5.5로 집계되었다. 이 불량률을 줄이기 위해 콘덴서의 예비 가열공정을 추가시켰는데, 이에 따른 튜너의 불량률이 감소되었는가를 확인하기 위해 새 공정에서 만들어진 200개의 튜너를 랜덤하게 채취하여 검사하였더니 4개가 불량이었다. 불량률이 5.5%미만으로 감소되었는가를 가설 검정해보자.

[단계 1] Stat → Basic Statistics → 1-Proportion

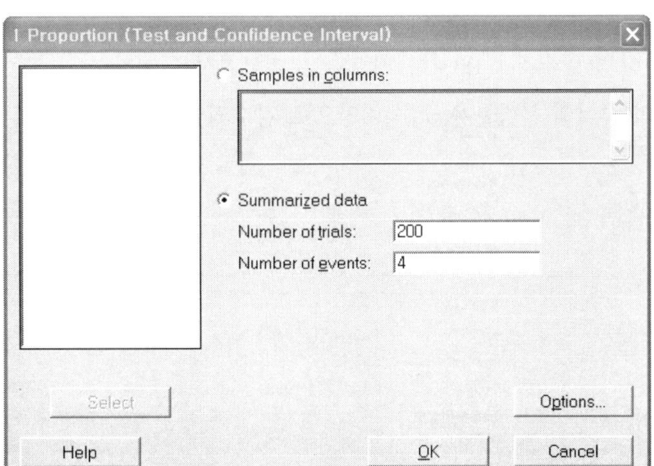

· Samples in columns은 분석할 Raw 데이터가 입력되어 있을 경우 선택한다.

· Summarized data에서 Number of trials: 시료수를 입력한다.
Number of events: 불량률을 구하려면 불량개수를, 양품을 구하려면 양품 개수를 입력한다.

· Confidence level: 신뢰구간의 선택

· Test proportion: 테스트 할 비율을 적는다. 여기서는 0.055를 입력한다.

· Alternative: 대립가설에 대한 설정을 한다.

· Use test and interval based on normal distribution: 정규분포에 근거한 검정과 신뢰구간을 구할 때 사용한다.

[단계 2] 실행결과는 다음과 같다.

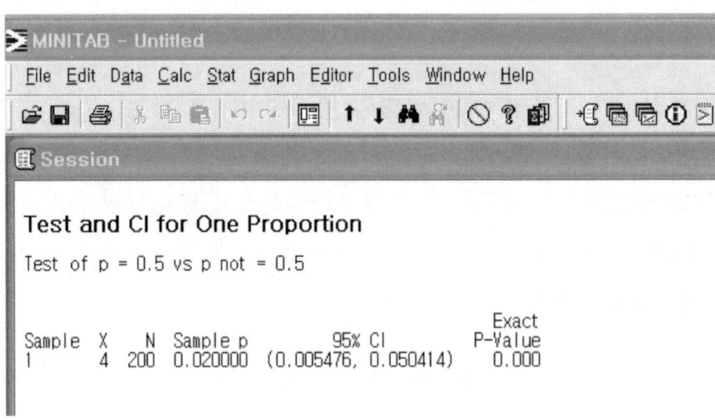

· p값이 유의수준 0.05보다 작으므로 귀무가설을 기각한다. 즉, 개량된 공정에서의 튜너의 불량률은 5.5%미만으로 감소되었다고 볼 수 있다.

5.15 section 상관분석

두 변량 사이의 상관관계를 알아보는 첫 단계로서 먼저 해야 할 것은 서로 대응하는 자료들을 좌표평면 위의 점들로 나타내는 일이다. 두 변량 사이의 관계를 대략적으로 파악할 수 있는 이러한 그래프를 상관도(correlation diagram)라고 한다. 좀 더 정밀한 분석을 하기 위해서는 상관관계를 하나의 수치로 나타내는 통계량이 필요하다. 상관도의 양상이 대체로 직선인 경우에는 단순상관계수(simple correlation coefficient)를 사용하며, 상관도의 모양이 곡선인 경우에는 상관비를 사용한다. 또한, 3변량 또는 그 이상의 변량간의 상관관계를 측정하기 위해서는 편상관계수 및 중상관계수를 계산하여야 한다.

이 절에서는 두 변량 사이의 직선적인 관계를 나타내는 단순상관계수만을 다루고자 한다.

(1) 표본상관계수

두 변량 X와 Y사이의 모상관계수(population correlation coefficient)가 ρ인 이변량 모집단으로부터 n개의 임의표본 $(x_1, y_1), (x_2, y_2), \cdots, (x_n, y_n)$을 추출하여 얻은 X와 Y의 표본상관계수(sample correlation coefficient) r은 다음과 같이 정의된다.

$$r = \frac{c_{xy}}{s_x s_y} = \frac{\sum_{i=1}^{n}(x_i - \bar{x})(y_i - \bar{y})}{\sqrt{\sum_{i=1}^{n}(x_i - \bar{x})^2}\sqrt{\sum_{i=1}^{n}(y_i - \bar{y})^2}}$$

여기서, c_{xy}는 표본으로부터 얻어진 X와 Y의 공분산이며, s_x는 X의 표본표준편차, s_y는 Y의 표본표준편차이다.

표본상관계수는 다음과 같은 성질을 갖는다.

▌표본상관계수의 성질

① 단순상관계수 r 은 X와 Y 사이의 직선적인 관계가 어느 정도 있는가를 나타내는 특성값이다.

② 표본상관계수 r 의 범위는 $-1 \le r \le 1$ 이다.

③ $r = 0$ 이면 두 변량은 무상관이다.

④ $0 < r < 1$ 일 때 두 변량은 양의 상관이 있다고 하고, 1에 가까울수록 깊은 양의 상관관계를 갖는다.

⑤ $-1 < r < 0$ 일 때 두 변량은 음의 상관이 있다고 하고, -1에 가까울수록 깊은 음의 상관관계를 갖는다.

⑥ $r = 1$ 일 때 두 변량은 양의 완전상관이다.

$r = -1$ 일 때 두 변량은 음의 완전상관이다.

예제 5.44

어떤 반응 실험에서 원료의 첨가량(X)과 수율(Y)의 관계 자료 10개를 임의로 추출하여 얻은 결과가 다음과 같다. 이 때, X와 Y의 표본상관계수를 구하여라.

X	12	13	14	10	11	8	10	11	12	9
Y	45	50	55	40	40	35	45	45	60	45

풀이

$$\bar{x} = \frac{1}{10}(12 + 13 + \cdots + 9) = 11$$

$$\bar{y} = \frac{1}{10}(45 + 50 + \cdots + 45) = 46$$

$$\sum_{i=1}^{10}(x_i - \bar{x})^2 = (12-11)^2 + (13-11)^2 + \cdots + (9-11)^2 = 30$$

$$\sum_{i=1}^{10}(y_i - \bar{y})^2 = (45-46)^2 + (50-46)^2 + \cdots + (45-46)^2 = 90$$

$$\sum_{i=1}^{10}(x_i - \bar{x})(y_i - \bar{y}) = (12-11)(45-46) + (13-11)(50-46) + \cdots + (9-11)(45-46) = 490$$

따라서, 구하고자 하는 표본상관계수는 다음과 같다.

$$r = \frac{90}{\sqrt{30}\ \sqrt{490}} = 0.742$$ ◉

(2) 순위상관계수

음악 경연대회나 기능인 선발대회와 같이 성적으로 평가하는 것보다 순위로 평가하는 것이 용이한 경우에 상관계수 대용으로 쓰이는 것으로서 순위상관계수가 있다. 두 변량 X와 Y의 n개의 측정값에 각각 순위를 정하여 순위의 짝 $(x_1,\ y_1)$, $(x_2,\ y_2)$, $\cdots$, $(x_n,\ y_n)$을 만든다. 이 때, 순위상관계수를 r_s로 나타내면 다음과 같이 정의된다.

$$r_s = 1 - \frac{6\sum_{i=1}^{n}(x_i - y_i)^2}{n(n^2-1)}$$

예제 5.45

10명의 근로자들이 승진을 하기 위해 치룬 두 과목 X와 Y에서 취득한 점수의 석차는 다음과 같다. 이 때, 순위상관계수를 구하여라.

X	1	2	3	4	5	6	7	8	9	10
Y	2	1	3	7	8	6	4	5	10	9

풀이

$$= 1 - \frac{240}{990} = 0.758$$ ◉

5.16 상관계수의 추정

section

$\rho = 0$ 인 경우 표본상관계수 r 의 분포곡선은 0에 대하여 대칭적이지만 정규분포는 아니다. 또한, $\rho \neq 0$ 인 경우 표본상관계수 r 의 분포는 표본의 크기 n 이 클수록 대칭적이며 근사적으로 정규분포를 따른다.

이 절에서는 모상관계수 $\rho \neq 0$ 에 대한 신뢰구간을 구해 보기로 하자.

$\rho \neq 0$ 인 이변량 정규모집단으로부터 표본상관계수 r 을 z 변환한 통계량

$$Z_r = \frac{1}{2} ln\left(\frac{1+r}{1-r}\right)$$

는 근사적으로 $N\left(Z_\rho, \frac{1}{n-3}\right)$ 를 따른다. 이 때, $Z_\rho = \frac{1}{2} ln\left(\frac{1+\rho}{1-\rho}\right)$ 이다.

따라서, 이것을 표준화한 $Z-$ 통계량

$$\begin{aligned} Z &= \frac{Z_r - Z_\rho}{1/\sqrt{n-3}} \\ &= \sqrt{n-3}\left[\frac{1}{2} ln\left(\frac{1+r}{1-r}\right) - \frac{1}{2} ln\left(\frac{1+\rho}{1-\rho}\right)\right] \end{aligned}$$

는 근사적으로 $N(0, 1)$ 를 따른다.

그러므로, 모상관계수 $Z_\rho = \frac{1}{2} ln\left(\frac{1+\rho}{1-\rho}\right)$ 에 대한 $(1-\alpha)100\%$ 신뢰구간을 구해 보면 다음과 같다.

$$\left(\frac{1}{2} ln\left(\frac{1+r}{1-r}\right) - z_{\alpha/2}\sqrt{\frac{1}{n-3}}, \frac{1}{2} ln\left(\frac{1+r}{1-r}\right) + z_{\alpha/2}\sqrt{\frac{1}{n-3}}\right)$$

예제 5.46

어느 개인용 컴퓨터를 제작 판매하는 회사에서는 고장난 부품의 수와 그 수리시간에 대한 관계를 조사해 보고자 한다. 고장난 수 많은 컴퓨터 중에서 25대를 임의로 추출하여

고장난 부품의 수(X)와 그 수리시간(Y)을 조사한 결과는 다음과 같다. 이 때, 고장난 부품의 수와 그 수리시간에 대한 모상관계수 ρ 의 95% 신뢰구간을 구하여라.

X	1	1	1	1	2	2	2	3	3	3	3	4	4	4	4	5	5	5	5	6	6	7	7	8	8
Y	5	4	5	6	10	11	9	14	15	20	23	13	19	18	17	24	26	25	25	31	29	33	38	40	40

풀이

$$\bar{x} = \frac{1}{25}(1+1+\cdots+8) = 4$$

$$\bar{y} = \frac{1}{25}(5+4+\cdots+40) = 20$$

$$\sum_{i=1}^{10}(x_i-\bar{x})^2 = (1-4)^2+(1-4)^2+\cdots+(8-4)^2 = 114$$

$$\sum_{i=1}^{10}(y_i-\bar{y})^2 = (5-20)^2+(4-20)^2+\cdots+(40-20)^2 = 2{,}934$$

$$\sum_{i=1}^{10}(x_i-\bar{x})(y_i-\bar{y}) = (1-4)(5-20)+(1-4)(4-20)$$
$$+\cdots+(8-4)(40-20) = 2{,}561$$

$$r = \frac{2{,}561}{\sqrt{114}\sqrt{2{,}934}} = 0.97$$

r 을 z 변환한 통계량 :

$$Z_r = \frac{1}{2}ln\left(\frac{1+r}{1-r}\right)$$
$$= \frac{1}{2}ln\left(\frac{1+0.97}{1-0.97}\right) = 2.0922$$

$$z_{\alpha/2} = z_{0.025} = 1.96$$

$$Var(Z_r) = \frac{1}{n-3} = \frac{1}{22} = 0.045$$

Z_ρ 의 신뢰구간은 다음과 같이 구해진다.

$$Z_r - z_{0.025}\times\sqrt{Var(Z_r)} < Z_\rho < Z_r + z_{0.025}\times\sqrt{Var(Z_r)}$$

$$\Rightarrow 2.0922-1.96\times\sqrt{0.045} < Z_\rho < 2.0922+1.96\times\sqrt{0.045}$$

$$\Rightarrow 1.674 < Z_\rho < 2.51$$

따라서,

$$\frac{1}{2}ln\left(\frac{1+\rho}{1-\rho}\right)= 1.674 \Rightarrow \frac{1+\rho}{1-\rho}= e^{2\times1.674} \text{ 에서 } \rho= 0.93 \text{ 이고,}$$

$$\frac{1}{2}ln\left(\frac{1+\rho}{1-\rho}\right)= 2.51 \Rightarrow \frac{1+\rho}{1-\rho}= e^{2\times2.51} \text{ 에서 } \rho= 0.99 \text{ 이므로}$$

모상관계수 ρ 의 95% 신뢰구간은 다음과 같다.

$$0.93 < \rho < 0.99$$

5.17 상관계수의 검정

section

(1) 무상관 $\rho= 0$ 의 검정

귀무가설

$$H_0: \ \rho= 0$$

를 검정한다고 할 때, 이 검정을 무상관(no correlation)의 검정이라고 한다.

무상관의 검정에는 정규분포검정과 $t-$ 분포 검정, χ^2- 검정 이외에 백분위수를 이용한 검정 등이 있으며, 각각의 검정은 통계집단의 종류 및 그 크기에 따라서 쓰인다.

1) **정규분포검정**

모상관계수 ρ 의 검정에서는 추정량으로 표본상관계수 r 을 이용하는데 이를 위해서는 r 의 분포를 알아야 한다.

$\rho= 0$ 인 이변량 정규모집단으로부터 임의의 표본상관계수

$$r = \frac{\sum_{i=1}^{n}(x_i - \bar{x})(y_i - \bar{y})}{\sqrt{\sum_{i=1}^{n}(x_i - \bar{x})^2}\sqrt{\sum_{i=1}^{n}(y_i - \bar{y})^2}}$$

은 표본의 크기 n이 클 때, 근사적으로 $N\left(0, \frac{1}{n-1}\right)$를 따른다. 따라서, 이것을 표준화한 $Z-$ 통계량

$$Z = \frac{r}{1/\sqrt{n-1}}$$

는 근사적으로 $N(0,1)$를 따른다.

그러므로, 귀무가설 H_0: $\rho = 0$가 참이라는 가설하에 얻은 검정통계량을 이용하여 무상관의 검정을 요약하면 다음과 같다.

▌정규분포를 이용한 상관계수에 대한 검정법

① 귀무가설의 설정 - H_0: $\rho = 0$

② 검정통계량 - $Z_0 = \frac{r}{1/\sqrt{n-1}}$

③ 가설검정 - H_1: $\rho > 0$일 때, $Z_0 > z_\alpha$이면, H_0를 기각한다.

H_1: $\rho < 0$일 때, $Z_0 < -z_\alpha$이면, H_0를 기각한다.

H_1: $\rho \neq 0$일 때, $|Z_0| > z_{\alpha/2}$이면, H_0를 기각한다.

2) 백분위수를 이용한 검정

모집단의 분포가 이변량정규분포(bivariate normal distribution)라는 가정하에 백분위수를 이용한 상관관계의 유무에 관한 가설검정을 요약하면 다음과 같다.

■ 백분위수를 이용한 상관계수에 관한 검정법

① 귀무가설 설정 $-H_0$: $\rho=0$

② 검정통계량 $-r_0=\dfrac{\sum_{i=1}^{n}(x_i-\bar{x})(y_i-\bar{y})}{\sqrt{\sum_{i=1}^{n}(x_i-\bar{x})^2}\sqrt{\sum_{i=1}^{n}(y_i-\bar{y})^2}}$

③ 가설검정 - H_1: $\rho>0$ 일 때, $r_0\geq r_{(n-2,\alpha)}$ 이면, H_0를 기각한다.

H_1: $\rho<0$ 일 때, $r_0\leq -r_{(n-2,\alpha)}$ 이면, H_0를 기각한다.

H_1: $\rho\neq 0$ 일 때, $|r_0|\geq r_{(n-2,\alpha/2)}$ 이면, H_0를 기각한다.

여기서, $r_{(n-2,\alpha)}$는 모상관계수 $\rho=0$ 일 때, 표본상관계수 r의 표본분포의 백분위수를 나타내며 부록의 표 8에 주어져 있다.

3) $t-$ 분포검정

$\rho=0$인 이변량 정규모집단으로부터 임의의 표본상관계수 r을 변환한 $t-$통계량

$$t=\frac{r\sqrt{n-2}}{\sqrt{1-r^2}}$$

은 표본의 크기 n에 관계없이 자유도가 $n-2$인 $t-$ 분포를 따른다. 그러므로, 귀무가설 H_0: $\rho=0$가 참이라는 가설하에 얻은 검정통계량을 이용하여 무상관에 대한 검정을 요약하면 다음과 같다.

■ $t-$분포를 이용한 상관계수에 대한 검정법

① 귀무가설 설정 $-H_0$: $\rho=0$

② 검정통계량 $-t_0=\dfrac{r_0\sqrt{n-2}}{\sqrt{1-r_0^2}}$

③ 가설검정 $-H_1$: $\rho>0$ 일 때, $t_0\geq t_{(n-2,\alpha)}$ 이면, H_0를 기각한다.

H_1: $\rho<0$ 일 때, $t_0\leq -t_{(n-2,\alpha)}$ 이면, H_0를 기각한다.

H_1: $\rho\neq 0$ 일 때, $|t_0|\geq t_{(n-2,\alpha/2)}$ 이면, H_0를 기각한다.

(2) 상관계수 $\rho = \rho_0$ 의 검정

귀무가설

$$H_0:\ \rho = \rho_0$$

를 검정한다고 할 때, 이 검정을 상관계수의 검정이라고 한다.

상관계수 $\rho(\neq 0)$ 의 검정에서는 이변량 정규모집단으로부터 표본상관계수 r 을 z 변환한 통계량 $Z_r = \frac{1}{2} ln \frac{1+r}{1-r}$ 을 이용하는데, Z_r 은 근사적으로 $N\left(\frac{1}{2} ln \frac{1+\rho}{1-\rho}, \frac{1}{n-3}\right)$ 를 따름을 알고 있다. 따라서, 이것을 표준화한 $Z-$ 통계량

$$Z = \sqrt{n-3}\left[\frac{1}{2} ln \frac{1+r}{1-r} - \frac{1}{2} ln \frac{1+\rho}{1-\rho}\right]$$

는 근사적으로 $N(0,1)$ 를 따른다.

그러므로, 귀무가설 $H_0:\ \rho = \rho_0$ 가 참이라는 가설하에 얻은 검정통계량을 이용하여 상관계수의 검정을 요약하면 다음과 같다.

▌상관계수 $\rho = \rho_0$ 의 검정

① 귀무가설 설정 $-H_0:\ \rho = \rho_0$

② 검정통계량 $-\ Z_0 = \sqrt{n-3}\left[\frac{1}{2} ln \frac{1+r}{1-r} - \frac{1}{2} ln \frac{1+\rho_0}{1-\rho_0}\right]$

③ 가설검정 $-\ H_1:\ \rho > \rho_0$ 일 때, $Z_0 > z_\alpha$ 이면, H_0 를 기각한다.
$H_1:\ \rho < \rho_0$ 일 때, $Z_0 < -z_\alpha$ 이면, H_0 를 기각한다.
$H_1:\ \rho \neq \rho_0$ 일 때, $|Z_0| > z_{\alpha/2}$ 이면, H_0 를 기각한다.

예제 5.47

어떤 세탁공장에서 물소비량(X)과 세탁량(Y) 사이에 상관관계가 존재하는지를 조사하기 위하여 임의추출하여 얻은 자료는 다음과 같다.

X	20	30	25	40	35	50	70	60	65	55
Y	2.5	3.0	2.5	3.5	4.0	4.5	5.0	4.5	4.0	3.5

(단위 : 10ton)

이 때, 공장 전체의 물소비량과 세탁량은 이변량정규분포를 따른다고 가정하자.

① 표본상관계수 r을 구하여라.

② 물소비량과 세탁량 사이에 상관관계가 있는지를 유의수준 5%에서 검정하여라.

③ 백분위수를 이용한 검정법으로 유의수준 5%에서 검정하여라.

풀이

① $\bar{x} = \frac{1}{10}(20 + 30 + \cdots + 55) = 45$

$\bar{y} = \frac{1}{10}(2.5 + 3.0 + \cdots + 3.5) = 3.7$

$$\sum_{i=1}^{10}(x_i - \bar{x})^2 = (20-45)^2 + (30-45)^2 + \cdots + (55-45)^2 = 2{,}750$$

$$\sum_{i=1}^{10}(y_i - \bar{y})^2 = (2.5-3.7)^2 + (3.0-3.7)^2 + \cdots + (3.5-3.7)^2 = 6.6$$

$$\sum_{i=1}^{10}(x_i - \bar{x})(y_i - \bar{y}) = (20-45)(2.5-3.7) + (30-45)(3.0-3.7) + \cdots + (55-45)(3.5-3.7) = 117.7$$

$$r = \frac{117.7}{\sqrt{2{,}750}\ \sqrt{6.6}} = 0.87$$

② $H_0:\ \rho = 0$

$H_1:\ \rho \neq 0$

$n = 10$ 이고 $r = 0.87$ 이므로 검정통계량 :

$$t_0 = \frac{0.87\sqrt{10-2}}{\sqrt{1-(0.87)^2}} = 4.99$$

$t_{(10-2,0.025)} = t_{(8,0.025)} = 2.306$

$|t_0| = 4.99 > t_{(8,0.025)} = 2.306$ 이므로 H_0를 기각한다. 따라서, 물소비량과 세탁량 사이에는 상관관계가 있다고 할 수 있다.

③ $H_0:\ \rho = 0$

$H_1:\ \rho \neq 0$

검정통계량 : $r_0 = 0.87$

$r_{(10-2,0.025)} = r_{(8,0.025)} = 0.6319$

$|r_0| = 0.87 > r_{(8,0.025)} = 0.6319$ 이므로 H_0를 기각한다.

5.18 회귀분석

section

두 변수 사이의 관계를 파악하여 한 변수의 값으로부터 그에 대응하는 다른 변수의 값을 예측하고자 할 때 사용하는 통계적 방법으로 회귀분석이 있다.

이 때, 두 변수들 중 다른 변수에 영향을 주는 변수를 독립변수(independent variable) 또는 설명변수(explanatory variable)라고 하며, 영향을 받는 변수를 종속변수(dependent variable) 또는 반응변수(response variable)라고 한다. 회귀분석은 독립변수와 종속변수의 구체적인 함수 형태를 찾아내고, 독립변수로부터 종속변수를 예측하는데 그 목적이 있다. 함수의 형태로 주어지는 직(곡)선을 회귀선 또는 회귀방정식이라 하며, 회귀방정식의 미지량(계수)을 결정하고 구체적인 회귀선을 도출해 내는 것을 회귀선의 추정이라 한다. 회귀선에서 미지계수를 회귀계수라고 하며, 회귀선은 그 형태에 따라 크게 회귀직선과 회귀곡선으로 나누어진다. 또한, 회귀분석은 독립변수의 수에 따라 단순회귀분석(simple regression analysis)과 중회귀분석(multiple regres sion analysis)으로 나눌 수 있으며, 독립변수가 한 개일 때를 단순회귀분석이라 하고, 두 개 이상일 때를 중회귀분석이라 한다.

이 절에서는 독립변수가 한 개이고, 독립변수와 종속변수의 관계가 직선인 경우인 단순선형회귀분석(simple linear regression analysis)만을 다루고자 한다.

(1) 단순선형회귀모형

독립변수 X와 종속변수 Y의 관계를 대략적으로 파악하기 위해 상관도를 그려본 후 적절한 모형을 설정하게 된다.

두 변수가 직선적인 경향을 가질 때, 미지의 직선 관계를 $y = a + bx$로 나타내고, 산포의 정도를 σ^2으로 나타내면 독립변수의 값 $x_1, x_2, \cdots, x_n$에 대응하는 종속변수의 값 $y_1, y_2, \cdots, y_n$은 다음과 같은 확률변수 y_i의 관측값으로 생각할 수 있는데, 이러한 모형을 단순선형회귀모형(simple linear regression model)이라 한다.

$$y_i = a + bx_i + e_i, \ \ e_i \sim N(0, \sigma^2)$$

여기서, a, b를 모회귀계수(population regression coefficients)라고 하고, e_i는 오차항을 나타내는 확률변수이며, 서로 독립이라고 가정한다.

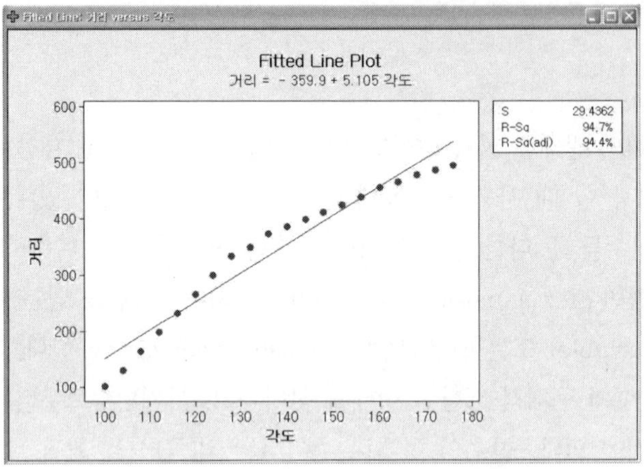

그림 5.24 단순선형회귀모형

(2) 회귀직선의 추정

단순선형회귀모형에서 모회귀계수를 주어진 측정값으로부터 추정하는 방법으로는 여러 가지가 있으나 그 중 최소제곱법(least squares method)이 가장 많이 이용되고 있으며, 이로부터 얻어진 직선 $\hat{y} = \hat{a} + \hat{b}x$를 추정회귀직선(estimated regression line) 또는 최소제곱회귀직선이라고 한다.

이제부터 오차제곱합을 최소화하는 최소제곱법을 이용하여 추정회귀직선을 구체적으로 구해 보기로 하자.

단순선형회귀모형에서 오차제곱합

$$S = \sum_{i=1}^{n} e^2 = \sum_{i=1}^{n} (y_i - a - b x_i)^2$$

를 최소로 하는 a와 b를 구하기 위하여 S를 a와 b로 각각 편미분하여 얻은 결과는 다음과 같다.

$$\frac{\partial S}{\partial a} = -2\sum_{i=1}^{n}(y_i - a - bx_i)$$

$$\frac{\partial S}{\partial b} = -2\sum_{i=1}^{n}(y_i - a - bx_i)x_i$$

편미분한 값을 0으로 만드는 a와 b를 $\hat{a}$와 $\hat{b}$로 대치하여 위의 두 식을 정리하면 다음과 같이 되는데, 이 식을 정규방정식(normal equation)이라고 한다.

$$\sum_{i=1}^{n} y_i = n\hat{a} + \hat{b}\sum_{i=1}^{n} x_i$$

$$\sum_{i=1}^{n} x_i y_i = \hat{a}\sum_{i=1}^{n} x_i + \hat{b}\sum_{i=1}^{n} x_i^2$$

정규방정식을 $\hat{a}$와 $\hat{b}$에 대하여 풀면, 다음 결과를 얻을 수 있다.

$$\hat{b} = \frac{\sum_{i=1}^{n}(x_i - \bar{x})(y_i - \bar{y})}{\sum_{i=1}^{n}(x_i - \bar{x})^2}$$

$$\hat{a} = \bar{y} - \hat{b}\,\bar{x} = \frac{1}{n}\sum_{i=1}^{n} y_i - \hat{b}\frac{1}{n}\sum_{i=1}^{n} x_i$$

따라서, 추정회귀직선은 다음과 같이 표현되며, 이 직선을 X에 관한 Y의 회귀직선(regression line of Y on X)이라고 한다.

$$\hat{y} = \bar{y} + \hat{b}(x - \bar{x})$$

마찬가지 방법으로 Y에 관한 X의 회귀직선(regression line of X on Y)을 구해 보면 다음과 같다.

$$\hat{x} = \bar{x} + \hat{b}(y - \bar{y})$$

이 때, $\hat{b} = \dfrac{\sum_{i=1}^{n}(x_i - \bar{x})(y_i - \bar{y})}{\sum_{i=1}^{n}(y_i - \bar{y})^2}$ 이다.

(3) 회귀직선의 정도

앞 절에서 구한 추정회귀직선이 관측값들을 잘 대표하는지는 상관도를 통해 대략적으로 파악하는 방법과 추정회귀직선의 정도(precision)를 하나의 수치로 나타내는 방법이 있다. 추정회귀직선의 정도를 측정하는 측도에는 오차항의 분산 σ^2에 대한 추정값의 표준오차(standard error of estimate)와 결정계수(coefficient of determination) 등이 있다.

1) 오차항의 분산 σ^2에 대한 추정

추정회귀직선 $\hat{y_i}$와 실제 관측값 y_i들이 얼마나 차이가 있는지에 대해 살펴보기로 하자. 그림 11.1에서 알 수 있듯이 잔차들의 크기가 작으면 추정회귀직선이 자료들을 잘 설명해 주고 있다고 할 수 있다. 그런데 이러한 잔차들의 크기는 오차항의 분산 σ^2의 크기에 따라 나타나므로 이러한 잔차들을 이용하여 오차항의 분산 σ^2를 추정할 수 있다.

잔차제곱합을 오차제곱합(error sum of squares)이라고도 하며, 다음과 같이 SSE로 표현한다.

$$SSE = \sum_{i=1}^{n}(y_i - \hat{y_i})^2$$
$$= \sum_{i=1}^{n}(y_i - \overline{y})^2 - \frac{[\sum_{i=1}^{n}(x_i - \overline{x})(y_i - \overline{y})]^2}{\sum_{i=1}^{n}(x_i - \overline{x})^2}$$

오차항의 분산 σ^2의 추정량 s^2은 오차제곱합을 이용하여 다음과 같이 구할 수 있으며, 이 추정량을 평균제곱오차(mean squared error : MSE)라고 한다.

$$s^2(= MSE) = \frac{SSE}{n-2}$$
$$= \frac{1}{n-2}\sum_{i=1}^{n}(y_i - \hat{y_i})^2$$

오차항의 분산 σ^2의 추정량 s^2은 추정회귀직선 $\hat{y_i}$와 실제 관측값 y_i들이 얼마나 차이가 있는지를 요약해 주는 값으로 s^2이 작을수록 추정회귀직선이 자료들을 잘 설명해 주고 있다고 할 수 있다.

이 때, 추정량 s^2 의 표준편차 s 는 다음과 같이 표현되며, 이것을 오차항의 분산 σ^2 에 대한 추정값의 표준오차라고 한다.

$$s = \sqrt{\frac{1}{n-2}\sum_{i=1}^{n}(y_i - \hat{y}_i)^2}$$

2) **결정계수**

추정회귀직선의 정도를 측정하는 방법으로 다음과 같은 편차를 생각해 보자.

$$y_i - \bar{y} = (y_i - \hat{y}_i) + (\hat{y}_i - \bar{y})$$

하나의 관측값 y_i 와 y_i 들의 평균 $\bar{y}$ 와의 차이를 총편차(total deviation)라 하면, 이는 위와 같이 두 개의 편차의 합으로 표현될 수 있으며, 이들의 제곱합은 다음과 같이 표현된다.

$$\underset{SST}{\sum_{i=1}^{n}(y_i - \bar{y})^2} = \underset{SSE}{\sum_{i=1}^{n}(y_i - \hat{y}_i)^2} + \underset{SSR}{\sum_{i=1}^{n}(\hat{y}_i - \bar{y})^2}$$

총편차의 제곱합을 총제곱합(total sum of squares)이라 하고, SST 로 표현한다. 그리고, 회귀직선에 의해 설명이 되지 않고 오차항에 의해 설명이 되는 오차제곱합은 SSE 로 표현하며, 회귀직선에 의해 설명이 되는 회귀제곱합은 SSR 로 표현한다.

총제곱합 SST 에 비해서 오차제곱합 SSE 가 작으면(회귀제곱합 SSR 이 크면) 회귀모형이 자료들을 잘 설명해 주고 있다고 할 수 있다.

그러므로, 총제곱합 중에서 회귀제곱합이 차지하는 비율을 결정계수라고 하며, 다음과 같이 표현된다.

$$r^2 = \frac{SSR}{SST}$$

$$= \frac{[\sum_{i=1}^{n}(x_i - \bar{x})(y_i - \bar{y})]^2}{[\sum_{i=1}^{n}(x_i - \bar{x})^2][\sum_{i=1}^{n}(y_i - \bar{y})^2]}$$

결정계수의 범위는 0과 1사이이며, 표본상관계수의 제곱과 같다. 따라서, 결정계수의 값이 1에 가까울수록 추정회귀직선 주위에 자료들이 밀집되어 있으므로 자료들을 잘 대표하고 있다고 할 수 있다.

그러나, 회귀모형이 자료를 충분히 잘 설명하는지를 정확히 파악하기 위해서는 결정계수뿐만 아니라 상관도와 잔차의 검토가 종합적으로 이루어져야 함을 유의해야 한다.

예제 5.48

200여개의 대리점을 가지고 있는 어느 제품 판매회사에서는 대리점의 크기(x)에 따른 판매 사원의 수(y)를 예측하기 위하여 10개의 대리점을 임의로 추출하여 다음과 같은 자료를 얻었다.

x	1	1	2	3	4	4	5	6	6	8
y	2	3	4	5	7	8	10	11	12	15

① 단순선형회귀모형을 가정할 때, 추정회귀직선을 구하여라.
② 오차항의 분산 σ^2 을 추정하여라.
③ 결정계수 r^2 을 구하여라.

풀이

$$\bar{x} = \frac{1}{10}(1+1+\cdots+8) = 4$$

$$\bar{y} = \frac{1}{10}(2+3+\cdots+15) = 7.7$$

$$\sum_{i=1}^{10}(x_i-\bar{x})^2 = (1-4)^2+(1-4)^2+\cdots+(8-4)^2 = 48$$

$$\sum_{i=1}^{10}(y_i-\bar{y})^2 = (2-7.7)^2+(3-7.7)^2+\cdots+(5-7.7)^2 = 164.1$$

$$\sum_{i=1}^{10}(x_i-\bar{x})(y_i-\bar{y}) = (1-4)(2-7.7)+(1-4)(3-7.7)$$

$$+\cdots+(8-4)(15-7.7) = 88$$

① $\hat{b} = \dfrac{88}{48} = 1.83$

$\hat{a} = 7.7 - 1.83 \times 4 = 0.38$

X에 대한 Y의 추정회귀직선은 다음과 같다.

$\hat{y} = 0.38 + 1.83x$

② $SSE = 164.1 - \dfrac{88^2}{48} = 2.77$

$\hat{\sigma}^2 = s^2 = \dfrac{2.77}{10-2} = 0.34625$

③ $r^2 = \dfrac{88^2}{48 \times 164.1} = 0.983$

5.19 section 회귀계수의 추정

(1) 모회귀계수 a의 신뢰구간

모회귀계수 a의 추정량 $\hat{a}$의 기대값과 분산은

$$E(\hat{a}) = a$$
$$V(\hat{a}) = \sigma^2\left(\frac{1}{n} + \frac{(\overline{x})^2}{\sum_{i=1}^{n}(x_i - \overline{x})^2}\right)$$

이며, $\hat{a}$의 분포는 $N\left(a, \sigma^2\left(\dfrac{1}{n} + \dfrac{(\overline{x})^2}{\sum_{i=1}^{n}(x_i - \overline{x})^2}\right)\right)$이 된다.

이로부터 모분산 σ^2을 알 때의 모회귀계수 a에 대한 $(1-\alpha)100\%$ 신뢰구간을 구해 보면 다음과 같다.

$$\left(\hat{a}-z_{\alpha/2}\sqrt{\sigma^2\left(\frac{1}{n}+\frac{(\bar{x})^2}{\sum_{i=1}^{n}(x_i-\bar{x})^2}\right)},\ \hat{a}+z_{\alpha/2}\sqrt{\sigma^2\left(\frac{1}{n}+\frac{(\bar{x})^2}{\sum_{i=1}^{n}(x_i-\bar{x})^2}\right)}\right)$$

또한, 모분산 σ^2을 모를 때의 모회귀계수 a에 대한 $(1-\alpha)100\%$ 신뢰구간은 다음과 같다.

$$\left(\hat{a}-t_{(n-2,\alpha/2)}\sqrt{s^2\left(\frac{1}{n}+\frac{(\bar{x})^2}{\sum_{i=1}^{n}(x_i-\bar{x})^2}\right)},\ \hat{a}+t_{(n-2,\alpha/2)}\sqrt{s^2\left(\frac{1}{n}+\frac{(\bar{x})^2}{\sum_{i=1}^{n}(x_i-\bar{x})^2}\right)}\right)$$

(2) 모회귀계수 b의 신뢰구간

모회귀계수 b의 추정량 $\hat{b}$의 기대값과 분산은

$$E(\hat{b})=b$$

$$V(\hat{b})=\frac{\sigma^2}{\sum_{i=1}^{n}(x_i-\bar{x})^2}$$

이며, $\hat{b}$의 분포는 $N\left(b,\frac{\sigma^2}{\sum_{i=1}^{n}(x_i-\bar{x})^2}\right)$이 된다.

이로부터 모분산 σ^2을 알 때의 모회귀계수 b에 대한 $(1-\alpha)100\%$ 신뢰구간은 다음과 같다.

$$\left(\hat{b}-z_{\alpha/2}\sqrt{\frac{\sigma^2}{\sum_{i=1}^{n}(x_i-\bar{x})^2}},\ \hat{b}+z_{\alpha/2}\sqrt{\frac{\sigma^2}{\sum_{i=1}^{n}(x_i-\bar{x})^2}}\right)$$

또한, 모분산 σ^2을 모를 때의 모회귀계수 b에 대한 $(1-\alpha)100\%$ 신뢰구간은 다음과 같다.

$$\left(\hat{b}-t_{(n-2,\alpha/2)}\sqrt{\frac{s^2}{\sum_{i=1}^{n}(x_i-\overline{x})^2}}\ ,\ \hat{b}+t_{(n-2,\alpha/2)}\sqrt{\frac{s^2}{\sum_{i=1}^{n}(x_i-\overline{x})^2}}\right)$$

(3) $E(y \mid x) = a + bx$ 의 신뢰구간

어떤 주어진 독립변수 x 에 대응하는 종속변수 y 의 기대값인

$$E(y \mid x) = a + bx$$

의 신뢰구간을 구해 보자.

$a + bx$ 의 추정량 $\hat{a} + \hat{b}x$ 의 기대값과 분산은

$$E(\hat{a} + \hat{b}x) = a + bx$$

$$V(\hat{a} + \hat{b}x) = \sigma^2\left(\frac{1}{n} + \frac{(x-\overline{x})^2}{\sum_{i=1}^{n}(x_i-\overline{x})^2}\right)$$

이며, $\hat{a} + \hat{b}x$ 의 분포는 $N\left(a + bx\ ,\ \sigma^2\left(\frac{1}{n} + \frac{(x-\overline{x})^2}{\sum_{i=1}^{n}(x_i-\overline{x})^2}\right)\right)$ 이 된다.

이로부터 모분산 σ^2 을 알 때의 모회귀계수 $a + bx$ 에 대한 $(1-\alpha)$ 100% 신뢰구간을 구해보면 다음과 같다.

$$\left((\hat{a} + \hat{b}x) - z_{\alpha/2}\sqrt{\sigma^2\left(\frac{1}{n} + \frac{(x-\overline{x})^2}{\sum_{i=1}^{n}(x_i-\overline{x})^2}\right)}\ ,\ (\hat{a} + \hat{b}x) + z_{\alpha/2}\sqrt{\sigma^2\left(\frac{1}{n} + \frac{(x-\overline{x})^2}{\sum_{i=1}^{n}(x_i-\overline{x})^2}\right)}\right)$$

또한, 모분산 σ^2 을 모를 때의 모회귀계수 a 에 대한 $(1-\alpha)$100% 신뢰구간은 다음과 같다.

$$\left((\hat{a}+\hat{b}x) - t_{(n-2,\alpha/2)} \sqrt{s^2\left(\frac{1}{n}+\frac{(x-\overline{x})^2}{\sum_{i=1}^{n}(x_i-\overline{x})^2}\right)},\ (\hat{a}+\hat{b}x) + t_{(n-2,\alpha/2)} \sqrt{s^2\left(\frac{1}{n}+\frac{(x-\overline{x})^2}{\sum_{i=1}^{n}(x_i-\overline{x})^2}\right)} \right)$$

예제 5.49

예제 21의 자료에 대하여 단순선형회귀모형을 가정할 때,

① 모회귀계수 a 의 95% 신뢰구간을 구하여라.

② 모회귀계수 b 의 95% 신뢰구간을 구하여라.

③ 대리점의 크기가 $x=10, 15, 20$ 일 때, 판매사원의 수의 95% 신뢰구간을 각각 구하여라.

풀이

예제 21의 풀이과정에서 $s^2=0.34625$, $\overline{x}=4$, $\sum_{i=1}^{10}(x_i-\overline{x})^2=48$, $n=10$ 이다.

① $t_{(10-2,\,0.025)}=2.306$ 이므로 a 의 95% 신뢰구간은 다음과 같이 구해진다.

$$0.38-2.306\sqrt{0.34625\left(\frac{1}{10}+\frac{4^2}{48}\right)} < a < 0.38+2.306\sqrt{0.34625\left(\frac{1}{10}+\frac{4^2}{48}\right)}$$

$\Rightarrow 0.38-0.893 < a < 0.38+0.893$

$\Rightarrow -0.513 < a < 1.273$

② $1.83-2.306\sqrt{\frac{0.34625}{48}} < b < 1.83+2.306\sqrt{\frac{0.34625}{48}}$

$\Rightarrow 1.83-0.196 < b < 1.83+0.196$

$\Rightarrow 1.634 < b < 2.026$

③ $x=10$ 일 때, $\hat{a}+\hat{b}(10)=0.38+1.83\times 10=18.68$

$$18.68-2.306\sqrt{0.34625\left(\frac{1}{10}+\frac{(10-4)^2}{48}\right)} < a+bx$$

$$< 18.68+2.306\sqrt{0.34625\left(\frac{1}{10}+\frac{(10-4)^2}{48}\right)}$$

$\Rightarrow 18.68-1.251 < a+bx < 18.68+1.251$

$\Rightarrow 17.429 < a+bx < 19.931$

$x=15$ 일 때, $\hat{a}+\hat{b}(15)=0.38+1.83\times 15=27.83$

$\Rightarrow 25.633 < a+bx < 30.027$

$x=20$ 일 때, $\hat{a}+\hat{b}(20)=0.38+1.83\times 20=36.98$

$\Rightarrow 33.817 < a+bx < 40.143$

5.20 section 회귀계수의 검정

(1) a의 검정

귀무가설

$$H_0:\ a=a_0$$

를 검정하고자 한다.

모회귀계수 a 의 검정에서는 추정량 $\hat{a}$ 을 이용하는데, 모분산 σ^2 를 알고 있을 때 $\hat{a}$ 은 $N\left(a,\sigma^2\left(\frac{1}{n}+\frac{(\overline{x})^2}{\sum_{i=1}^{n}(x_i-\overline{x})^2}\right)\right)$ 를 따름을 알고 있다. 따라서, 이것을표준화한 $Z-$ 통계량

$$Z=\frac{\hat{a}-a}{\sqrt{\sigma^2\left(\frac{1}{n}+\frac{(\overline{x})^2}{\sum_{i=1}^{n}(x_i-\overline{x})^2}\right)}}$$

는 $N(0,1)$ 를 따른다.

그러므로, 귀무가설 $H_0:\ a=a_0$ 가 참이라는 가설하에 얻은 검정통계량을 이용하여 모회귀계수 a 에 대한 검정법을 요약하면 다음과 같다.

■ 모분산이 알려진 경우 모회귀계수 a에 대한 검정법

① 귀무가설 설정 $-H_0$: $a = a_0$

② 검정통계량 - $Z_0 = \dfrac{\hat{a} - a_0}{\sqrt{\sigma^2\left(\dfrac{1}{n} + \dfrac{(\overline{x})^2}{\sum_{i=1}^{n}(x_i - \overline{x})^2}\right)}}$

③ 가설검정 $-H_1$: $a > a_0$ 일 때, $Z_0 > z_\alpha$ 이면, H_0를 기각한다.

H_1: $a < a_0$ 일 때, $Z_0 < -z_\alpha$ 이면, H_0를 기각한다.

H_1: $a \neq a_0$ 일 때, $|Z_0| > z_{\alpha/2}$ 이면, H_0를 기각한다.

한편, 모분산 σ^2이 미지일 때, $Z-$ 통계량에서 σ 대신 s를 대입한 $t-$ 통계량

$$t = \frac{\hat{a} - a}{\sqrt{s^2\left(\dfrac{1}{n} + \dfrac{(\overline{x})^2}{\sum_{i=1}^{n}(x_i - \overline{x})^2}\right)}}$$

는 자유도 $n-2$인 $t-$ 분포를 따른다. 그러므로, 귀무가설이 참이라는 가설하에 얻은 검정통계량을 이용하여 모회귀계수 a에 대한 검정법을 요약하면 다음과 같다.

■ 모분산이 알려지지 않은 경우 모회귀계수 a에 대한 검정법

① 귀무가설 설정 - H_0: $a = a_0$

② 검정통계량 - $t_0 = \dfrac{\hat{a} - a_0}{\sqrt{s^2\left(\dfrac{1}{n} + \dfrac{(\overline{x})^2}{\sum_{i=1}^{n}(x_i - \overline{x})^2}\right)}}$

③ 가설검정 - H_1: $a > a_0$ 일 때, $t_0 > t_{(n-2,\alpha)}$ 이면, H_0를 기각한다.

H_1: $a < a_0$ 일 때, $t_0 < -t_{(n-2,\alpha)}$ 이면, H_0를 기각한다.

H_1: $a \neq a_0$ 일 때, $|t_0| > t_{(n-2,\alpha/2)}$ 이면, H_0를 기각한다.

(2) b의 검정

귀무가설

$$H_0:\ b = b_0$$

를 검정하고자 한다.

모회귀계수 b의 검정에서는 추정량 $\hat{b}$을 이용하는 데, 모분산 σ^2를 알고 있을 때 $\hat{b}$은 $N\left(b, \dfrac{\sigma^2}{\sum_{i=1}^{n}(x_i - \bar{x})^2}\right)$를 따름을 알고 있다. 따라서, 이것을 표준화한 $Z-$통계량

$$Z = \frac{\hat{b} - b}{\sqrt{\dfrac{\sigma^2}{\sum_{i=1}^{n}(x_i - \bar{x})^2}}}$$

는 $N(0,1)$를 따른다.

그러므로, 귀무가설 $H_0:\ b = b_0$가 참이라는 가설하에 얻은 검정통계량을 이용하여 모회귀계수 b에 대한 검정법을 요약하면 다음과 같다.

▌모분산이 알려진 경우 모회귀계수 b에 대한 검정법

① 귀무가설의 설정 $-H_0:\ b = b_0$

② 검정통계량 - $Z_0 = \dfrac{\hat{b} - b_0}{\sqrt{\dfrac{\sigma^2}{\sum_{i=1}^{n}(x_i - \bar{x})^2}}}$

③ 가설검정 - $H_1:\ b > b_0$일 때, $Z_0 > z_\alpha$이면, H_0를 기각한다.

$H_1:\ b < b_0$일 때, $Z_0 < -z_\alpha$이면, H_0를 기각한다.

$H_1:\ b \neq b_0$일 때, $|Z_0| > z_{\alpha/2}$이면, H_0를 기각한다.

한편, 모분산 σ^2이 미지일 때, $Z-$ 통계량에서 σ 대신 s를 대입한 $t-$ 통계량

$$t = \frac{\hat{b} - b}{\sqrt{\dfrac{s^2}{\sum_{i=1}^{n}(x_i - \overline{x})^2}}}$$

는 자유도 $n-2$ 인 $t-$ 분포를 따른다. 그러므로, 귀무가설이 참이라는 가설하에 얻은 검정통계량을 이용하여 모회귀계수 b 에 대한 검정법을 요약하면 다음과 같다.

■ 모분산이 알려지지 않은 경우 모회귀계수 b 에 대한 검정법

① 귀무가설 설정 $-H_0:\ b = b_0$

② 검정통계량 $-\ t_0 = \dfrac{\hat{b} - b_0}{\sqrt{\dfrac{s^2}{\sum_{i=1}^{n}(x_i - \overline{x})^2}}}$

③ 가설검정 $-H_1:\ b > b_0$ 일 때, $t_0 > t_{(n-2,\alpha)}$ 이면, H_0 를 기각한다.

$H_1:\ b < b_0$ 일 때, $t_0 < -t_{(n-2,\alpha)}$ 이면, H_0 를 기각한다.

$H_1:\ b \neq b_0$ 일 때, $|\,t_0\,| > t_{(n-2,\alpha/2)}$ 이면, H_0 를 기각한다.

(3) $E(y\,|\,x) = a + bx$ 의 검정

귀무가설

$$H_0:\ a + bx = a_0 + b_0 x$$

를 검정하고자 한다.

모회귀계수 $a + bx$ 의 검정에서는 추정량 $\hat{a} + \hat{b}x$ 를 이용하는 데, 모분산 σ^2 를 알고 있을 때 $\hat{a} + \hat{b}x$ 는 $N\left(a + bx, \sigma^2\left(\dfrac{1}{n} + \dfrac{(x-\overline{x})^2}{\sum_{i=1}^{n}(x_i - \overline{x})^2}\right)\right)$ 를 따름을 알고 있다. 따라서, 이것을 표준화한 $Z-$ 통계량

$$Z = \frac{(\hat{a} + \hat{b}x) - (a + bx)}{\sqrt{\sigma^2\left(\frac{1}{n} + \frac{(x - \bar{x})^2}{\sum_{i=1}^{n}(x_i - \bar{x})^2}\right)}}$$

는 $N(0,1)$를 따른다. 그러므로, 귀무가설 H_0: $a + bx = a_0 + b_0x$ 가 참이라는 가설하에 얻은 검정통계량을 이용하여 모회귀계수 $a + bx$ 에 대한 검정법을 요약하면 다음과 같다.

▌모분산이 알려진 경우 모회귀계수 $a + bx$ 에 대한 검정법

① 귀무가설 설정 - H_0: $a + bx = a_0 + b_0x$

② 검정통계량 - $Z_0 = \frac{(\hat{a} + \hat{b}x) - (a_0 + b_0x)}{\sqrt{\sigma^2\left(\frac{1}{n} + \frac{(x - \bar{x})^2}{\sum_{i=1}^{n}(x_i - \bar{x})^2}\right)}}$

③ 가설검정 - H_1: $a + bx > a_0 + b_0x$ 일 때, $Z_0 > z_\alpha$ 이면, H_0를 기각

H_1: $a + bx < a_0 + b_0x$ 일 때, $Z_0 < -z_\alpha$ 이면, H_0를 기각

H_1: $a + bx \neq a_0 + b_0x$ 일 때, $|Z_0| > z_{\alpha/2}$ 이면, H_0를 기각

한편, 모분산 σ^2이 미지일 때, $Z-$ 통계량에서 σ 대신 s를 대입한 $t-$ 통계량

$$t = \frac{(\hat{a} + \hat{b}x) - (a + bx)}{\sqrt{s^2\left(\frac{1}{n} + \frac{(x - \bar{x})^2}{\sum_{i=1}^{n}(x_i - \bar{x})^2}\right)}}$$

는 자유도 $n-2$ 인 $t-$ 분포를 따른다. 그러므로, 귀무가설이 참이라는 가설하에 얻은 검정통계량을 이용하여 모회귀계수 $a + bx$ 에 대한 검정법을 요약하면 다음과 같다.

▌모분산이 알려지지 않은 경우 모회귀계수 $a + bx$ 에 대한 검정법

① 귀무가설 설정 $-H_0$: $a + bx = a_0 + b_0x$

② 검정통계량 $-t_0 = \dfrac{(\hat{a}+\hat{b}x)-(a_0+b_0x)}{\sqrt{s^2\left(\dfrac{1}{n}+\dfrac{(x-\overline{x})^2}{\sum_{i=1}^{n}(x_i-\overline{x})^2}\right)}}$

③ 가설검정- $H_1: a+bx > a_0+b_0x$ 일 때, $t_0 > t_{(n-2,\alpha)}$ 이면, H_0 를 기각한다.

$H_1: a+bx < a_0+b_0x$ 일 때, $t_0 < -t_{(n-2,\alpha)}$ 이면, H_0 를 기각한다.

$H_1: a+bx \neq a_0+b_0x$ 일 때, $|t_0| > t_{(n-2,\alpha/2)}$ 이면, H_0 를 기각한다.

예제 5.50

예제 48의 자료에 대하여 단순선형회귀모형을 가정할 때,

① 절편 a 에 대하여 다음 가설을 유의수준 5%에서 검정하여라.

$$H_0:\ a=0$$
$$H_1:\ a \neq 0$$

② 기울기 b 에 대하여 다음 가설을 유의수준 5%에서 검정하여라.

$$H_0:\ b=0$$
$$H_1:\ b \neq 0$$

풀이

예제 48의 풀이과정에서 $s^2=0.34625$, $\overline{x}=4$, $\sum_{i=1}^{10}(x_i-\overline{x})^2=48$, $n=10$ 이다.

① 검정통계량 : $|t_0| = \left|\dfrac{0.38-0}{\sqrt{0.34625\left(\dfrac{1}{10}+\dfrac{4^2}{48}\right)}}\right| = 0.98$

$t_{(10-2,0.025)}=2.306$

$|t_0| = 0.98 < t_{(8,0.025)} = 2.306$ 이므로 H_0 를 기각하지 못한다.

② 검정통계량 : $|t_0| = \left|\dfrac{1.83-0}{\sqrt{\dfrac{0.34625}{48}}}\right| = 21.547$

$|t_0| = 21.547 > t_{(8, 0.025)} = 2.306$ 이므로 H_0 를 기각한다.

5.21 section 상관계수와 회귀계수의 관계

단순상관계수 r 과 회귀계수 b 와의 관계를 살펴보기 위해 회귀계수 b 를 r 의 함수로 표현해 보면 다음과 같다.

$$b = \frac{\sum_{i=1}^{n}(x_i - \overline{x})(y_i - \overline{y})}{\sum_{i=1}^{n}(x_i - \overline{x})^2} = r\frac{\sqrt{\sum_{i=1}^{n}(y_i - \overline{y})^2}}{\sqrt{\sum_{i=1}^{n}(x_i - \overline{x})^2}} = r\frac{s_y}{s_x}$$

따라서, r 과 b 의 관계가 다음과 같음을 알 수 있다.

▌상관계수와 회귀계수의 관계

① $b > 0$ 이면 $r > 0$: 양의 상관

② $b < 0$ 이면 $r < 0$: 음의 상관

③ $b = 0$ 이면 $r = 0$: 무상관

단순상관계수 r 을 알고 있을 경우, 회귀직선의 방정식은 다음과 같이 표현된다.

$$\hat{y} - \overline{y} = r\frac{\sqrt{\sum_{i=1}^{n}(y_i - \overline{y})^2}}{\sqrt{\sum_{i=1}^{n}(x_i - \overline{x})^2}}(x - \overline{x})$$

예제 5.71

두 변량 X와 Y의 상관계수는 $r=0.5$이다. 그리고, X의 평균과 표준편차는 각각 10과 2이며, Y의 평균과 표준편차는 각각 14와 3이다.
이 때, X에 대한 Y의 회귀직선을 구하여라.

풀이

$$\hat{y}-14=(0.5)\frac{3}{2}(x-10)$$

$$\Rightarrow \hat{y}=\frac{3}{4}x+\frac{13}{2}$$

5.22 미니탭을 이용한 상관/회귀분석

section

다음의 데이터는 다음과 같은 투척기를 이용한 4개의 요인을 적용하여 거리를 측정한 데이터이다. 이를 이용하여 상관 회귀분석을 실시해보자.

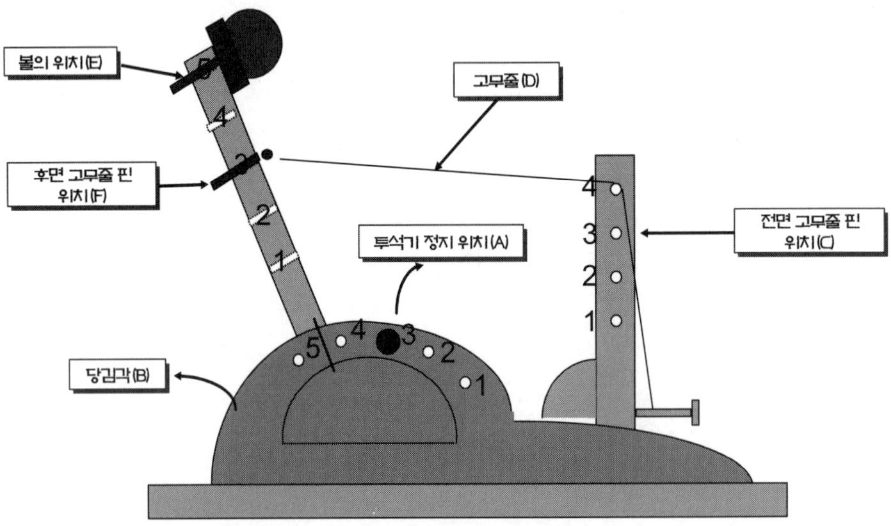

[단계 1] 데이터를 Sheet창에 입력한다.

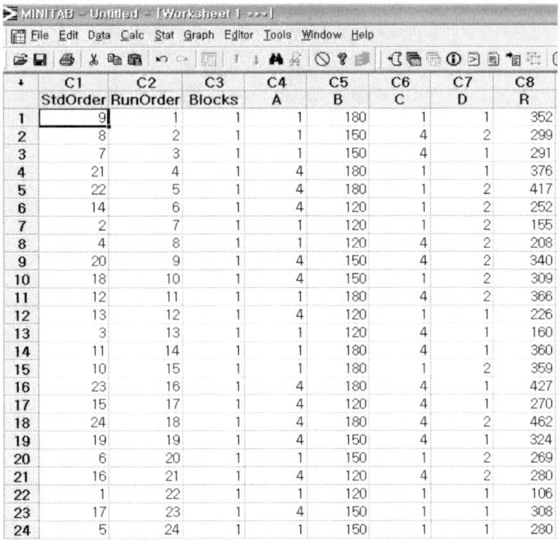

	C1 StdOrder	C2 RunOrder	C3 Blocks	C4 A	C5 B	C6 C	C7 D	C8 R
1	9	1	1	1	180	1	1	352
2	8	2	1	1	150	4	2	299
3	7	3	1	1	150	4	1	291
4	21	4	1	4	180	1	1	376
5	22	5	1	4	180	1	2	417
6	14	6	1	4	120	1	2	252
7	2	7	1	1	120	1	2	155
8	4	8	1	1	120	4	2	208
9	20	9	1	4	150	4	2	340
10	18	10	1	4	150	1	2	309
11	12	11	1	1	180	4	2	366
12	13	12	1	4	120	1	1	226
13	3	13	1	1	120	4	1	160
14	11	14	1	1	180	4	1	360
15	10	15	1	1	180	1	2	359
16	23	16	1	4	180	4	1	427
17	15	17	1	4	120	4	1	270
18	24	18	1	4	180	4	2	462
19	19	19	1	4	150	4	1	324
20	6	20	1	1	150	1	2	269
21	16	21	1	4	120	4	2	280
22	1	22	1	1	120	1	1	106
23	17	23	1	4	150	1	1	308
24	5	24	1	1	150	1	1	280

[단계 2] 각 인자에 대한 상관분석을 실시한다. Stat/Basic Statistics/Correlation을 실행시킨다.

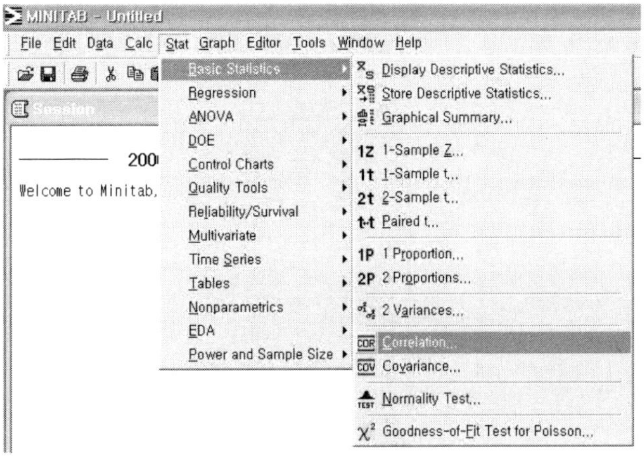

[**단계 3**] 상관분석을 실시한 결과가 Session창에 다음과 같이 나온다.

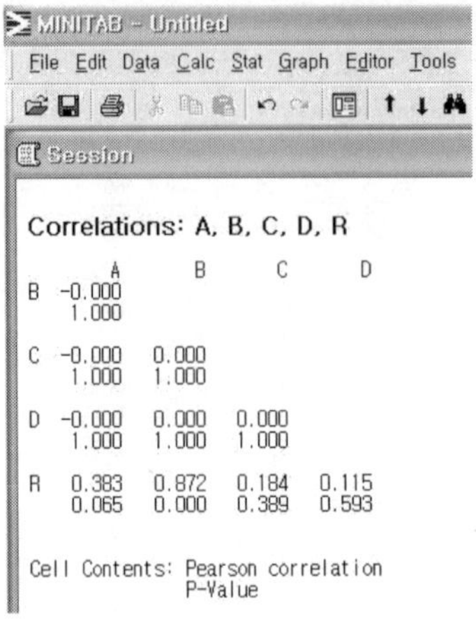

· 분석결과를 살펴보면 거리(R)와 상관관계가 존재하는 요인이 당김 각(B, p-value=0.000)으로 상관관계가 높음을 알 수 있다. 또한 각 요인간의 상관관계는 존재하지 않음을 파악할 수 있다.

[**단계 4**] 당김 각이 가장 높은 상관관계를 가지고 있기에 당김 각만으로 다음 데이터를 구하였다.

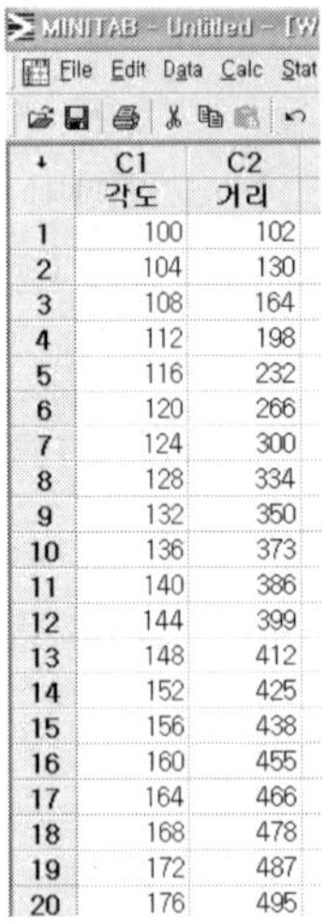

↓	C1 각도	C2 거리
1	100	102
2	104	130
3	108	164
4	112	198
5	116	232
6	120	266
7	124	300
8	128	334
9	132	350
10	136	373
11	140	386
12	144	399
13	148	412
14	152	425
15	156	438
16	160	455
17	164	466
18	168	478
19	172	487
20	176	495

[단계 5] 회귀분석을 실시하기 위하여 Stat/Regression/Fit line Plot을 실행시킨다.

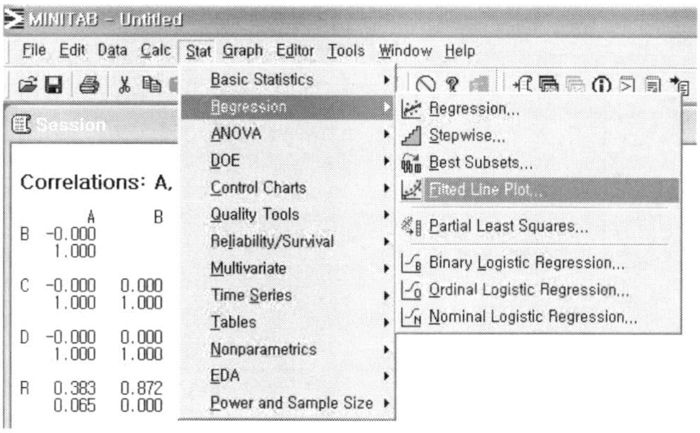

[단계 6] 다이알 로그창에 다음과 같이 입력한다. 선형회귀방정식으로 파악하기 위하여 Type of Regression Model을 Liner로 선택한다.

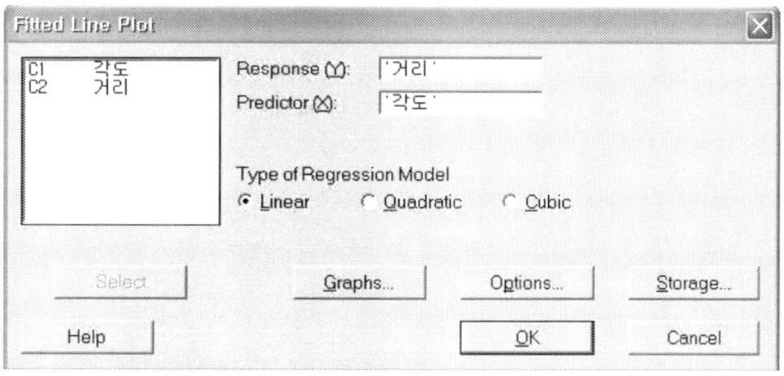

[단계 7] 입력을 완료하고 실행시키면 다음과 같은 창이 뜬다.

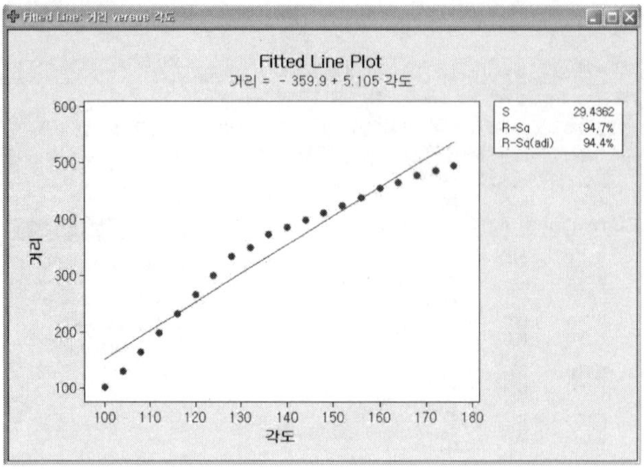

· 회귀식은 '거리 = −359.9 + 5.105 각도'이고, 기여율(R−Sq = 94.7 %)으로 회귀선에 의한 설명력이 94.7%임을 파악할 수 있다.

개선
Improve

6 chapter

지금까지 DMAIC의 정의(Define), 측정(Measure), 분석(Analyze)에 대해서 알아보았고 이장에서는 개선(Improve)에 대해 알아보도록 한다. 개선단계에서는 분석단계에서 얻어진 중요한 인자를 확인하고 Y를 최적화 하는 인자의 최적조건을 찾는다. 문제에 대한 통계적 해답을 정의하는 단계로서 주요한 소수를 어떤 방향으로 변경할 것인지를 결정하고 조정을 위한 최적의 변량을 결정하기 위해 실험계획법(Design of Experiments)을 실시하는 단계이다. 서비스 식스시그마에서는 실험계획법을 시행하기 어려운 부분이 있다. 이러한 경우에는 참신하고 다양한 아이디어를 이용하여 새로운 접근을 실시해야 한다. 이와 같이 새로운 아이디어를 찾아내는 방법으로 유명한 것이 브레인스토밍(Brainstorming)과 브레인라이팅(Brainwirting)이다.

6.1 section 실험계획법의 개념

6.1.1 실험계획법의 정의

실험계획법(Design of Experiments)이란 실험에 대한 계획 방법을 의미하는 것으로 문제를 해결하기 위하여 어떻게 실험을 실시하고 데이터를 어떻게 취하며, 어떠한 통계기법으로 데이터를 분석해야 최소의 실험으로 최대의 정보를 얻을 수 있는가를 계획하는 것이다.

6.1.2 실험계획법의 순서

실험을 계획하고 이를 실시하여 얻어진 데이터를 분석하며, 그 결과를 실제로 적용시키는 일련의 과정은 아래의 그림과 같은 순서에 따른다.

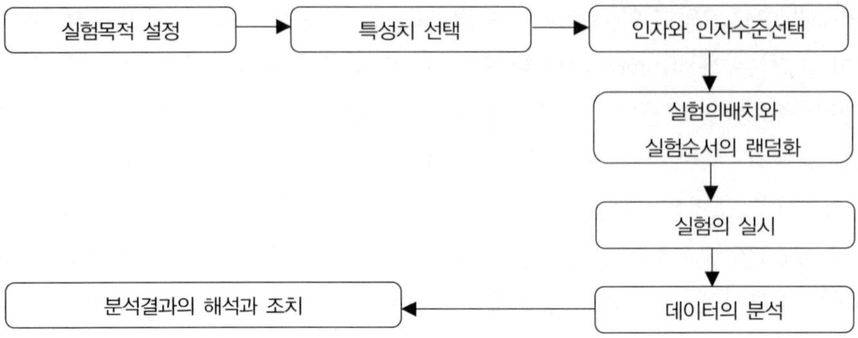

그림 6.1 실험의 순서

- **특성치** : 실험결과가 데이터의 형태로 얻어지는 반응치
  예를 들어 철강제품의 품질을 향상시키기 위하여 강도를 더 크게 하고 싶은 실험이라면 강도가 특성치이다.
- **인자** : 특성치의 산포에 영향을 주는 무수히 많은 원인들 중에서 실험에 직접 선택된 원인(과다한 인자의 수는 실험비용도 크고 정확도를 감소시키기 때문에 실험의 목적을 달성할 수 있다고 사료되는 범위내에서 최소의 인자를 선택) 인자를 분류하면 다음과 같다.

모 수 인 자	변 량 인 자
온도, 압력, 장치, 조작방법 등과 같이 기술적으로 수준이 지정되어 있는 인자	날짜, 로트등과 같이 인자 수준이 랜덤하게 선택되며 기술적인 의미가 없는 인자

- **인자의 수준** : 수준수는 보통 2~5수준이 적당하며, 6수준을 초과하지 않도록 한다.

6.1.3 실험계획의 기본원리

실험계획에 사용되는 기본원리로서 다음의 다섯 가지를 들 수 있으며, 실험을 계획하는 단계에서 실험자는 이 원리들을 항상 염두에 두고 실험계획을 작성하면 실험의 정도가 좋고 분석이 용이한 실험계획을 구상할 수 있다.

① 랜덤화의 원리(principle of randomization)

뽑힌 인자 외에 기타 원인들의 영향이 실험 결과에 편의되게 미치는 것을 없애기 위한 방안으로서 실험순서가 무작위로 결정된다.

② 반복의 원리(principle of replication)

각 수준의 조합에서 실험을 2회 이상 행하여 실험결과의 신뢰도를 높이려는 원리로 반복을 함으로써 오차항의 자유도가 크게 되며, 또한 오차분산의 정도가 높게 추정되어 실험 결과의 신뢰성을 높일 수 있다.

③ 블록화의 원리(principle of blocking)

실험 전체를 시간적, 공간적으로 분할하여 블록으로 만들어 주면 각 블록 내에서는 실험 환경이 균일하게 되어 정도가 좋은 결과를 얻을 수 있다.

④ 교락의 원리(principle of confounding)

검출할 필요가 없는 2인자 교호작용이나 고차의 교호작용과 블록과 교락시킴으로써 실험의 효율을 높이는 방법이다.

⑤ 직교화의 원리(principle of orthogonality)

요인간에 직교성을 갖도록 실험계획을 하여 데이터를 구하면 실험 횟수도 줄일 수 있을 뿐만 아니라 같은 실험 횟수라도 검출력이 더 좋은 검정을 할 수 있고, 추정의 정도도 높일 수 있다.

6.1.4 실험계획법의 분류

실험을 배치하는 형에 의하여 다음과 같이 분류할 수 있다.

① 요인배치법(factorial design)

인자의 각 수준의 모든 조합에서 실험이 행해지며 실험순서가 완전히 랜덤하게 행하여 지는 실험계획으로 완비형 계획이라고 하며, 1원배치, 2원배치, 다원배치, 2n과 3n 요인실험이 이에 해당된다.

② 분할법(split-plot design)

실험순서가 완전히 랜덤하게 정해지지 않고 실험 전체를 몇 단계로 나누어 단계별로 랜덤화 하는 방법이다.

③ 교락법(confounding method)

검출할 필요가 없는 교호작용을 다른 요인과 교락되도록 배치하는 방법으로 실험 횟수를 늘리지 않고도 실험을 간편하게 할 수 있다.

④ 일부실시법(fractional factorial design)

불필요한 2인자 교호작용이나 고차의 교호작용을 희생시켜 각 인자의 조합 중 일부만 선택하여 실험하는 방법으로 직교배열표나 라틴방격법, 그레코라틴 방격법, 초그레코라틴 방격법이 이에 해당된다.

⑤ 불완비 블록 계획법(incomplete block design)

같은 실험의 장(이것을 보통 블록으로 취급함)에서 비교하고자 하는 인자 수준의 조합이 모두 들어 있지 않고 완전랜덤화가 곤란한 경우에 사용하는 방법으로 교락법, 분할법, 일부실시법 등이 이에 해당된다.

⑥ 반응표면계획법(response surface design)

반응표면분석을 고려하여 데이터의 수집계획을 세울 때 사용하는 방법으로 화학공장에서 공정의 최적 조건을 찾는 데 사용되며, 중심합성계획법, 회전계획법, EVOP법, 심플렉스법이 이에 해당된다.

6.1.5 실험계획에 사용되는 모형

① 모수모형

: 모수인자로만 구성

② 변량모형

: 변량인자로만 구성

③ 혼합모형

: 모수인자와 변량인자로 구성(대표적인 것이 난괴법이다)

6.2 미니탭을 이용한 실습
section

[DOE(Design of Experiments) 용어]

- 인자(factor) : 실험에 사용되는 input 요소
- 수준(level) : 각 실험인자의 설정치
- 반응치(response) : 실험의 수치적 결과(보통 Y로 표시)
- 주효과(main effect) : 독립된 인자 하나의 수준 변화에 따른 반응치의 영향
- 교호효과(interaction effect) : 두개 이상의 인자가 결합하여 반응인자에 미치는 영향
- 해(resolution) : 일부실시법에서 실험디자인의 교락의 정도를 표시해주는 기호
- 교락(confounding) : 두개 이상의 인자에 의한 효과가 더해져서 나타나는현상으로 분리하기가 어려움

6.2.1 분산분석의 개요

분산분석(ANOVA: analysis of variance)이란 실험계획법에서 가장 많이 사용되는 분석방법으로 2개 이상의 여러 모집단의 모평균을 비교하는 사용되는 통계적 기법이다. 특성치의 산포를 제곱합(sum of squares : 이를 변동 또는 자승합이라고도 부른다)으로 나타내고 이 제곱합을 실험과 관련된 요인마다의 제곱합으로 분해하여 오차에 비해 큰 영향을 주는 요인이 무엇인가를 찾아내는 분석방법이다. 각 요인의 제곱합을 그 요인의 자유도로 나누면 그 요인의 제곱평균이 되며 오차분산에 비하여 얼마나 큰가를 검토하게 된다. 따라서 분산분석이란 특성치의 산포를 요인별로 분해하여 어느 요인이 큰 산포를 나타내고 있는가를 규명하는 방법이라고 말할 수 있다. 그리고 분산분석을 위해서는 다음의 두가지 가정이 만족되어야 한다. 첫째, 각 모집단은 정규분포를 한다. 둘째, 각 모집단의 분산은 동일하다. 이러한 가정하

에서 귀무가설이 사실이라면 k개의 모집단은 평균과 분산이 동일한 정규 모집단이 된다. 그러나 어떠한 이유로 이러한 가정이 만족되지 않을 때는 모든 평균이 동일하다는 가설을 검정하기 위해 분산분석법으로 접근해서는 안된다.

미니탭에서 지원하는 분산분석에는 여러 종류가 있지만 여기에서는 일원분산분석과 이원분산분석, 평균분석에 대해 다루고자 한다.

(1) 일원분산분석(One-Way ANOVA)

하나의 인자를 여러 수준에서 동일한 조건으로 실험하는 경우로 일원배치법(one-way classification layout)이라고도 한다.

분산분석표와 검정순서(l:수준수, m:반복수)

요인	제곱합	자유도	분산	F비
실험조건(A)	S_A	$l-1$	V_A	V_A/V_E
잔 차(E)	S_E	$l(m-1)$	V_E	
계(T)	S_T	$lm-1$		

$$S_A = m\sum_{i=1}^{l}(\bar{x}_{i.} - \bar{x})^2 , \qquad S_E = S_T - S_A ,$$

$$S_T = \sum_{i=1}^{l}\sum_{j=1}^{m}(\bar{x}_{ij} - \bar{x})^2$$

검정 순서

- 가설을 설정한다. H_0: $\mu A = \mu B = \mu C = \mu D$, H_1: μA, μB, μC, μD 중 적어도 하나는 다름.
- 유의수준 α 를 설정한다. 보통(0.05 또는 0.01)
- 검정통계량 F값을 계산한다.
- P값을 산출 : 유의수준과 비교할 확률 P를 계산한다. P값은 F분포에 있어서 F이상의 값이 발생할 확률 α 이다.
- 판정 : P 값에 의한 판정

P값 ≤ 유의수준α : 귀무가설 H_0를 기각한다.
P값 > 유의수준α : 귀무가설 H_0를 기각하지 않는다.

기각치에 의한 판정

> F비 $\geq$ F(자유도;α) : 귀무가설 H_0를 기각한다.
> F비 $<$ F(자유도;α) : 귀무가설 H_0를 기각하지 않는다.

예제 6.1

stack형 데이터 일원분산분석

이노베이션(주)의 어떤 제품 생산공정에 반응온도가 생산되는 제품의 강도에 영향을 미치는지를 알아보기 위해 반응온도 변화에 따라서 강도가 어떤 변화를 하고, 또한 어떤 온도의 수준에서 가장 높은 강도를 보여주는가를 알아보기 위해 실험을 하였다. 반응온도를 인자로 수준(A1:50℃, A2:55℃, A3:60℃, A4:65℃)취하고 각 온도에서 4회씩 반복해서 전체 16회 실험을 랜덤하게 진행했다.

A1	A2	A3	A4
13	10	12	9
9	8	13	23
16	8	13	16
14	13	14	20

풀이

[단계 1] 데이터를 아래와 같이 워크시트에 입력한다. 일원분산분석은 stack 데이터일때, unstack 데이터일때 분석메뉴가 틀려지는데 stack 데이터일 때 분석을 수행하고자 한다면 아래와 같이 입력한다.

Worksheet 1 ***

↓	C1-T 반응온도	C2 강도
1	A1	13
2	A1	9
3	A1	16
4	A1	14
5	A2	10
6	A2	8
7	A2	8
8	A2	13
9	A3	12
10	A3	13
11	A3	13
12	A3	14
13	A4	9
14	A4	23
15	A4	16
16	A4	20

[단계 2] 미니탭 메뉴의 Stat → ANOVA → One-way 실행한다.

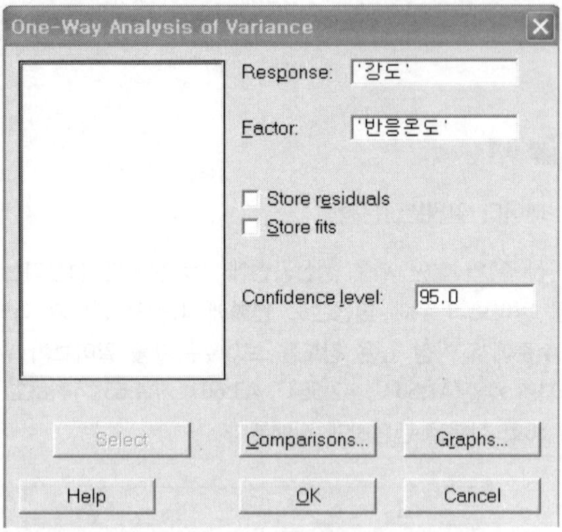

위와 같은 입력창에 Response에는 데이터 열을 선택하고, Factor 에는 인자가 들어 있는 열을 선택한다. Comparisons의 다중비교(multiple comparisons)는 수준별 평균차이를 비교한다. 다중비교는 수준별 평균간 차이의 실제적인 유의성을 평가하게 해준다. 예제에서는 아래와 같이 Tukey's와 Hsu's MCB를 선택하도록 한다. error rate는 0.1에서 50%의 값을 갖는데 미니탭에 입력시 5이상의 수치를 입력하면 알아서 %로 바꾸어준다. Hsu's MCB에서는 두가지의 선택 메뉴가 있는데 Largest is best 는 평균이 큰 수준이 좋다는 의미이고 Smallest is best는 평균이 작은 수준이 좋다는 의미이다.
store residuals 은 잔차의 값을 워크시트의 빈 열에 저장하는 메뉴로 잔차는 측정 데이터에서 수준별 평균을 뺀 값을 말한다.

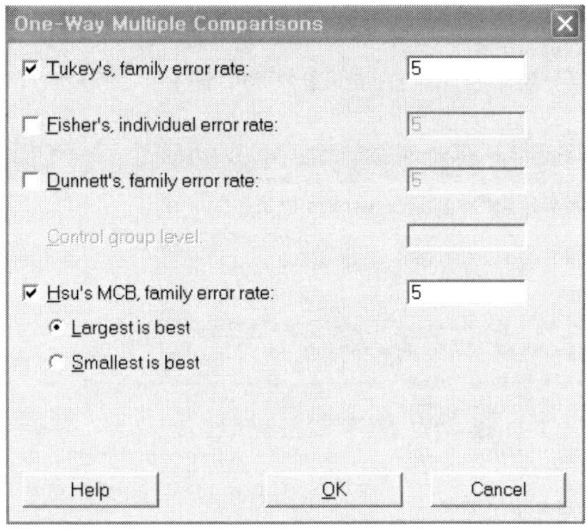

Graphs는 잔차관련 그래프를 그리는 것이다. 아래와 같은 창에서 관련 그래프를 선택하면 된다.

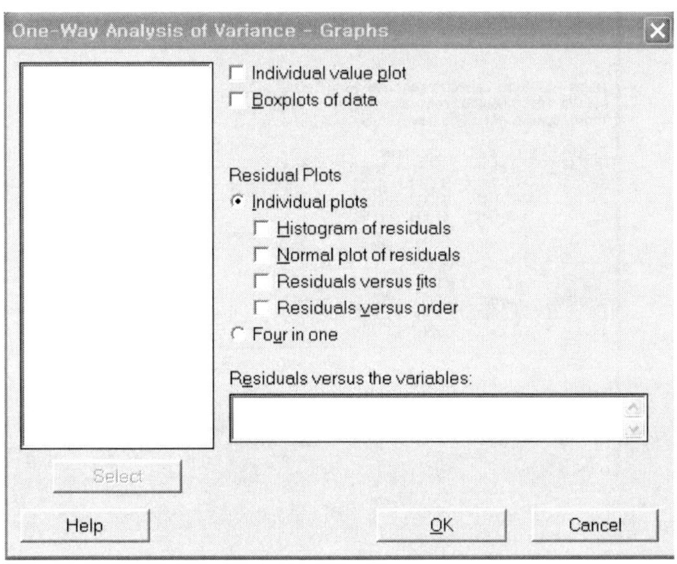

[단계 3] 결과 출력 : one-way Analysis of variance 입력창에 Response에 강도 데이터를 Factor에 반응온도 데이터를 입력한 후 OK를 클릭하면 아래와 같은 분산분석 결과가 session창에 출력된다.

```
Session

One-way ANOVA: 강도 versus 반응온도

Source    DF     SS    MS     F      P
반응온도   3  105.7  35.2  2.73  0.090
Error     12  154.8  12.9
Total     15  260.4

S = 3.591   R-Sq = 40.58%   R-Sq(adj) = 25.73%
Individual 95% CIs For Mean Based on
                           Pooled StDev
Level  N    Mean  StDev  -----+---------+---------+---------+----
A1     4  13.000  2.944        (---------*--------)
A2     4   9.750  2.363  (--------*---------)
A3     4  13.000  0.816        (---------*--------)
A4     4  17.000  6.055               (--------*---------)
                         -----+---------+---------+---------+----
                             8.0      12.0      16.0      20.0
Pooled StDev = 3.591


Hsu's MCB (Multiple Comparisons with the Best)

Family error rate = 0.05
Critical value = 2.29
Intervals for level mean minus largest of other level means

Level    Lower  Center  Upper   --+---------+---------+---------+-------
A1      -9.808  -4.000  1.808        (--------*---------)
A2     -13.058  -7.250  0.000   (---------*-----------)
A3      -9.808  -4.000  1.808        (--------*---------)
A4      -1.808   4.000  9.808                  (---------*--------)
                                --+---------+---------+---------+-------
                                -12.0      -6.0       0.0       6.0


Tukey 95% Simultaneous Confidence Intervals
All Pairwise Comparisons among Levels of 반응온도
Individual confidence level = 98.83%

반응온도 = A1 subtracted from:
반응온도    Lower  Center   Upper  --------+---------+---------+---------+-
A2        -10.791  -3.250   4.291      (--------*--------)
A3         -7.541   0.000   7.541          (--------*--------)
A4         -3.541   4.000  11.541              (--------*--------)
                                   --------+---------+---------+---------+-
                                         -8.0       0.0       8.0      16.0

반응온도 = A2 subtracted from:
반응온도   Lower  Center   Upper  --------+---------+---------+---------+-
A3        -4.291   3.250  10.791              (--------*--------)
A4        -0.291   7.250  14.791                   (--------*--------)
                                  --------+---------+---------+---------+-
                                        -8.0       0.0       8.0      16.0

반응온도 = A3 subtracted from:
반응온도   Lower  Center   Upper  --------+---------+---------+---------+-
A4        -3.541   4.000  11.541               (--------*--------)
                                  --------+---------+---------+---------+-
                                        -8.0       0.0       8.0      16.0
```

분산분석 결과 아래의 Individual 95% CIS For Mean Based on pooled StDev 에서는 95%의 신뢰구간을 그림을 통해 볼 수 있고, 각 수준별로 표준편차가 다르므로 이들을 대표할 수 있는 표준편차를 추정한 값이다. Hsu's MCB 에서는 비교하고자 하는 수준을 결정한 후 그룹내의 수준 평균이 높은 값에서 비교하고자 하는 수준의 평균값을 뺀 후 그 차이의 신뢰구간을 나타낸 것이다. Tukey's pairwise comparisons에서는 각 수준별로 평균값의 차에 대한 신뢰구간을 나타낸다. 신뢰구간안에 0을 포함하고 있으면 두 수준간에는 평균의 차가 있다고 할 수 없다.

[단계 4] 결과 해석 : 분산분석을 해본 결과 p값이 0.090로 유의수준 α =0.05으로 할 때 α 보다 크므로 유의하지 않다. 즉, 평균간의 차이가 있다고 말할 수 없다. 반응온도는 강도에 영향을 주지 못한다. ◉

예제 6.2

unstack형 데이터 일원분산분석

이노베이션(주)의 제품 생산공정에 반응온도가 생산되는 제품의 강도에 영향을 미치는지를 알아보기 위해 반응온도 변화에 따라서 강도가 어떤 변화를 하고, 또한 어떤 온도의 수준에서 가장 높은 강도를 보여주는가를 알아보기 위해 실험을 하였다. 반응온도를 인자로 수준(A1:50℃, A2:55℃, A3:60℃, A4:65℃)취하고 각 온도에서 4회씩 반복해서 전체 16회 실험을 랜덤하게 진행했다.

A1	A2	A3	A4
13	10	12	9
9	8	13	23
16	8	13	16
14	13	14	20

풀이

[단계 1] 데이터를 아래와 같이 워크시트에 입력한다. 일원분산분석은 stack 데이터일때, unstack 데이터일때 분석메뉴가 틀려지는데 unstack 데이터일 때 분석을 수행하고자 한다면 아래와 같이 입력한다.

Worksheet 2 ***

↓	C1	C2	C3	C4
	A1	A2	A3	A4
1	13	10	12	9
2	9	8	13	23
3	16	8	13	16
4	14	13	14	20

[단계 2] 미니탭 메뉴의 Stat → ANOVA → one-way(Unstacked)를 실행한다.

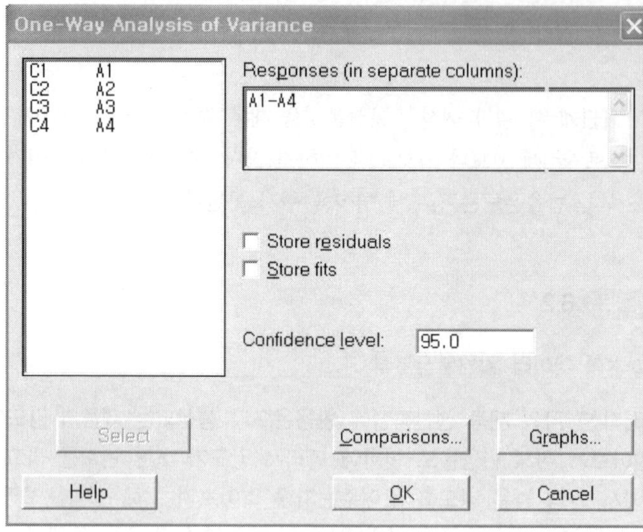

위의 Response 입력창에 측정한 데이터가 들어있는 A1~A4 열을 선택한다.

[단계 3] 결과 출력 : OK를 클릭하면 아래와 같은 결과가 session창에 출력된다.

```
Session

One-way ANOVA: A1, A2, A3, A4

Source  DF     SS    MS     F      P
Factor   3  105.7  35.2  2.73  0.090
Error   12  154.8  12.9
Total   15  260.4

S = 3.591   R-Sq = 40.58%   R-Sq(adj) = 25.73%

                             Individual 95% CIs For Mean Based on
                             Pooled StDev
Level  N    Mean  StDev  -----+---------+---------+---------+----
A1     4  13.000  2.944          (---------*--------)
A2     4   9.750  2.363  (--------*---------)
A3     4  13.000  0.816          (---------*--------)
A4     4  17.000  6.055                    (--------*---------)
                         -----+---------+---------+---------+----
                            8.0      12.0      16.0      20.0

Pooled StDev = 3.591
```

[단계 4] 결과 해석 : 앞에서 언급한 예제 1의 stack 데이터 분석 결과와 동일하게 출력된다. P값이 0.090로 유의수준 α =0.05보다 크므로 유의하지 않다. 즉, 평균간의 차이가 있다고 말할 수 없다. 반응온도는 강도에 영향을 주지 못한다.◉

(2) 이원분산분석(Two-Way ANOVA)

두 개 이상의 인자가 반응치에 영향을 미칠 때, 인자의 수준차이에 의해 반응치가 유의할 정도의 차이를 보이는 지를 통계적으로 방법으로 검정하는 분석 방법이다. 아래의 그림은 이원배치실험의 데이터 배열표를 나타낸 것이다.

A인자 / B인자	A1	A2	A3
B1	데이터 1 · ·	데이터 4 · ·	데이터 7 · ·
B2	데이터 2 · ·	데이터 5 · ·	데이터 8 · ·
B3	데이터 3 · ·	데이터 6 · ·	데이터 9 · ·

반복실험을 하지 않았을때 A1B1의 조합한 실험 결과를 데이터 1이라고 하면, A3B3의 결과는 데이터 9라고 할 수 있다.

이원분산분석의 종류

구 분		내 용	미니탭 사용 메뉴
반복없는 이원배치	균형설계	두 개의 인자는 모수인자이고 수준별로 1회의 실험을 수행하고 얻은 데이터가 있을 때	Two-way, Balanced ANOVA
	불균형설계		General Linear Model
반복있는 이원배치	균형설계	두개의 인자는 모수인자이고 수준별로 2회 이상의 실험을 수행하고 얻은 데이터가 있을 때	Two-way, Balanced ANOVA
	불균형설계		General Linear Model
혼합모형	균형설계	하나의 인자는 변량, 또다른 인자는 모수인자인 실험에서 데이터가 얻어질 때	Balanced ANOVA
	불균형설계		General Linear Model

이원분산분석표

· 반복없는 이원분산분석표(l : 인자수, m : 수준수)

요인	제곱합	자유도	분산	F비	F기각치
A	S_A	l−1	V_A	V_A/V_E	$F(\Phi A, \Phi E;\alpha)$
B	S_B	m−1	V_B	V_B/V_E	$F(\Phi B, \Phi E;\alpha)$
E	S_E	(l−1)(m−1)	V_E		
T	S_T	lm−1			

· 반복있는 이원분산분석표(l : 인자수, m : 수준수, r : 반복수, A×B : 교호작용)

요인	제곱합	자유도	분산	F비	F기각치
A	S_A	l−1	V_A	V_A/V_E	$F(\Phi A, \Phi E;\alpha)$
B	S_B	m−1	V_B	V_B/V_E	$F(\Phi B, \Phi E;\alpha)$
A×B	$S_{A\times B}$	(l−1)(m−1)	$V_{A\times B}$	$V_{A\times B}/V_E$	$F(\Phi A\times B, \Phi E;\alpha)$
E	S_E	lm(r−1)	V_E		
T	S_T	lm−1			

예제 6.3

이노베이션(주)의 벽돌공장에서는 벽돌 강도에 영향을 주는 여러 가지 인자 중에서 우선적으로 모래종류(A)와 모래첨가량으로 사용되는 화학물질의 함량(B)이 어떤 영향을 주고 각 인자의 어떤 수준조합에서 높은 강도를 주는가를 실험하였다. 인자의 수준은 다음과 같이 정하였고 각각 2회에 걸쳐 실험을 하여 데이터를 얻었다.

A : 모래종류(3수준) : 바닷모래(A1), 민물모래(A2), 가공모래(A3)
B : 모래첨가량으로 사용되는 화학물질(2수준) : 2%(B1), 3%(B2)

인자B \ 인자A	A1	A2	A3
B1	44 54	95 67	52 35
B2	67 51	77 62	54 41

풀이

[단계 1] 데이터를 아래와 같이 3개의 열에 실험조합별로 워크시트에 입력한다.

Worksheet 1 ***

↓	C1-T 모래종류(A)	C2-T 화학물질(B)	C3 강도
1	A1	B1	44
2	A1	B1	54
3	A1	B2	67
4	A1	B2	51
5	A2	B1	95
6	A2	B1	67
7	A2	B2	77
8	A2	B2	62
9	A3	B1	52
10	A3	B1	35
11	A3	B2	54
12	A3	B2	41

[단계 2] 미니탭 메뉴의 Stat → ANOVA → Two-way를 실행한다.

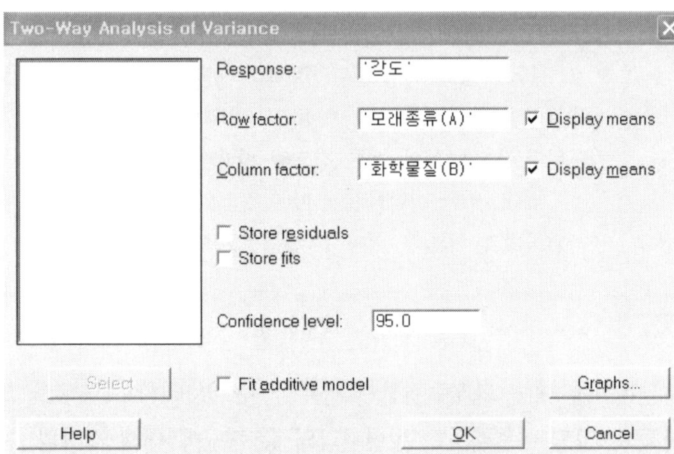

위와 같은 session창에 Response에는 측정한 데이터가 들어있는 '강도'열을 선택한다. Row factor, Column factor에는 인자의 수준이 입력된 열을 하나씩 선택한다. 어떤 것을 먼저 선택하든 상관없다. Display means는 각 인자의 수준별 평균과 신뢰구간을 출력시키고자 할 때 선택한다. 여기서는 선택을 하고 실습을 해본다. store residuals은 잔차 값을 워크시트의 빈열에 저장하는 메뉴이다. 여기서는 선택하지 않는다. Fit additive model은 교호작용없이 모델에 적합시킬때 선택한다.

[단계 3] 결과 출력 : OK를 클릭하면 아래와 같은 결과가 session창에 출력된다.

```
Session

Two-way ANOVA: 강도 versus 모래종류(A), 화학물질(B)

Source       DF       SS       MS     F      P
모래종류(A)    2  1878.50  939.250  6.18  0.035
화학물질(B)    1     2.08    2.083  0.01  0.911
Interaction   2   246.17  123.083  0.81  0.488
Error         6   911.50  151.917
Total        11  3038.25

S = 12.33   R-Sq = 70.00%   R-Sq(adj) = 45.00%

                     Individual 95% CIs For Mean Based on
                     Pooled StDev
모래종류(A)   Mean   +---------+---------+---------+---------
A1           54.00         (---------*---------)
A2           75.25                       (---------*---------)
A3           45.50   (---------*---------)
                     +---------+---------+---------+---------
                     30        45        60        75

                       Individual 95% CIs For Mean Based on
                       Pooled StDev
화학물질(B)     Mean   -----+---------+---------+---------+----
B1           57.8333   (-----------------*----------------)
B2           58.6667    (-----------------*----------------)
                       -----+---------+---------+---------+----
                          49.0      56.0      63.0      70.0
```

[단계 4] 결과 해석 : 분산분석 결과 모래종류의 경우 P값이 0.035로 유의수준 α =0.05으로 잡을 때 α 보다 작으므로 유의하다. 화학물질 인자와 인자간의 교호작용은 P값이 각각 0.911, 0.488로 유의수준보다 크므로 유의하지 않은 것으로 판단된다. 모래종류에 따른 강도의 평균과 신뢰구간은 A2의 강도가 크다는 것을 알 수 있다. 또한 화학물질에 따른 강도의 평균과 신뢰구간은 화학물질은 강도의 평균변화에 별 영향을 미치지 않는 것으로 보인다. ◉

(3) 평균분석(Analysis of Means; ANOM)

분산분석에 대해 그래픽컬하게 유추할 수 있게 해주는 것을 평균분석이라고 한다. 즉, 일원/이원배치의 실험결과의 총 평균에 대해 각각의 수준 평균이 어떻게 다른지를 세 개의 그래프를 통해 보여준다. 모든 인자가 모수인자여야 하며 일원/이원배치의 실험 결과에 대해 평균분석이 가능하다. 일원배치의 실험은 균형설계이든 불균형 설계이든 상관없지만 이원 배치의 실험은 균형설계일 때 평균분석이 가능하다. 또한 결과치 데이터들이 정규분포를 이룰 때도 평균분석이 가능하지만, 이항분포, 포아송 분포를 취할 때도 분석이 가능하다.

※ **ANOVA와 ANOM의 차이**

ANOVA는 일원/이원배치의 실험결과의 각 수준간의 차이를 검정하는 것이지만, 실험 결과 데이터의 총 평균에 대한 수준간의 평균을 비교하는 것이다.
예제를 풀어봄으로써 이해를 돕고자 한다.

예제 6.4

이노베이션(주)의 신제품인 강력 접착제 접착성분의 밀도에 영향을 주는 인자 중 온도(A)와 습도(B)가 어떤 영향을 주는지에 대한 실험을 하였다. 이 실험결과에 대해 평균분석을 실시하라. 데이터는 아래와 같다.

A : 온도(3수준) 15, 20, 25　　　B : 습도(3수준) 5, 6, 7

인자B \ 인자A	15	20	25
5	1 6 3 5	1 5 4 3	3 5 4 3
6	6 4 8 3	6 4 3 8	9 7 10 6
7	10 6 3 8	9 6 9 8	11 8 6 9

풀이

[단계 1] 데이터를 아래와 같이 3개의 열에 실험조합별로 워크시트에 입력한다.

Worksheet 1 ***

↓	C1	C2	C3
	온도(A)	습도(B)	밀도
1	15	5	1
2	15	5	6
3	15	5	3
4	15	5	5
5	15	6	6
6	15	6	4
7	15	6	8
8	15	6	3
9	15	7	10
10	15	7	6
11	15	7	3
12	15	7	8
13	20	5	1
14	20	5	5
15	20	5	4
16	20	5	3
17	20	6	6
18	20	6	4
19	20	6	3
20	20	6	8
21	20	7	9
22	20	7	6
23	20	7	9
24	20	7	8
25	25	5	3
26	25	5	5
27	25	5	4
28	25	5	3
29	25	6	9
30	25	6	7
31	25	6	10
32	25	6	6
33	25	7	11
34	25	7	8
35	25	7	6
36	25	7	9

[단계 2] 미니탭 메뉴의 Stat → ANOVA → Analysis of Means를 실행한다.

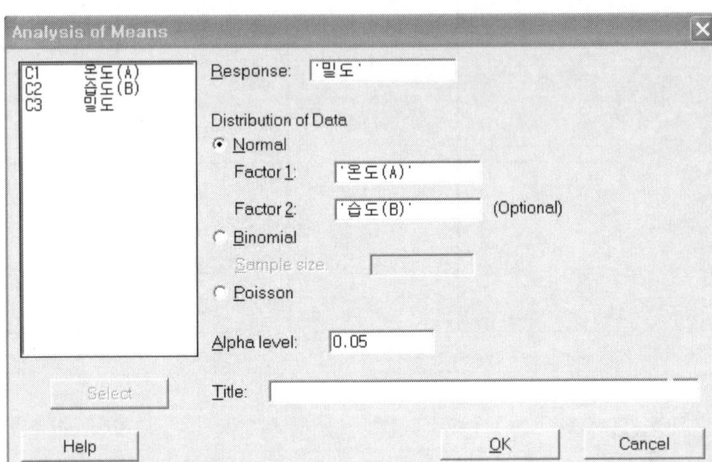

위와 같은 session창에 Response에는 측정한 데이터가 들어 있는 열을 선택한다. 측정한 데이터의 분포가 계량치로 정규분포를 따른다고 보고 Normal을 선택한다(이항분포면 Binomial, 포아송분포면 Poisson 선택). 이원배치이므로 인

자가 두 개이므로 각각 하나씩 선택한다. 유의수준 α 값을 지정하는 것은 default는 0.05이다. Include a summary table은 평균분석 요약표를 session 창에 출력하는 것을 결정짓는 것이다. 예제에서는 출력하기로 한다.

[단계 3] 결과 출력 : OK를 클릭하면 아래와 같은 결과가 그래프 창에 출력된다.

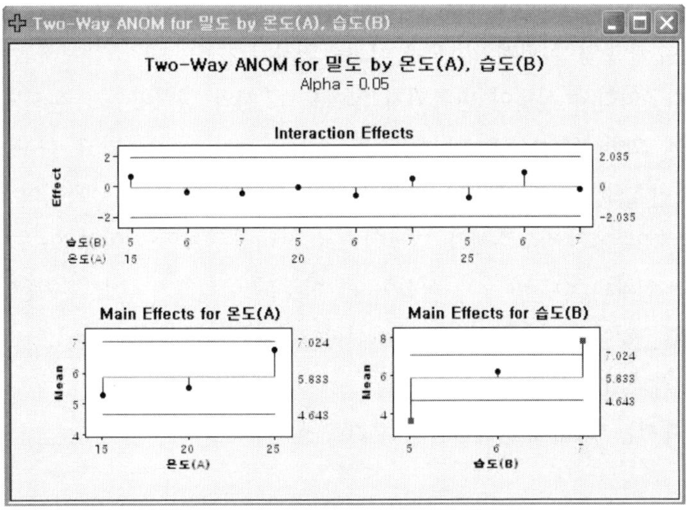

[단계 4] 결과 해석

· 세 개의 그래프가 출력되는데 제일 위는 교호작용 효과에 대한 그래프이고, 아래는 인자들의 효과에 대한 그래프이다. 그래프에는 center line과 control limits을 가지고 있으며 그래프의 타점은 각 처리에서의 평균을 의미한다. 만일 타점이 한계선 밖으로 나간다면 그 점이 뜻하는 처리의 평균은 총 평균과는 다르다는 뜻으로 유의하다는 증거가 된다.

· 이원배치의 평균분석결과에 대한 해석은 이렇게 하도록 한다. 먼저 교호작용의 효과가 있는지 없는지를 보는데, 만일 유의하다면 더 이상 주효과에 대한 고찰을 할 필요가 없다. 왜냐하면 하나의 인자의 효과는 그 자체만의 영향이 아니라 다른 인자 수준에 달려 있기 때문이다.

· 예제 1의 결과 그래프를 해석하면, 우선 교호작용을 나타낸 그래프는 관리한계를 넘어서는 타점을 볼 수 없으므로 교호작용이 유의하다는 증거는 없다. 주효과 그래프를 보면, center line은 총 평균을 나타내는 선이고 한계선은 총 평균에 근거한 신뢰구간이며, 타점은 인자의 처리에서의 평균이다. 온도인자 수준은 한계선을 벗어나지 않는다. 그러므로 총평균에 대해 온도인자의 수준의 평균은 차이가 없다고 볼 수 있다. 다음은 습도인자의 그래프를 보게 되면 수준 1과 수준 3이 각각 한계선을 벗어나고 있음을 볼 수 있다. 이는 유의수준

0.05에서 총 평균에 대해 습도 인자의 수준 1과 수준 3의 평균은 차이가 있다는 증거이다. ◉

6.2.2 요인배치법(Factorial Design)

일반적으로 K^n 요인배치법(K^n factorial design)이란, 인자의 수가 n이고 각 인자의 수준수가 k인 실험계획법으로, 모든 인자간의 수준의 조합에서 실험이 이루어지는 실험이다. 따라서 실험이 반복되지 않아도 K^n개의 실험횟수가 실시되어야 한다. 요인배치법에 의한 실험을 요인실험(factorial experiment)이라고 하고, 요인실험에서는 모든 요인효과(인자의 효과와 교호작용)를 추정할 수 있다는 특징이 있다. K^n 요인실험에서는 2순계와 3수준계가 일반적으로 쓰이고 있다. 2^2이면 인자가 두 개로 A, B이고 각 인자의 수준이 2인 실험이다. 이것은 이원배치법에서 수준이 각각 2인 실험과 동일한 것이다. 2^3이면 삼원배치실험에서 각 인자의 수준이 2인 경우이다. 3^2이면 수준이 각각 3인 이원배치실험이다.

이장에서는 2수준요인실험만 다루기로 한다.

(1) 요인배치법의 유형

- **스크리닝설계**(Screening designs) : 중요 입력변수나 프로세스 품질에 영향을 주는 프로세스 조건을 확인함으로써 입력변수를 줄이는 데 사용된다. 스크리닝으로 많이 사용되는 실험계획법은 two-level full, 일부실시법, Plackette-Burman법 등이 있다. 이러한 실험계획법들은 1차 모델(선형)로 적합시키는데 유용하고, 만일 실험 배치에 중심점(center point)을 추가시킨다면 2차 모델(곡면)의 정보를 제공하기도 한다.
- **완전요인설계**(Full factorial designs;완전배치법) : 인자의 모든 수준 조합에서 실시되는 실험계획이다. 실험인자가 2수준일때 인자의 모든 조합에서 실시되는 실험계획인 2수준완전요인설계(Two-level factorial designs)와 실험인자 수준에 따른 모든 조합에서 실시되는 실험계획인 완전요인설계(General full factorial designs)가 있다.
- **일부실시설계**(Fractional factorial designs;부분배치법) : 인자의 수가 만약 10개이고 2수준이라면 210=1024번의 실험횟수로서 실험의 실시가 곤란하게 된다. 그러므로 필요로 하는 요인에 대한 정보를 얻기 위하여 의미가 적은 고차의 교호작용을 희생시켜서 실험의 횟수를 적게 하자는 것이 일부실시설계이다. 일부실시설계

에서는 불필요한 교호작용을 중요한 요인들과 교락 시켜주는 것이 보통인데 교락된 효과는 분리해서 검출할 수 없다. 일부실시설계를 계획할 때는 직교배열표를 사용하는 것이 편리하며, 미니탭에서는 2수준의 인자 15개까지 설계를 지원한다.

- **Plackette-Burman 설계** : 해상도 3인 실험으로, 주로 주효과를 탐색하고자 할 때 사용한다. 해상도 3인 실험은 주효과가 2차의 교호작용과 교락 됨을 의미한다. 즉, 2차의 교호작용이 없다는 가정을 하게 되면 주효과는 확실히 검출된다는 의미이다. 미니탭에서는 2수준의 인자 47개까지 Plackette-Burman법을 지원하며 실험은 8회에서 48회까지 4회씩 증가된 수로만 시행 된다. 또한 인자의 수는 반드시 실험의 시행수 보다 작아야 한다.

(2) 미니탭에서의 요인실험 절차

① 실험계획서의 작성 : 어떤 인자가 유의한지, 수준은 어느 정도로 할지, 시행수는 몇 회로 할지, 샘플은 어떻게 채취할지, 게이지로 측정한다면 Gage R&R은 실시가 되었는지 등 여러 가지 실험을 하기 위한 계획을 세운다.

② Create Factorial Design : 완전 또는 일부실시의 실험계획을 생성한다. 이미 워크시트에 데이터를 가지고 있다면 Define Custom Factorial Design을 선택한다.

③ Modify Design : 실험계획 후 인자명, 수준, 반복수, 랜덤화를 수정하고자 한다면 변경할 수 있다.

④ Display Design : 실험계획 후 실험의 실행 순서와 워크시크상에 인자로 표현되는 units(coded 또는 uncoded)를 표시할 수 있다.

⑤ 실험을 실시하고, 데이터들을 수집 후, 수집한 데이터를 워크시트에 입력한다.

⑥ Analyze Factorial Design : 실험결과를 모델에 적합시킨다.

⑦ Factorial Plots, Contour/Surface Plots : 주효과, 교호작용, cube plot, Contour/ Surface plot 등을 그린다.

⑧ Response Optimizer, Overlaid Contour Plot : 반응치가 다수일 때 분석한다.

(3) 2수준 요인실험계획의 생성

첫 번째, 2수준 요인실험계획을 생성하기 위해서 미니탭을 실행시키고 Stat → DOE → Factorial → Create Factorial Design을 선택한다. 아래와 같은 Factorial Designs이 입력창이 뜬다.

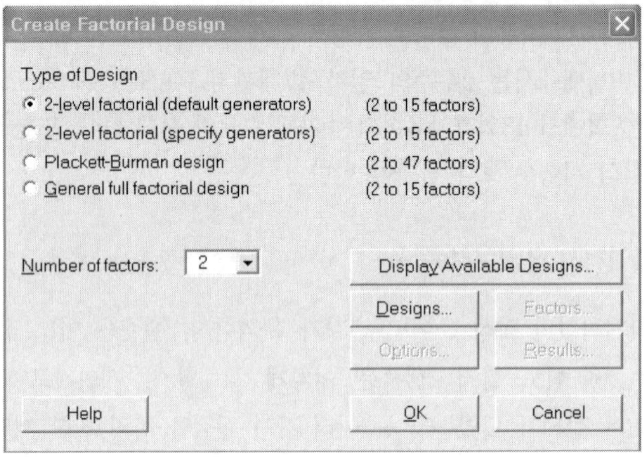

Type of Design 4개의 유형 중에서 첫 번째 2수준요인실험 설계를 선택한다(참고로 두 번째는 특정한 2수준 요인실험을 설계할 때 선택한다. 세 번째는 PB법을 설계 하고자 할 때 선택한다. 네 번째는 인자와 수준에 상관없이 완전요인실험을 설계 하고자 할 때 선택한다). Number of factors에는 인자의 수 2를 선택한다.

Display Available Designs는 요인실험에 대한 요약내용을 보는 것이다. 클릭하면 아래의 창이 나타난다.

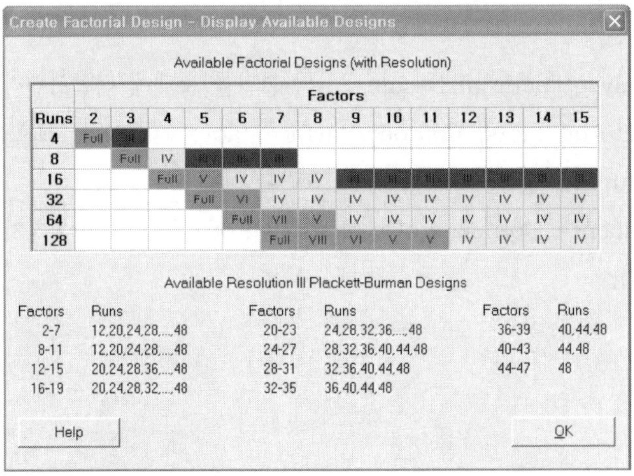

음영이 표시되어 있는 부분이 인자수와 실험횟수에 따른 해상도를 볼 수 있다. Available Resolution III Plackett-Burman은 PB법 설계시 인자에 따른 실험 시행 가능수를 알 수 있다.

원하는 실험계획을 선택하기 위해서는 입력창의 Designs을 선택하면 아래와 같은 창이 뜬다. 차례대로 원하는 실험계획을 선택하고, 실험설계시 중심점을 지정하고, 실험설계시 반복수를 지정하고, 실험설계시 블록을 지정할 수 있다.

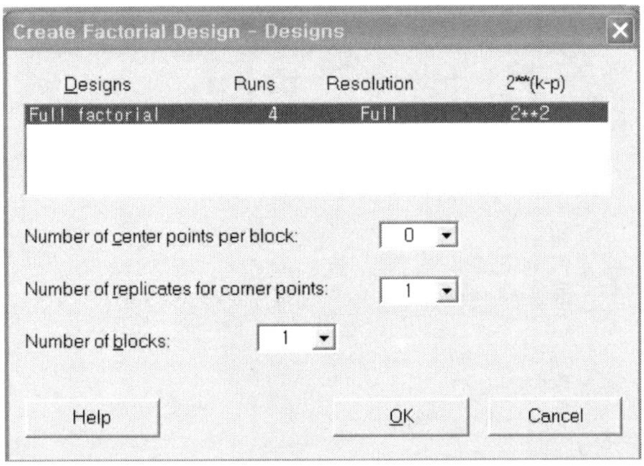

Designs에서 원하는 실험계획을 선택하면 다음의 메뉴들이 하이라이트 된다.

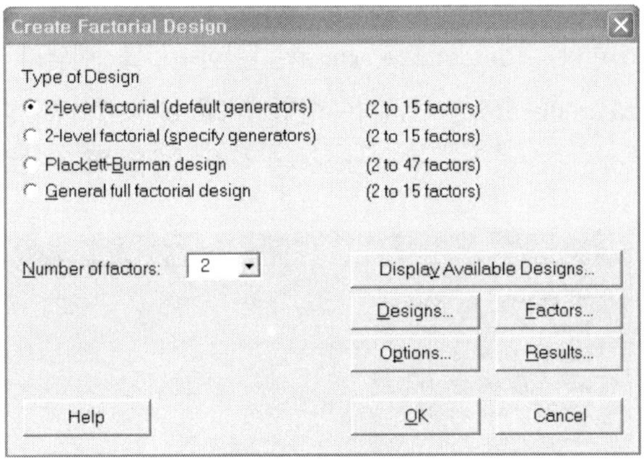

Factors는 인자의 이름과 수준을 입력한다.

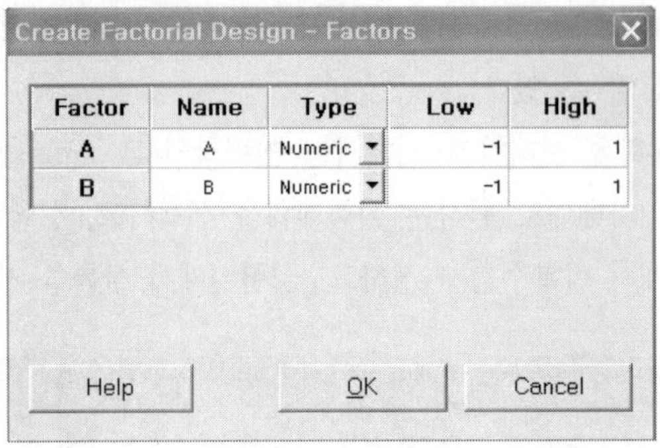

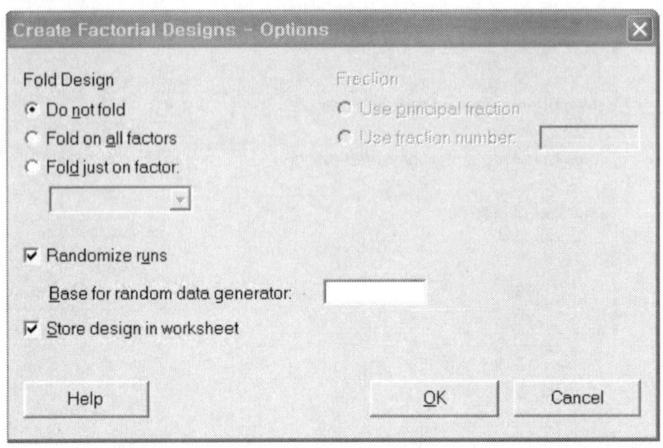

Options 창의 Fold Design은 실험의 모든 인자 또는 개별 인자에 대해 실험수를 폴드(fold)한다. Randomize runs는 실험순서를 랜덤화 한다. Base for random data generator는 똑같은 실험계획을 연속해서 생성할 때 그 횟수를 지정한다. Store design in worksheet는 실험계획을 워크시트에 저장한다.

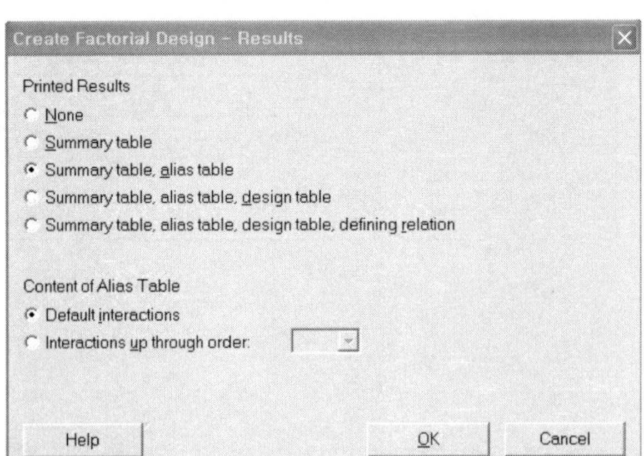

Results는 session 창의 Printed Results는 출력하고자 하는 실험계획을 다양하게 지정할 수 있다. Content Alias Table은 session 창에 별명(alias)과 관련된 내용을 출력시킬 때 교호작용의 차수를 지정한다.

다음으로 간단히 Create Factorial Design 창의 OK를 클릭하면 아래와 같은 결과가 나온다. 실험계획을 워크시트에 저장한다. 워크시트의 Runorder는 실험계획 후 실험실시에 따른 랜덤순서를 나타내는 것이고 CenterPt는 중심점이 포함된 실험계획이라면 0이라고 표시된다. Blocks은 실험계획이 블록화가 되지 않았다면 1이 표시된다. C5~C6은 인자의 수준조합이 나열되어 있다.

Full Factorial Design

```
Factors:  2   Base Design:         2, 4
Runs:     4   Replicates:             1
Blocks:   1   Center pts (total):     0


All terms are free from aliasing.
```

Worksheet 6 ***

↓	C1 StdOrder	C2 RunOrder	C3 CenterPt	C4 Blocks	C5 A	C6 B	C7
1	3	1	1	1	-1	1	
2	1	2	1	1	-1	-1	
3	2	3	1	1	1	-1	
4	4	4	1	1	1	1	
5							
6							
7							

예제 6.5

50명의 통계학 성적에 대한 다음 자료의 도수분포표를 작성하여라.

제품의 강도에 영향을 주는 6가지 인자 중 가장 큰 영향을 미치는 인자를 스크리닝하고자 한다. 인자간의 3인자, 4인자 교호작용은 무시해도 좋다면 디자인을 어떻게 할 수 있는가? (해상도 Ⅳ인 16실시의 일부실시 설계를 하고자 한다.)

풀이

[단계 1] 미니탭 메뉴의 Stat → DOE → Factorial → Create Factorial Design 를 실행한다.

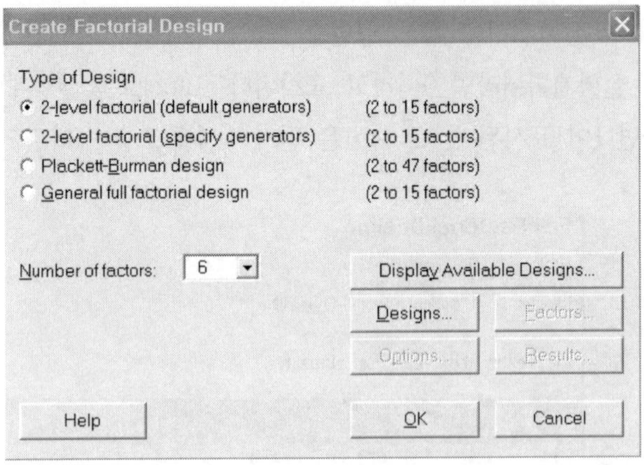

default generators를 선택한다. Number of factors에 인자수를 6이라고 입력한다.

Designs를 클릭하여 아래와 같은 Designs의 입력창에서 16회의 일부실시 실험을 선택한다.

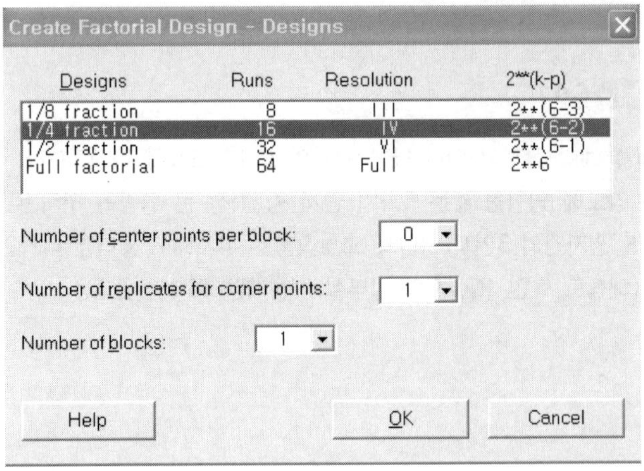

마지막으로 session 창에 출력되는 내용을 지정하기 위해 Factorial Designs의 창의 Results를 클릭하여 Printed Results 중에서 제일 마지막에 있는 것으로 지정한다.

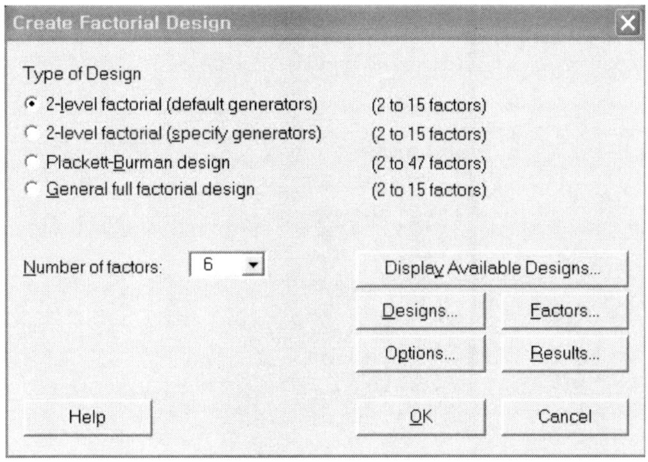

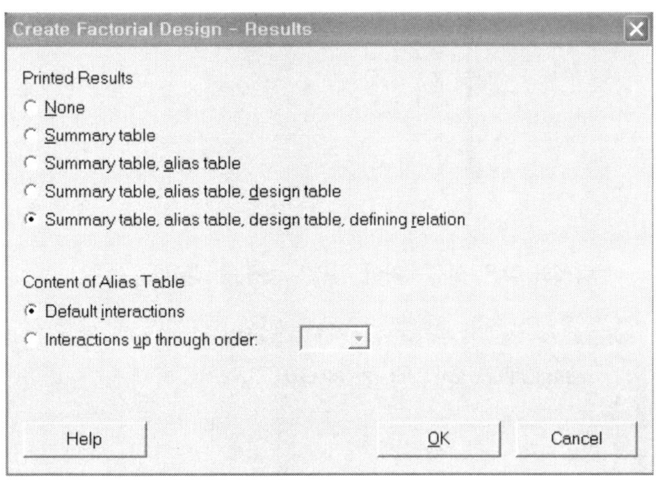

[단계 2] 결과 출력 : Factorial Designs에서 OK를 클릭하면 아래와 같은 결과가 session 창과 워크시트에 출력된다.

```
Session

Fractional Factorial Design

Factors:   6   Base Design:          6, 16   Resolution:   IV
Runs:     16   Replicates:               1   Fraction:    1/4
Blocks:    1   Center pts (total):       0


Design Generators: E = ABC, F = BCD


Defining Relation:  I = ABCE = BCDF = ADEF


Alias Structure

I + ABCE + ADEF + BCDF

A + BCE + DEF + ABCDF
B + ACE + CDF + ABDEF
C + ABE + BDF + ACDEF
D + AEF + BCF + ABCDE
E + ABC + ADF + BCDEF
F + ADE + BCD + ABCEF
AB + CE + ACDF + BDEF
AC + BE + ABDF + CDEF
AD + EF + ABCF + BCDE
AE + BC + DF + ABCDEF
AF + DE + ABCD + BCEF
BD + CF + ABEF + ACDE
BF + CD + ABDE + ACEF
ABD + ACF + BEF + CDE
ABF + ACD + BDE + CEF


Design Table (randomized)

Run  A  B  C  D  E  F
  1  -  +  +  -  -  -
  2  +  -  -  +  +  +
  3  +  +  -  +  -  -
  4  +  +  -  -  -  +
  5  -  -  -  +  -  +
  6  -  +  -  -  +  +
  7  +  +  +  -  +  -
  8  +  -  +  +  -  -
  9  -  -  +  -  +  +
 10  +  +  +  +  +  +
 11  +  -  +  -  -  +
 12  -  -  +  +  +  -
 13  +  -  -  -  +  -
 14  -  -  -  -  -  -
 15  -  +  +  +  -  +
 16  -  +  -  +  +  -
```

아래와 같은 실험계획이 워크시트에 출력된다.

Worksheet 7 ***

↓	C1	C2	C3	C4	C5	C6	C7	C8	C9	C10
	StdOrder	RunOrder	CenterPt	Blocks	A	B	C	D	E	F
1	7	1	1	1	-1	1	1	-1	-1	-1
2	10	2	1	1	1	-1	-1	1	1	1
3	12	3	1	1	1	1	-1	1	-1	-1
4	4	4	1	1	1	1	-1	-1	-1	1
5	9	5	1	1	-1	-1	-1	1	-1	1
6	3	6	1	1	-1	1	-1	-1	1	1
7	8	7	1	1	1	1	1	-1	1	-1
8	14	8	1	1	1	-1	1	1	-1	-1
9	5	9	1	1	-1	-1	1	-1	1	1
10	16	10	1	1	1	1	1	1	1	1
11	6	11	1	1	1	-1	1	-1	-1	1
12	13	12	1	1	-1	-1	1	1	1	-1
13	2	13	1	1	1	-1	-1	-1	1	-1
14	1	14	1	1	-1	-1	-1	-1	-1	-1
15	15	15	1	1	-1	1	1	1	-1	1
16	11	16	1	1	-1	1	-1	1	1	-1
17										

[**단계** 3] 결과 해석 : 6인자라면 완전 요인실험계획(full factorial design)인 경우 26, 즉 64회의 시행을 해야 하는데, 여러 가지 여건사아 그럴 수 없기 때문에 1/4 일부실시를 선택했다. 블록이 지정되지 않은 실험계획의 해상도는 정의 관계에서의 term의 길이 (I=ABCE=BCDF=ADEF)와 같다. 즉, 해상도가 Ⅳ인 실험이며, 이 실험은 주효과가 3차 교호작용과 교락되어 있음을 뜻한다. 2인자 교호작용은 서로 교락되어 있으므로 어떤 유의한 관계가 있으면 그들의 성질을 정의하기 위해 보다 심화한 평가가 필요하게 될 것이다. 데이터 매트릭스는 랜덤화가 되었으며 예로 Run 1은 A인자, B인자, C인자, E인자는 높은 수준에서, D인자, F인자는 낮은 수준에서 실험을 하라는 뜻이다. ◉

6.2.3 반응표면분석(Response Surface)

여러 개의 설명변수 $\xi_1, \xi_2, \cdots, \xi_k$가 복합적인 작용을 함으로써 어떤 반응변수 η에 영향을 주고 있을 때, 이러한 반응의 변화가 이루는 반응표면에 대한 통계적인 분석방법을 말한다. 여기서 설명변수는 반응에 영향을 주는 독립변수 또는 인자를 말하고, 반응변수는 설명변수의 영향을 받아서 어떤 반응을 나타내는 종속변수를 말한다.

(1) 반응표면 실험의 절차

① 실험인자의 선정 : 반응변수에 어떤 인자가 유의한지를 결정한다.

② Create RS Design : 중심합성(central composite) 또는 Box-Behnken을 생성한다. 이미 워크시트에 데이터를 가지고 있다면 Define Custom RS Design을 선택한다.

③ Modify Design : 실험계획 후 인자명, 수준, 반복수, 랜덤화를 수정하고자 한다면 변경할 수 있다.

④ Display Design : 실험계획 후 실험의 실행 순서와 워크시트상에 인자로 표현되는 units(coded 또는 uncoded)를 표시한다.

⑤ 실험을 실시하고 데이터를 수집한 후, 수집한 데이터를 워크시트에 입력한다.

⑥ Analyze RS Design : 실험결과를 모델에 적합시킨다.

⑦ Contour/Surface(Wireframe)Plots : contour/surface plot을 그린다.

⑧ Response Optimizer, Overlaid Contour Plot : 여러개의 반응변수에 대해 최적화 할 수 있는 해와 그래픽컬한 정보를 얻게 해준다.

(2) 반응표면실험 설계하기

미니탭을 사용하면 중심합성(central composite)법과 Box-Behnken법을 설계할 수 있다. 여기서는 중심합성법만 다루기로 한다.

반응표면 실험계획의 생성

미니탭을 실행시키고 Stat → DOE → Response Surface → Create Response Surface Design을 선택하면 아래와 같은 Create Response Surface Design 창이 뜬다.

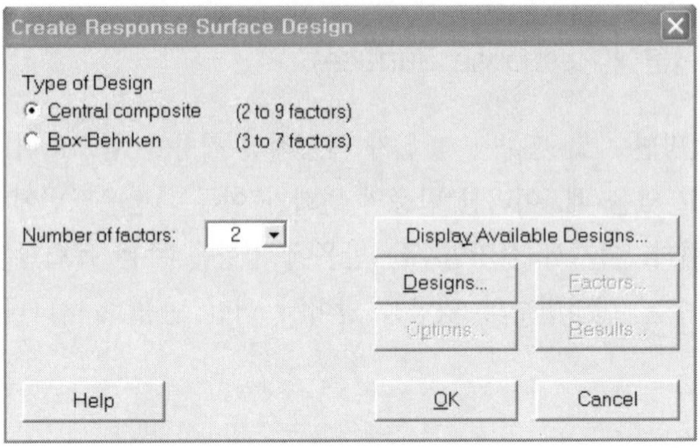

Type of Design에서 중심합성법(Central composite)을 선택하고 Number of factors에서 인자수 2를 선택한다. Display Available Designs는 반응표면실험에 대한 요약을 보여주는 것이다. 클릭하면 인자수와 그에 따른 반응표면 실험의 유형을 볼 수 있는 아래와 같은 창이 뜬다.

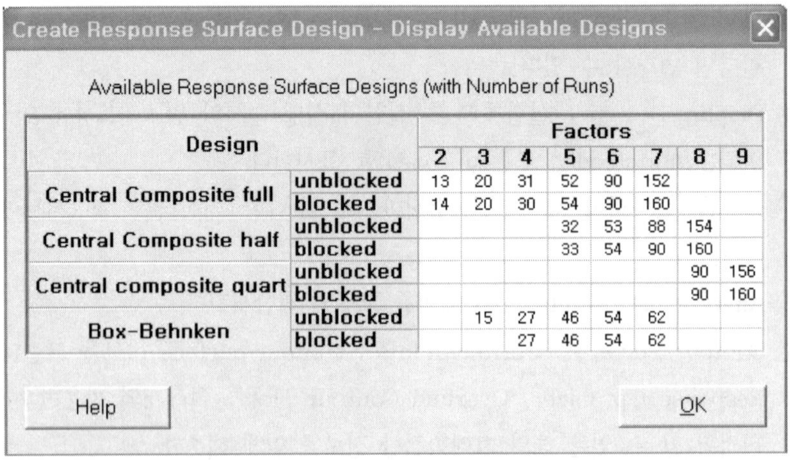

Design		Factors 2	3	4	5	6	7	8	9
Central Composite full	unblocked	13	20	31	52	90	152		
	blocked	14	20	30	54	90	160		
Central Composite half	unblocked				32	53	88	154	
	blocked				33	54	90	160	
Central composite quart	unblocked							90	156
	blocked							90	160
Box-Behnken	unblocked		15	27	46	54	62		
	blocked			27	46	54	62		

Response Surface Design 창에서 Designs은 원하는 실험계획을 하기 위해 선택하는 것이다. 클릭하면 아래와 같은 창이 뜬다.

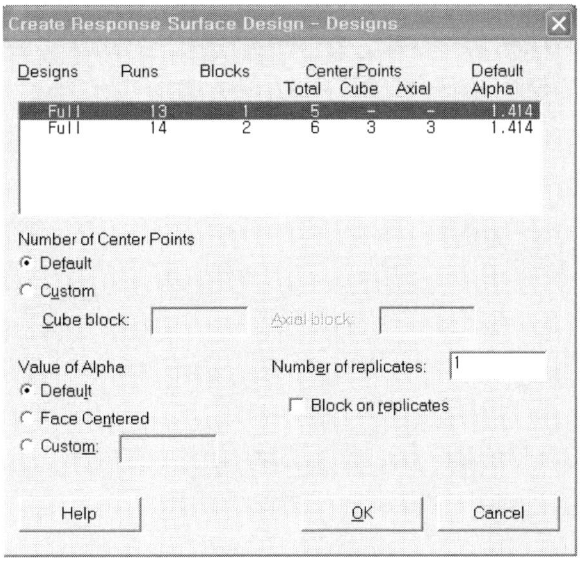

원하는 실험계획을 선택하고, Number of center pojnts에서 실험설계시 중심점을 지정한다. 여기서는 Defautlt 값으로 한다. 그리고 α 값을 지정하면 된다. Designs에서 원하는 실험계획을 선택하면 다음의 메뉴들이 하이라이트 된다.

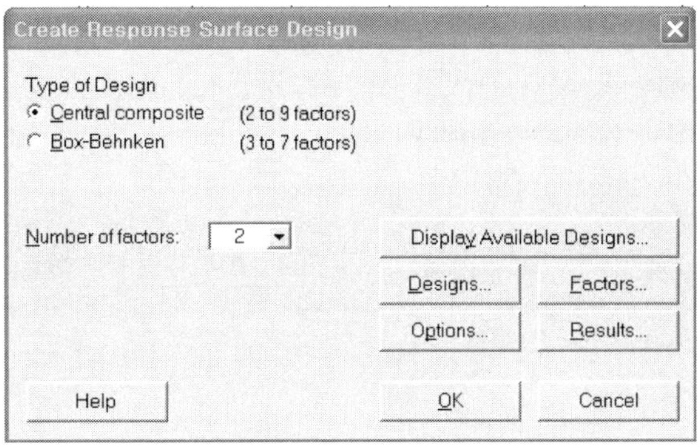

Factors를 클릭하면 아래와 같은 창이 뜨는데 인자의 이름과 수준을 입력한다.

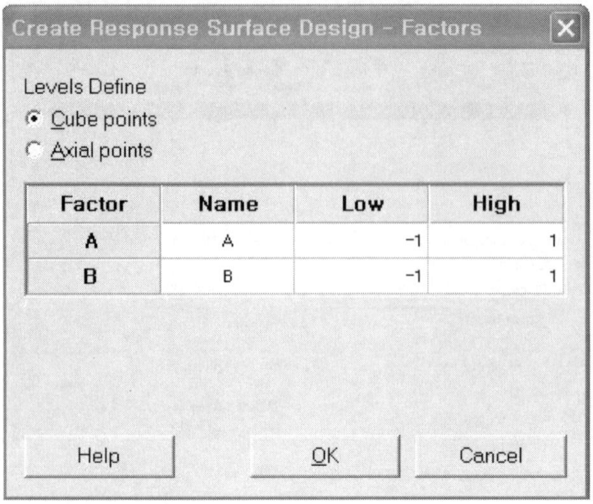

Options을 클릭하면 아래와 같은 창이 뜨는데 Radomize runs을 체크하면 실험순서를 랜덤화 하는 것이고 Base for random data generator는 똑같은 실험계획을 생성할 때 그 횟수를 지정하는 것이다. Store design in worksheet는 실험계획을 워크시트에 저장하는 것이다.

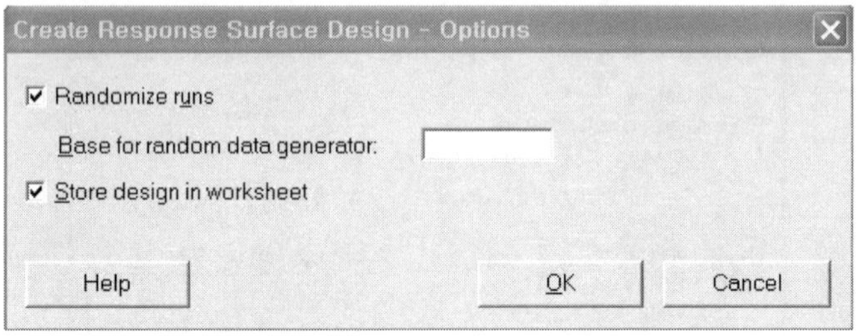

Results 클릭하면 아래와 같은 창이 뜨는데 session 창에 출력하고자 하는 실험 계획 결과를 다양하게 지정할 수 있다.

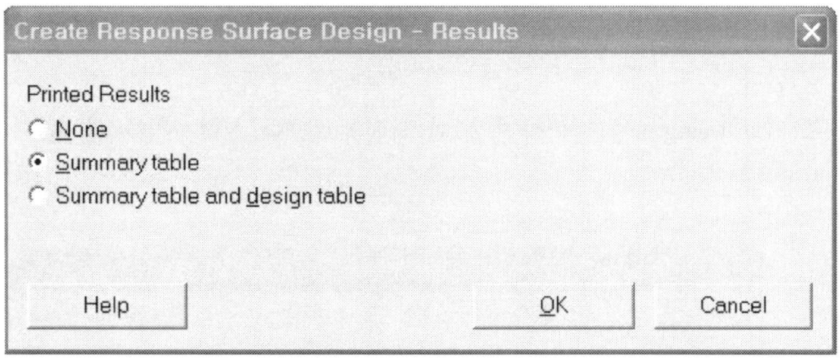

예제 6.6

중심합성법 예제

제품의 수율에 영향을 주는 3가지 인자가 다음과 같을 때 수율을 최대화 하는 중심합성법으로 설계하라. 2일에 걸쳐 실험이 실시된다. (2개의 블럭으로 설정)

인자	인자명	낮은수준(-1)	높은수준(1)
A	압력	5.5	9.5
B	온도	60	80
C	시간	10	14

풀이

[단계 1] 미니탭 메뉴의 Stat → DOE → Response Surface → Create Response Surface Design을 선택한다. 아래와 같은 창이 뜨면 인자수를 3이라고 입력한다.

그리고 Designs을 클릭하여 20회 시행에 2블럭 실험계획을 선택한다.

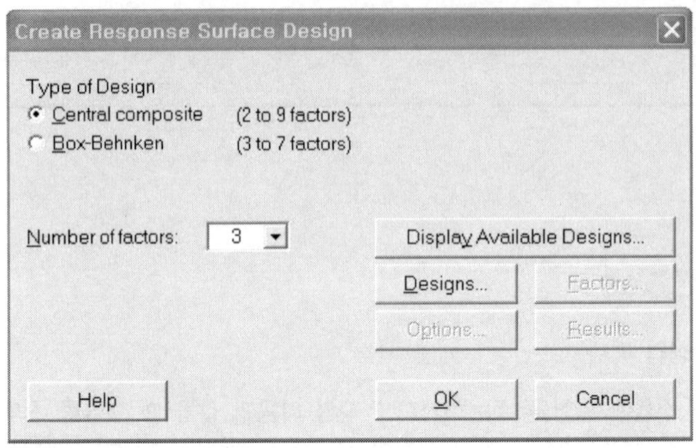

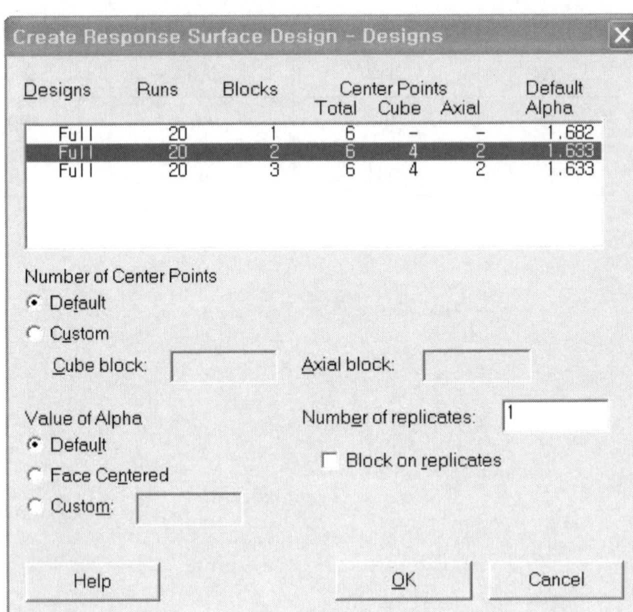

마지막으로 Factors를 클릭하여 아래와 같이 인자명과 인자의 낮은/높은 수준을 입력한다.

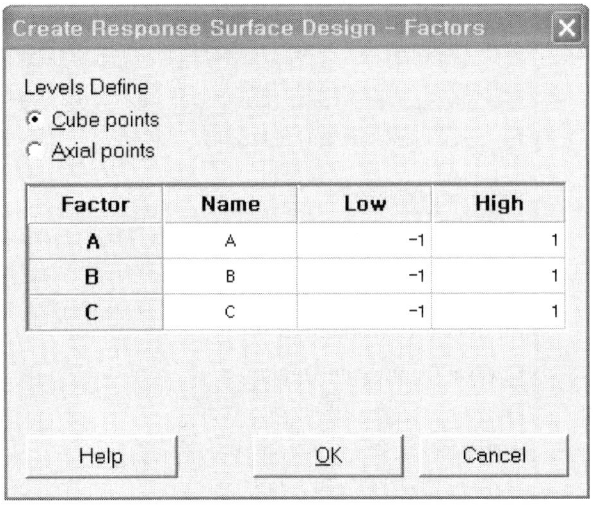

출력하고자 하는 실험결과를 지정하기 위해 Results에서 Summary table and data table를 지정한다.

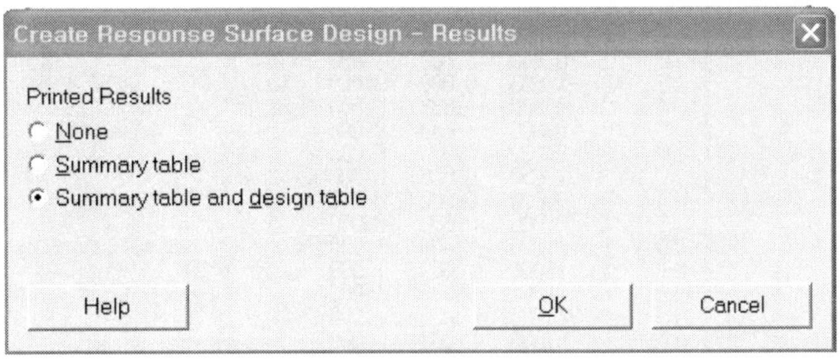

위의 과정이 끝났으면 제일 처음 Response Surface Design창의 ok를 클릭하면 결과가 출력된다.

[**단계** 2] 결과 출력 : 아래와 같은 결과가 session 창에 출력된다.

Session

Central Composite Design

```
Factors:       2     Replicates:     1
Base runs:    13     Total runs:    13
Base blocks:   1     Total blocks:   1

Two-level factorial: Full factorial

Cube points:             4
Center points in cube:   5
Axial points:            4
Center points in axial:  0

Alpha: 1.41421
```

Results for: Worksheet 9

Central Composite Design

```
Factors:       3     Replicates:     1
Base runs:    20     Total runs:    20
Base blocks:   2     Total blocks:   2

Two-level factorial: Full factorial

Cube points:             8
Center points in cube:   4
Axial points:            6
Center points in axial:  2

Alpha: 1.633
```

Design Table (randomized)

Run	Blk	A	B	C
1	2	0.000	0.000	1.633
2	2	0.000	0.000	-1.633
3	2	-1.633	0.000	0.000
4	2	0.000	-1.633	0.000
5	2	0.000	1.633	0.000
6	2	0.000	0.000	0.000
7	2	1.633	0.000	0.000
8	2	0.000	0.000	0.000
9	1	0.000	0.000	0.000
10	1	-1.000	1.000	-1.000
11	1	-1.000	-1.000	-1.000
12	1	1.000	-1.000	1.000
13	1	-1.000	-1.000	1.000
14	1	0.000	0.000	0.000
15	1	1.000	-1.000	-1.000
16	1	0.000	0.000	0.000
17	1	1.000	1.000	1.000
18	1	0.000	0.000	0.000
19	1	1.000	1.000	-1.000
20	1	-1.000	1.000	1.000

[**단계** 3] 결과 해석 : 3인자, 2블럭, 20회 실시의 중심합성법이 생성되었다. 이 실험계획은 회전성과 직교화 블록의 속성을 가진다. 위의 결과에서 실험점을 위한 인자의 셋팅치와 실험조건들을 볼 수 있다. 예를 들어 Run 1은 블록 1에서 A인자(압력)가 9.5, B인자(온도)가 80 , C인자(시간)가 10이라는 조건으로 실험을 실시해야 함을 뜻한다. 그리고 아래와 같은 실험계획이 워크시트에 출력된다.

Worksheet 9 ***

↓	C1 StdOrder	C2 RunOrder	C3 PtType	C4 Blocks	C5 A	C6 B	C7 C
1	18	1	-1	2	0.000	0.000	1.633
2	17	2	-1	2	0.000	0.000	-1.633
3	13	3	-1	2	-1.633	0.000	0.000
4	15	4	-1	2	0.000	-1.633	0.000
5	16	5	-1	2	0.000	1.633	0.000
6	19	6	0	2	0.000	0.000	0.000
7	14	7	-1	2	1.633	0.000	0.000
8	20	8	0	2	0.000	0.000	0.000
9	12	9	0	1	0.000	0.000	0.000
10	3	10	1	1	-1.000	1.000	-1.000
11	1	11	1	1	-1.000	-1.000	-1.000
12	6	12	1	1	1.000	-1.000	1.000
13	5	13	1	1	-1.000	-1.000	1.000
14	10	14	0	1	0.000	0.000	0.000
15	2	15	1	1	1.000	-1.000	-1.000
16	11	16	0	1	0.000	0.000	0.000
17	8	17	1	1	1.000	1.000	1.000
18	9	18	0	1	0.000	0.000	0.000
19	4	19	1	1	1.000	1.000	-1.000
20	7	20	1	1	-1.000	1.000	1.000
21							

(3) Custom 설계

이미 실험계획이 생성되었을 때, Define Custom Response Surface Design을 통해 실험계획을 다시 정의 한다. Stat → DOE → Response Surface → Define Custom Response Surface Design을 선택한다. 아래와 같은 창이 뜨면 인자의 수준이 입력되어 있는 열을 지정한다.

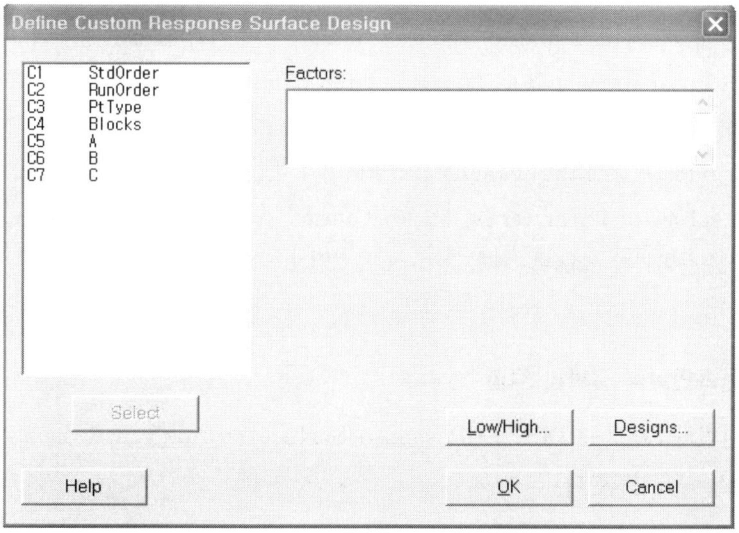

Low/High는 인자의 수준을 정하는 것이고 Designs는 실험의 블록, 실험순서, 실험의 기본 순서 등을 지정한다.

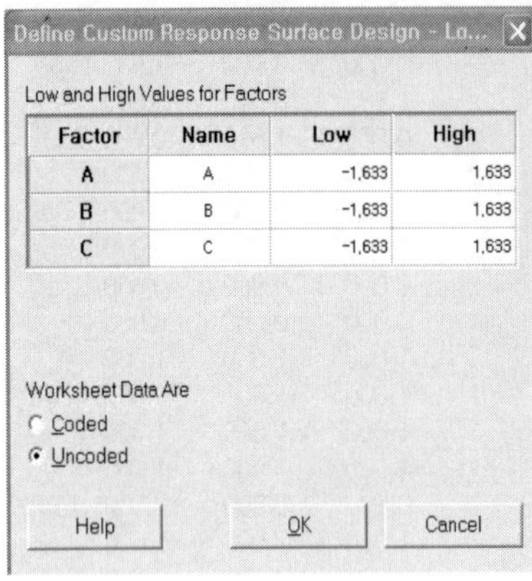

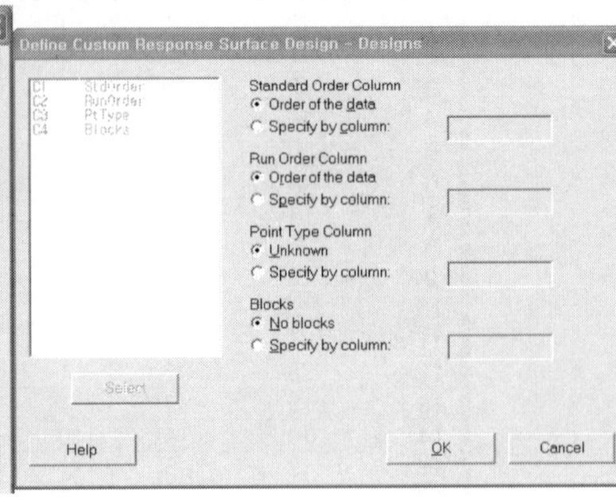

(4) 반응표면실험의 분석

반응표면실험 결과를 모델에 적합시키기 위해서는 결과 데이터가 미니탭에서 생성된 실험계획 결과에 입력되어야 한다. 반응표면으로 적합시킬 모델 항(term)은 다음과 같으며 적합되는 모델들은 검출하고자 하는 효과의 성질을 선형인지 곡선인지를 결정하게 될 것이다.

- all linear terms : 선형회귀
- all linear terms and all squared terms : 선형회귀와 제곱 항(term)
- all linear terms and all two-way interactions : 선형회귀와 2인자 교호작용
- all linear terms, all squared terms, and all two-way interactions(the dafault) : 선형회귀와 제곱 항(term)과 2인자 교호작용
- a subset of linear terms, squared terms, and two-way interactions : 선형회귀의 subset, 제곱 항(term), 2인자 교호작용

반응표면실험 결과의 적합

미니탭의 Stat → DOE → Response Surface → Analyze Response Surface Design을 선택한다.

아래와 같은 창이 뜨면 Response에 결과가 입력되어 있는 열을 선택한다. Analyze data using은 분석시 인자 수준을 code화 한 것으로 사용할지 uncode화 한 것을 사용할지를 결정한다. uncode는 인자의 실제 수준을 입력한 것을 말한다.

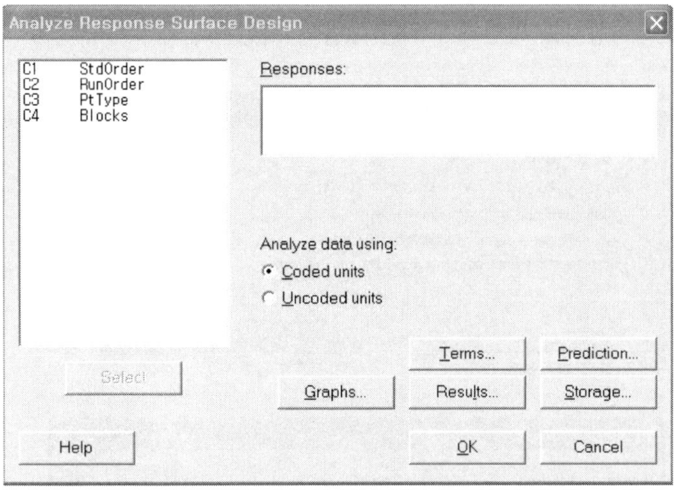

위 입력창의 Graphs를 클릭하면 아래와 같은 창이 뜬다. 잔차의 plot을 그리기 위한 잔차의 종류를 선택한다. Residual Plots은 잔차에 대한 여러 가지 그림을 그린다. Terms는 모델의 항(term)을 지정한다. 분석 가능한 항(term)으로부터 추정하고자 하는 항(term)을 선택한다.

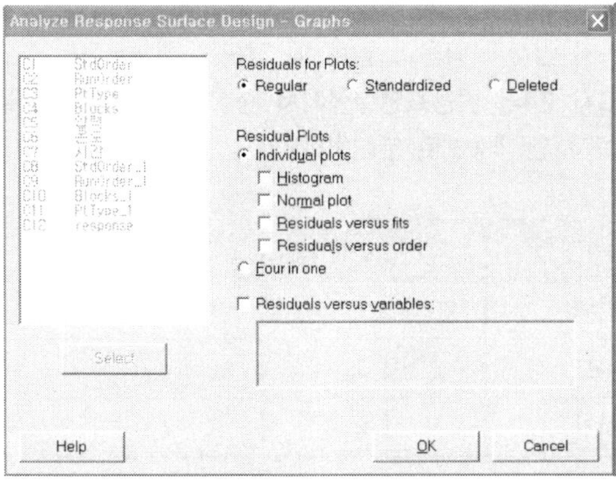

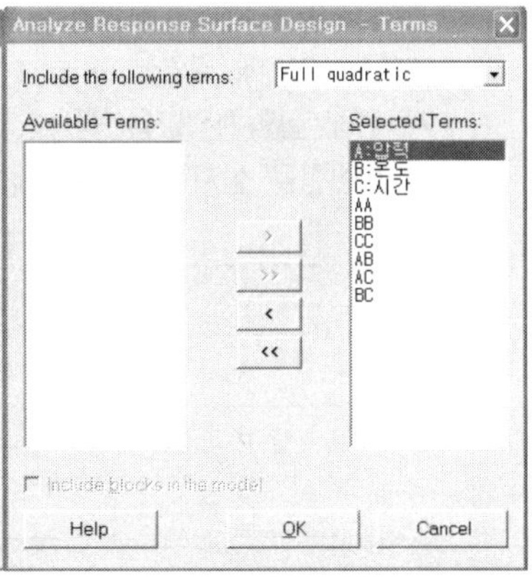

아래와 같은 창이 뜨는 Results는 실험분석 결과를 다양하게 출력시킬 수 있다. Storage을 선택하면 실험분석 결과값을 워크시트에 저장할 수 있다. Fits and Residuals는 적합값과 잔차를 워크시트에 저장한다. Model Information은 모델을 위한 계수, 실험계획 매트릭스등이 각각의 반응치에 대해 저장된다. Quadratic을 선택하면 워크시트의 열에 적합된 모델에 대한 정보를 저장한다. Other는 이상치를 확인하기 위한 값들이 저장된다.

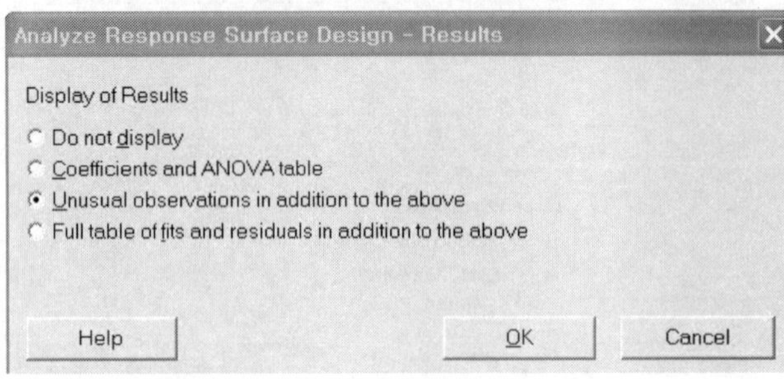

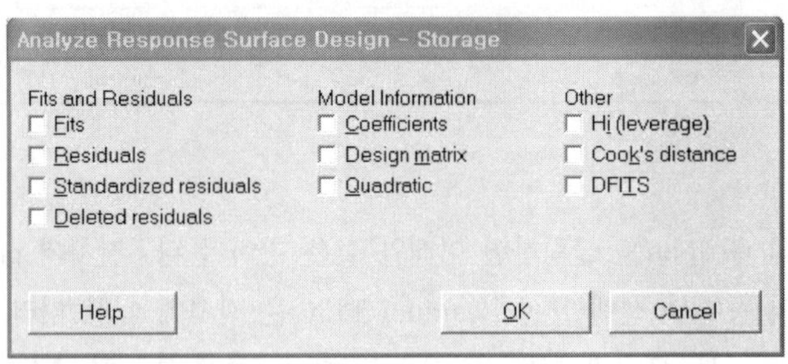

예제 6.7

제품의 강도에 영향을 주는 3가지 인자가 다음과 같을 때 강도를 최대화하는 조건을 찾기 위해 실험계획법을 적용하고자 한다. 반응표면실험에서 중심합성법으로 실험을 설계하고 실험을 실시한 후 분석해보자.(단, linear로 분석하라.)

인자	인자명	낮은수준(-1)	높은수준(1)
A	압력	3.7	5.7
B	온도	1.5	3.0
C	시간	1.3	4.0

[**단계** 1] 미니탭 메뉴의 Stat → DOE → Response Surface → Create Resp onse Surface Design 선택하여 실험을 설계한다. 인자수를 3이라고 입력한다.

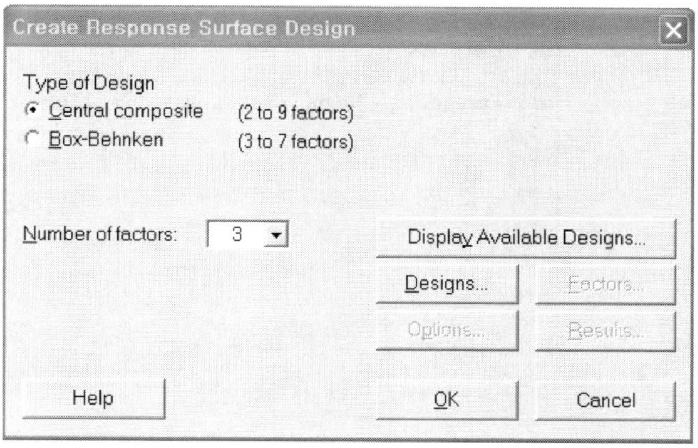

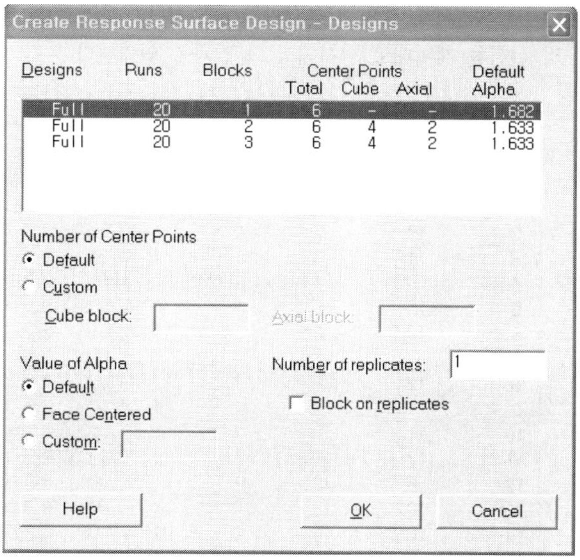

Designs 클릭하여 20회 실행의 실험계획을 선택한다. Factors 클릭하여 아래와 같은 창에 뜨면 인자명과 수준을 다음과 같이 입력한다.

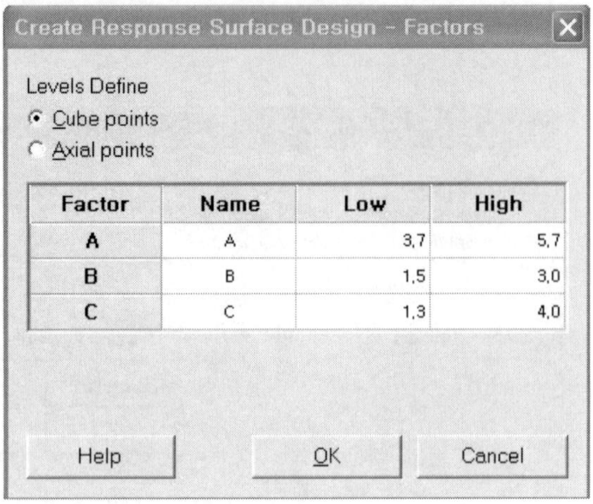

위 과정을 마무리하고 Response Surface Design에서 OK를 클릭하면 워크시트에 다음과 같은 실험계획 결과가 출력된다. C8에 있는 강도는 출력된것이 아니라 실험을 계획대로 실시해서 그 결과를 입력한다.

Worksheet 11 ***

↓	C1 StdOrder	C2 RunOrder	C3 PtType	C4 Blocks	C5 압력	C6 온도	C7 시간	C8 강도
1	8	1	1	1	5.70000	3.00000	4.00000	10.09506
2	19	2	0	1	4.70000	2.25000	2.65000	9.3144
3	14	3	-1	1	4.70000	2.25000	4.92042	10.4185
4	3	4	1	1	3.70000	3.00000	1.30000	9.2837
5	16	5	0	1	4.70000	2.25000	2.65000	11.3513
6	10	6	-1	1	6.38179	2.25000	2.65000	11.4545
7	1	7	1	1	3.70000	1.50000	1.30000	10.4770
8	12	8	-1	1	4.70000	3.51134	2.65000	7.7683
9	7	9	1	1	3.70000	3.00000	4.00000	9.4933
10	11	10	-1	1	4.70000	0.98866	2.65000	12.5187
11	13	11	-1	1	4.70000	2.25000	0.37958	11.2136
12	4	12	1	1	5.70000	3.00000	1.30000	9.5689
13	18	13	0	1	4.70000	2.25000	2.65000	9.9249
14	20	14	0	1	4.70000	2.25000	2.65000	10.1423
15	5	15	1	1	3.70000	1.50000	4.00000	9.8934
16	15	16	0	1	4.70000	2.25000	2.65000	10.1462

[**단계** 2] Stat → DOE → Response Surface → Analyze RS Design을 실행해서 실험 결과 분석을 수행한다.

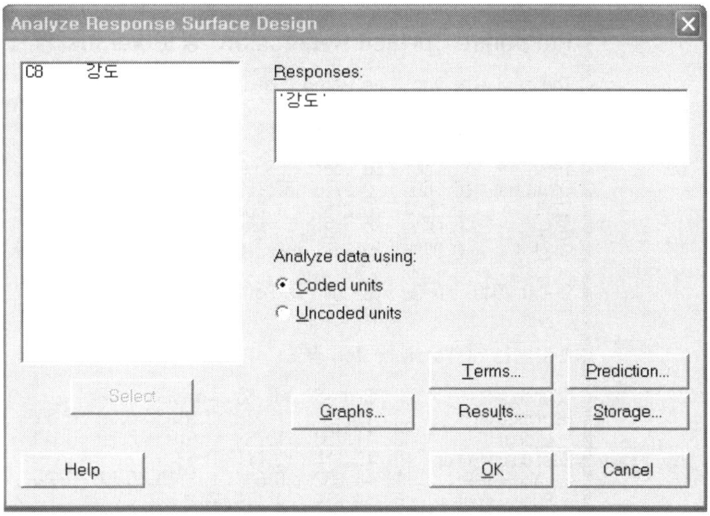

결과가 입력되어 있는 열을 선택한다. 분석시 인자 수준을 code화 한 것을 사용할지를 결정한다. uncode는 인자의 실제 수준을 입력한 것을 말한다. '강도'를 선택하고 Terms를 클릭하면 아래와 같은 창이 뜬다. 모델로 적합시키고자 하는 항(term)을 지정한다. 이번 분석은 linear 모델에 적합시키고자 하므로 Include the following terms선택에서 Linear를 선택하고 선택항은 A, B, C 로한다.

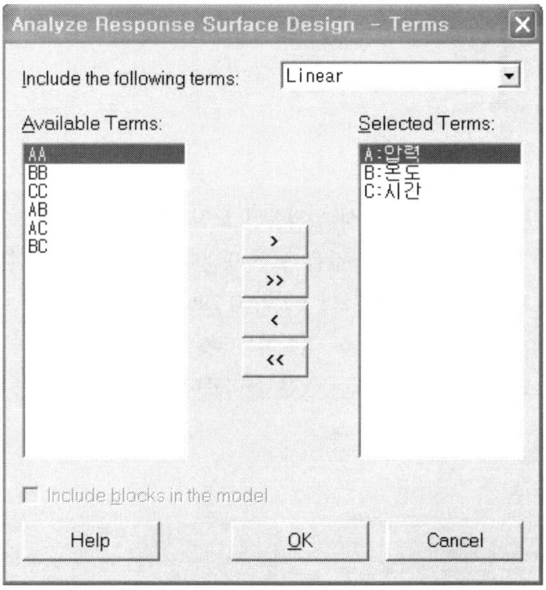

[**단계** 3] 결과 출력 : 아래와 같은 결과가 session 창에 출력된다.

Session

Response Surface Regression: 강도 versus 압력, 온도, 시간

```
The analysis was done using coded units.

Estimated Regression Coefficients for 강도

Term        Coef   SE Coef      T      P
Constant  10.1606   0.1778  57.162  0.000
압력        0.3574   0.2151   1.662  0.116
온도       -0.8535   0.2151  -3.968  0.001
시간       -0.0683   0.2151  -0.318  0.755

S = 0.7949   R-Sq = 53.8%   R-Sq(adj) = 45.1%

Analysis of Variance for 강도

Source          DF  Seq SS  Adj SS  Adj MS     F      P
Regression       3  11.758  11.758  3.9193  6.20  0.005
  Linear         3  11.758  11.758  3.9193  6.20  0.005
Residual Error  16  10.111  10.111  0.6319
  Lack-of-Fit   11   5.632   5.632  0.5120  0.57  0.796
  Pure Error     5   4.479   4.479  0.8958
Total           19  21.869

Unusual Observations for 강도

Obs  StdOrder   강도     Fit  SE Fit  Residual  St Resid
 17        17  8.518  10.161   0.178    -1.643    -2.12 R

R denotes an observation with a large standardized residual.

Estimated Regression Coefficients for 강도 using data in uncoded units

Term           Coef
Constant    11.1754
압력        0.357438
온도        -1.13805
시간      -0.0506225
```

[**단계** 4] 결과 해석 : 적합된 모델의 적절성을 체크하는 것은 중요하다. ANOVA 표에서 linear의 p값을 보면 0.005로 유의함을 알 수 있다. 또한 잔차 오차에서 lack of fit 테스트의 p값이 0.796으로 0.05보다 크다는 것은 linear 모델이 적절하게 반응표면을 적합하는 것을 의미한다. 결론적으로 이 실험의 결과를 linear로 적합시키는 것은 올바르다는 것이다.

6.3 브레인스토밍(Brainstorming)

section

6.3.1 브레인스토밍의 정의

브레인스토밍(Brainstorming)이란 Alex Osborn이 만든 아이디어 창출방법으로 자유분방하게 사고할 수 있는 분위기에서 스스로 아이디어를 만들거나 다른 사람이 만든 아이디어로부터 새로운 아이디어를 만들어내는 기법이다.

6.3.2 브레인스토밍의 방법

브레인스토밍은 문제에 대한 가능한 많은 해법들을 도출하는 방법이다. 이 기법은 제안된 아이디어에 대한 비판 없이 '열린 마음' 혹은 '자유로운 사고'를 사용할 것을 강조한다. 브레인스토밍의 목표는 참여한 사람으로부터 가능한 많은 아이디어를 찾아내는 것이다. 아이디어의 현실가능성과 관련성 등 아이디어의 질은 중요한 것이 아니다. 브레인스토밍에서는 참여한 사람들이 제안한 아이디어를 절대로 비판해서는 안된다. 비판은 사람이 새로운 아이디어를 찾아내는데 소극적이고 자신의 아이디어를 발표하려는 의지를 줄이는 영향을 미치기 때문이다. 문제를 해결하기 위해 가능한 많은 해결책을 고려하기 위해 많은 해법이 도출될 수 있도록 항상 자유스럽고 우호적인 분위기에서 진행되어야 한다.

6.3.3 브레인스토밍 준비와 진행

브레인스토밍은 6-10명의 구성원으로 이루어지는 것이 좋다 구성원의 수가 너무 많으면 아이디어를 수용하기 어렵고 너무 적으면 많은 아이디어를 창출하기 어렵다. 브레인스토밍을 진행할 때는 리더와 기록원을 선발한다. 리더는 브레인스토밍을 진행하는 진행자의 역할을 하면 비판이 나오지 않도록 하며 많은 아이디어를 만들어 낼 수 있는 분위기를 만들어 간다. 주제를 선정할 때에도 제약이 발생하지 않도록 직접적인 문제를 제시하기보다 문제를 포괄하는 내용으로 제시하여야 새로운 아이디어가 만들어진다. 기록원은 발표자의 내용을 잘 정리하여 아이디어를 체계적으로 정리할 수 있도록 한다.

다음은 진행을 위한 준비내용이다.

① 리더 및 기록원 선정: 리더와 기록원은 브레인스토밍에 참여하지 않으며 진행을 도와준다.

② 주제 선정: 리더는 시작하기 전에 주제를 선정한다. 이때 문제를 작게 만들지 않도록 한다. "전선위의 눈을 녹이기 위한 방법"의 주제보다 "눈을 없애는 방법"과 같이 문제를 확대하여 주제를 선정한다.

③ 제안된 아이디어를 기록할 종이로 된 차트: 순간 순간 나오는 아이디어를 적어 벽에 붙일 수 있도록 종이와 접착방법을 준비한다.

④ 진행요원이 지켜야할 규칙을 설명한다.

· 브레인스토밍의 규칙은 다음과 같다.

첫째, 시간을 두고 해결할 아이디어를 생각한다. 약 20-30분의 시간을 준다.
둘째, 모든 참가자가 자유스럽게 아이디어를 제시하도록 결려하며, 아무리 비현실적이고 쓸모없어 보여도 절대 비평하지 않는다.
셋째, 가장 좋은 아이디어를 4-6개로 선정하여 만장일치에 의해 선정한다.
넷째, 가장 좋은 아이디어의 선정기준은 리더가 알려준다. 선정기준은 일반적으로 "비용이 저렴해야 한다", "이윤이 높아야 한다" 등과 같다. 다섯째, 제시된 선정기준을 근거로 점수를 주어 가장 놓은 점수를 얻은 것을 선택한다.

6.3.4 브레인라이팅의 정의

브레인라이팅(Brainwriting)이란 브레인스토밍의 자유발언의 진행이 안될 경우 사용하는 방법이다. 기본적인 아이디어를 만드는 자유발산기법이지만 자유발언보다 타인의 아이디어를 보고 직접 글로 쓰는 방법을 사용한다.

6.3.2 브레인스토밍 준비와 진행

브레인라이팅은 6인 1조로 편성된다. 6명이서 동그란 테이블에 앉아 있듯이 원형으로 앉는다. 진행을 위한 리더가 필요하며 기록원도 필요하나 기록원은 진행에 영향을 미치지 않고 최종 결과만을 정리한다. 따라서 기록원을 따로 구성할 필요는 없다.

다음은 진행을 위한 준비내용이다.

① 리더는 초시계와 아이디어를 적을 수 있도록 5칸씩 6줄의 종이를 준비한다.

② 주제 선정: 리더는 시작하기 전에 주제를 선정한다. 선정된 주제를 알려주고 일정한 생각할 시간을 준다.

③ 아이디어를 적을 준비가 완료되면 아이디어를 첫 번째 줄에 5개의 아이디어만 작성한다. 이때 리더는 3분의 시간을 부여한다. 더 많은 아이디어를 갖고 있어도 5칸을 넘기지 않는다.

④ 3분이 경과되면 자신의 아이디어가 포함된 종이를 시계방향으로 전달한다. 리더는 다시 3분의 시간을 부여한다. 이때 이전에 적었던 새로운 아이디어를 두 번째 줄에 적는다. 이때 기존의 아이디어를 적거나 이전에 적혀있는 아이디어를 적지 않는다. 3분이 경과하면 다시 시계방향으로 종이를 넘겨준다.

이와 같이 아이디어를 적으면 이론적으로 18분이 경과했을 때 180개의 새로운 아이디어를 만들어 낼 수 있다. 소극적인 집단일 경우나 리더가 역할을 잘 못할 경우 브레인스토밍보다 브레인라이팅이 더 좋은 결과를 도출하다.

예제 6.8

새로운 모델의 핸드폰을 만들기 위한 아이디어를 만들기 위하여 브레인스토밍을 실시하기로 하였다. 리더는 새로운 형태의 핸드폰에서 중요한 기능으로 주제를 선정할 경우 시작의 어려움을 토로할 것으로 생각되어 "핸드폰에서 실행되었으면 좋은 기능"으로 주제를 선정하였다.

다음은 브레인스토밍 결과이다.

풀이

1. 간단한 건강진단 기능
2. 간단한 통화절차
3. 간편한 조작 (단축키)
4. 건강체크 기능
5. 게임 기능 확충
6. 계산기능 확장
7. 교통상황알림기능
8. 교통카드기능 추가
9. 구입 시 대용량 배터리로만 두 개 증정
10. 글씨체를 내 마음대로 조절함
11. 글자 모양을 여러 가지로 조절함
12. 기계 자체내에 회사 번호와 A/S 가능한 전화번호 삽입
13. 기계의 색깔을 내 마음대로 바꿀 수 있는 기능
14. 기념일 설정시 일주일 전부터 미리 알려주는 기능
15. 기능 버튼을 자신이 등록 가능하게 함

16. 기능, 가격 최소화

17. 기본적 핸드폰 게임 종류가 많아졌으면

18. 기종 상관없이 벨소리 공유 가능

19. 꺼진 후에도 위치추적 가능

20. 날씨예보 음성 알림 기능

21. 날씨정보기능 추가

22. 노래방 기능을 더 (녹음 + 점수)

23. 녹음기능이 가능

24. 다국적 언어

25. 다양한 그림들

26. 다양한 색깔의 글씨체

27. 다양한 외국어 삽입

28. 다양한 특수문자

29. 대중교통 결제 기능

30. 도움말 기능

31. 동영상을 좀 더 길게

32. 디지털 카메라처럼 화소 수 높이기

33. 라디오 기능

34. 레이져 포인터 기능

35. 맞춤형 튜닝서비스

36. 단축번호 하나로 무음이 되었으면 함

37. 메뉴별 잠금기능 세밀화

38. 메뉴의 아이콘을 직접 만들 수 있음

39. 메모기능 업그레이드

40. 메신저 기능

41. 모니터와의 연결

42. 모닝콜 설정 횟수 추가
43. 모닝콜을 내가 직접 녹음 할 수 있도록
44. 모든 기종에 맞는 리모콘 기능
45. 몰래 카메라 방지 기능
46. 무선 이어폰 기능
47. 무선 충전 방식
48. 문서작성기능 추가
49. 문자 도착음 종류 다양
50. 휴지통 기능
51. 문자 작성시 전화가 왔을 때 통화 연결 선택
52. 문자량 확충
53. 문자의 그룹별 저장
54. 문자 입력후 음성으로 전송
55. 발신자 제한 기능
56. 배경화면이 시간에 따라 변경
57. 배터리 시간 연장
58. 배터리 호환성
59. 배터리를 후레쉬 기능
60. 버튼 간격 늘리기
61. 버튼의 색상을 다양하게
62. 버튼크기 확대
63. 벨소리 크기가 더 컸으면
64. 벨소리 크기를 좀 더 세밀하게 조절 가능
65. 벨의 선택/삭제 가능
66. 본인이 직접 벨소리를 만드는 기능 첨가

67. 분실시 핸드폰 위치 추적기능

68. 비밀번호 자릿수를 늘림

69. 빠른 인터넷 접속

70. 삐삐 겸용 핸드폰

71. 사용자의 취향에 맞추어 내부 기능을 변경

72. 사전기능 추가

73. 사진 저장 용량을 확대

74. 사진을 찍는 동시에 인터넷으로 전송

75. 상대방 위치 알림기능

76. 상대방(타인)의 좋은 기능 가져오기

77. 센서를 이용한 전자사전 기능

78. 소비자가 디자인 주문하면 주문제작 가능하게

79. 손목시계모양의 핸드폰

80. 손에 잡기 쉽게 올록볼록한 모양으로 만듦

81. 쇼핑 기능

82. 수화음 조절버튼을 옆으로 하지 않고 기계 안으로 삽입

83. 스캔기능

84. 스케줄을 적을 수 있는 공간을 늘린다

85. 스크린을 통해 모델의 기종을 확인

86. 스톱워치 기능 추가

87. 스팸메세지 자동관리 기능

88. 신분증 기능 추가

89. 신용 카드 기능

90. 부러지지 않는 안테나

91. 안테나를 없앤다

92. 안테나에 펜기능 추가

93. 안테나의 길이를 늘린다
94. 알람이 열 개정도 설정 가능했으면
95. 액정의 모양이 동그란 모양으로 바뀌었으면
96. 야광기능 설치하여 야간에 찾는 것이 용이
97. 일어, 중국어 등 다국어 지원
98. 얼굴보고 통화가능
99. 온도, 습도를 재는 기능
100. 외면을 탈착식으로 만든다
101. 외부액정의 거울화
102. 외부액정의 크기 확대
103. 외부화면에도 동영상이
104. 외부화면이 정보를 많이 전달
105. 위급시 긴급 연락이 가능하도록
106. 위험시 경고음 추가
107. 음량조절 기능
108. 음성으로 메시지 확인 기능
109. 음성으로 문자자동입력
110. 음성으로 전화번호부 검색
111. 음성으로 핸드폰의 기능을 친절히 설명하는 기능
112. 음성을 통한 문자 입력
113. 음성인식 기능 다양화
114. 음식 칼로리 제공
115. 이어폰 구멍 2개
116. 핸드폰 전원 켜진 상태로 통화 차단
117. 자동지역번호 설정시 메인화면과 별개의 화면기능

118. 자체 충전이 가능하도록

119. 자체청소기능 내장

120. 장시간 이용 가능한 후레쉬 기능 추가

121. 장시간 통화시 배터리의 열받음 방지

122. 저렴한 가격으로 영화감상 가능

123. 적외선 기능

124. 전자사전 추가

125. 전자수첩의 기능 추가

126. 전자식 열쇠

127. 좋은 통화감

128. 주변 환경 소리제어 기능

129. 지문 감식기 기능

130. 지문인식

131. 지하철 노선표 기능 추가

132. 진동 세기 조절이 가능하도록

133. 체지방 측정기능

134. 초기 화면을 여러 가지 색상으로 조절가능

135. 최소의 배터리로 저장된 번호 확인가능

136. 충격에 강함

137. 충전기 휴대가 편리

138. 카메라 360° 회전

139. 카메라 사진의 다양한 배경

140. 카메라 줌 기능

141. 칼라 핸드폰의 액정화면 지속화

142. 화면을 어둡게

143. 컴퓨터 키보드와 연결가능

144. 컴퓨터에서 노래 다운 가능

145. 컴퓨터와 연결하면 스캔 가능하게

146. 케이스를 투명

147. 케이스의 재질 강화

148. 크기를 작게

149. 타인이 습득할 때 전기 충격 기능

150. 태양열 충전 기능

151. 터치스크린 가능

152. 통화 불가능 지역 진입시 알려주는 기능

153. 통화버튼을 옆면에 설치

154. 통화시 상대방에게 타 저장번호 전송

155. 투명 재질을 사용하여 독특한 이미지 적용

156. 튼튼한 외형

157. 펜사용 가능한 버튼

158. 포토샵 기능 추가

159. 폴더를 닫을 때 충격이 감소기능

160. 폴더를 열었을 때 180° 꺾이는 유연성

161. 폴더의 각도를 인체에 맞추어 송,수화기 조절

162. 폴더의 여닫이 소리의 다양화

163. 핸드폰 표면에 이름을 써넣는 공간이 있음

164. 핸드폰 표면의 색이 온도에 따라 변함

165. 핸드폰줄 연결 방식을 쉽게 탈 부착

166. 향수 기능

167. 호신용 가스총 기능

168. 화면 밝기 조절 기능

169. 휴대용 저장 장치로 사용가능

170. 휴대폰 분실시 A/S 센터로 위치 전송

171. AS를 쉽게

172. GPS기능 추가

173. LCD 화면과 번호 패드 분리 보관가능

174. MP3 기능과 스피커 연결 가능

175. MP3처럼 메모리 칩을 이용할 수 있는 기능

176. PDA기능 추가

177. USB를 탑재하여 대용량 파일 저장

- 다양한 아이디어 중에서 선정기준 '핸드폰의 구매시 고려하는 사항'의 기준에서 베터리 사용량, A/S, 통화가능지역, 통화감, 방수 기능이 선정되었다. 물론 다른 기준에서 선정한다면 다른 결과가 도출 될 것이다.

관리 Control

7 chapter

7.1 section 관리도의 역사

- 1924년 Bell 전화연구소의 W.A Shewart에 의해 관리도가 처음 소개되었다.
- 1931년 Shewhart가 "Economic Control of Quality of Manufactured produc" 를 출판
- 1993년 E.S. Person의 "The Application of Statistical Method to Industrial Standardization and Quality Control"을 영국규격 BS600으로 제정하여 품질관리를 보급
- 1961년 9월 공업표준화법이 공포되어 이에 따른 KS 표시허가제도 실시
- 1963년 5월 한국공업규격으로 KSA3201(관리도법)이 제정

7.2 section 관리도의 정의

- 측정된 데이터를 시간 순으로 점을 찍어 가면서, 이점들의 위치와 움직임의 형태를 미리 정하여진 기준과 비교하여 프로세스의 이상유무(異常有無)에 대한 판정을 내리고, 이를 프로세스 관리에 반영하기 위한 기법이다.

> 관리도는 과거의 상황을 척도로 하여, 현재 상황이 정상인지 이상인지 객관적으로 판단하는 유효한 도구이다.

7.3 section 관리도의 2가지 변동 요인

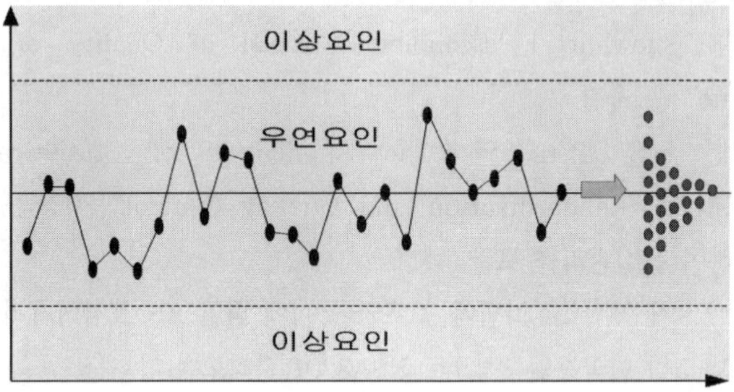

<table>
<tr><td rowspan="2">요인</td><td>우연요인
(Common Cause or Chance Cause)</td><td>- 엄격하게 관리된 상태 하에서도 발생되는 어느 정도의 불가피한 변동을 주는 요인이다.
- 작업자의 숙련도 차이, 작업환경의 차이, 식별되지 않을 정도의 원자재 및 설비 등의 제반 특성의 차이이다.
- 제거하기 어려운 원인으로서 불가피 요인 또는 만성적 요인이다.</td></tr>
<tr><td>이상요인
(Special Cause or Assignable Cause)</td><td>- 작업자의 부주의, 불량자재의 사용, 생산설비상의 이상 등을 말한다.
- 산발적으로 발생하여 품질변동을 일으키는 요인들이다.
- 까닭이 있는 요인, 우발적인 원인 또는 가피 요인이다.</td></tr>
</table>

7.4 section 관리도의 작성 목적

관리도를 작성하는 목적은 공정에 관한 자료를 관리 및 해석하여 필요한 정보를 수집하고 공정의 산포를 효율적으로 관리해 나가기 위함이다. 즉, 품질의 변동원인을 제거하는 것으로 공정에 대한 정보를 측정할 수 있으며, 공정능력을 결정할 수 있다. 또한 공정개선을 위한 유익한 정보를 얻을 수 있다.

7.5 section 관리도의 종류

통계량에 따른 분류	계수치 관리도	$\overline{X}-R$ 관리도
		$\tilde{X}-R$ 관리도
		$\overline{X}-S$ 관리도
		$\overline{X}-MR$ 관리도
	계량형 관리도	p 관리도
		np 관리도
		c 관리도
		u 관리도

(1) 계수치 관리도

1) $\overline{X}-R$ 관리도

관리대상이 되는 항목이 길이·무게·시간·강도·성분·수확률 등과 같이 데이터가 연속량(계량값)으로 나타나는 공정을 관리할 때 이용한다. $\overline{X}-R$ 관리도는 평균적 변화를 보기 위한 $\overline{X}$ 관리도와 산포의 변화를 보기 위한 R 관리도로 나누어지며, 다른 관리도에 비해서 공정에 관하여 가장 많은 정보를 얻을 수 있는 관리도 이다.

2) $\widetilde{X}-R$ 관리도

$\overline{X}-R$ 관리도의 $\overline{X}$ 대신에 $\widetilde{X}$(메디안)을 사용한 것으로 계산을 간단하게 할 수 있는 이점이 있다. 즉, $\overline{X}$의 계산을 하지 않아도 된다는 이점이 있다.

3) $\overline{X}-S$ 관리도

$\overline{X}-R$ 관리도와 크게 다르지 않다. 단 산포의 변화를 R(범위) 관리도로 보지 않고 S(표준편자) 관리도로 보는 것이 다르다. 이는$\overline{X}-R$ 관리도에서 부분군이 크기가 10보다 클때는 범위를 이용하는 것보다. 표준편차를 이용하는 것이 더 효과적이다.

4) $X-MR$ 관리도

$X-MR$ 관리도 에서 X 관리도는 $\overline{X}$ 관리도와 다르게 데이터를 군으로 묶지 않고 한 개 한 개의 측정값을 그대로 사용하여 공정을 관리할 경우에 사용한다. 이는 데이터를 얻는 간격이 크거나 군으로 나누어도 별로 의미가 없는 경우 또는 정해진 공정으로부터 한 개의 측정치밖에 얻을 수 없을 때에 사용된다. MR 관리도는 이동 범위에 관한 관리도로 그룹간의 변동이 관리상태인지를 평가할 때 사용한다.

(2) 계량치 관리도

1) p 관리도 (불량률 관리도)

p관리도는 불량률(p)로 관리하는 경우에 사용된다. p관리도는 샘플의 크기가 반드시 일정하지 않아도 된다.

2) np 관리도 (불량개수 관리도)

np관리도는 하나 하나의 품질에 대한 양호·불량을 판정하고 전체 샘플중의 불량개수(np)로 공정을 관리할 때 사용된다. 이 경우 샘플의 크기는 일정해야 한다.

3) c 관리도 (결점수 관리도)

일정한 크기의 시료가운데 나타나는 결점수에 의거 공정을 관리할 때 사용한다.

단, 제품 가운데 결정발생 가능성의 범위가 일정한 경우의 관리도 이다.

4) u **관리도 (단위당 결점수 관리도)**

결점 수에 의거 공정을 관리할 때에 제품의 크기가 여러 가지로 변할 경우에는 결점수를 일정 단위당으로 바꾸어 u 관리도를 사용하여 관리한다.

7.6 section 미니탭을 이용한 관리도 실습(계수치 관리도)

7.6.1 $\overline{X}-R$ 관리도

[**단계** 1] 데이터를 입력한다.

Camshaft.MTW ***

↓	C1 Length	C2 Supp1	C3 Supp2
1	601.4	598.0	601.6
2	601.6	599.8	600.4
3	598.0	600.0	598.4
4	601.4	599.8	600.0
5	599.4	600.0	596.8
6	600.0	600.0	602.8
7	600.2	598.8	600.8
8	601.2	598.2	603.6
9	598.4	599.4	604.2
10	599.0	599.6	602.4

[**단계** 2] Stat → Control Charts → Variables Charts for Subgroups → Xbar-R...을 선택한다.

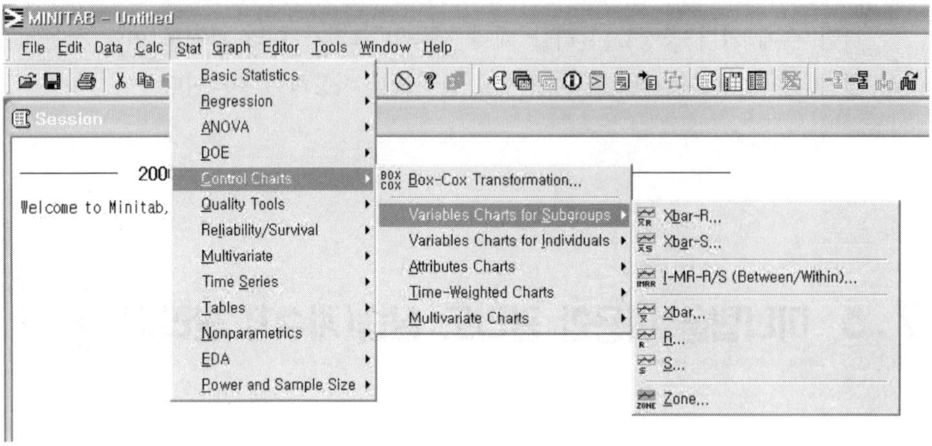

[**단계** 3] 다음과 같은 다이얼로그 창이 뜨면 아래와 같이 입력한다.

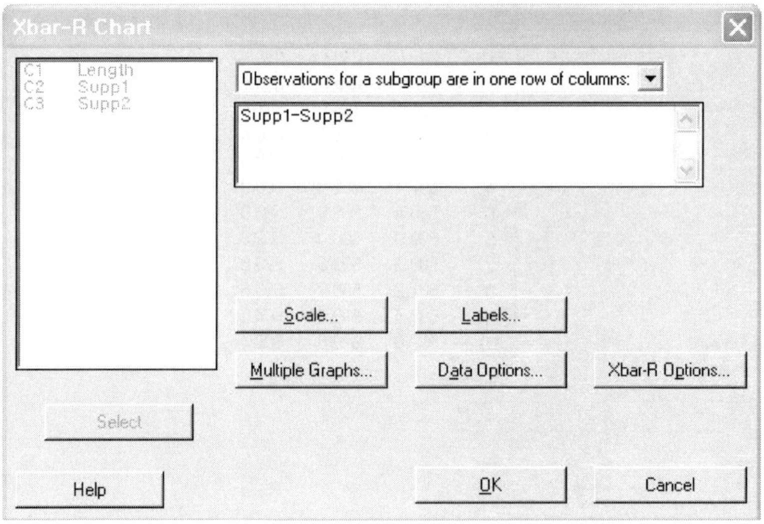

[**단계** 4] 실행결과는 다음과 같다.

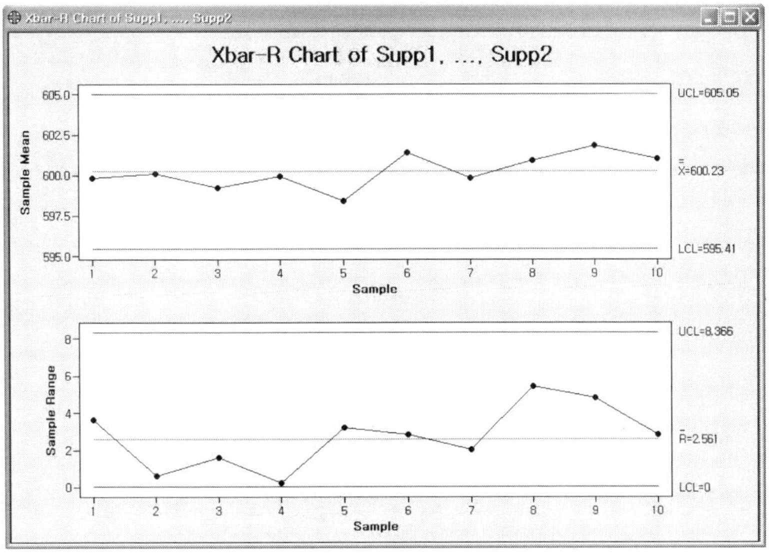

· X bar 관리도의 Center line의 평균은 600.23이고, 관리상한선(UCL)은 605.05, 관리하한선(LCL)은 595.41로 나타나고 있으며, 타점이 모두 관리선 안에 있으므로 관리상태라고 볼 수 있다. R 관리도의 중심은 2.561이고 관리상한선(UCL)은 8.366, 관리하한선(LCL)은 0으로 나타나고 있으며, 타점이 모두 관리선 안에 있으므로 관리상태라 볼 수 있다.

예제 7.1

자동차를 만드는 k회사에서는 자동차 핵심 부품중 하나인 캠샤프의 길이가 만성적인 불량을 일으켜 공급업체에서 납입하는 캠샤프트의 길이에 대해 관리도를 통한 시정조치를 요구하고자 한다. 다음과 같은 데이터를 가지고 Xbar-R관리도를 그리고 해석하시오.

1	2	3
601.1	602.8	598.4
600.4	600.8	599.6
598.4	603.6	603.4
600.0	604.2	600.6
596.8	602.4	598.4

풀이

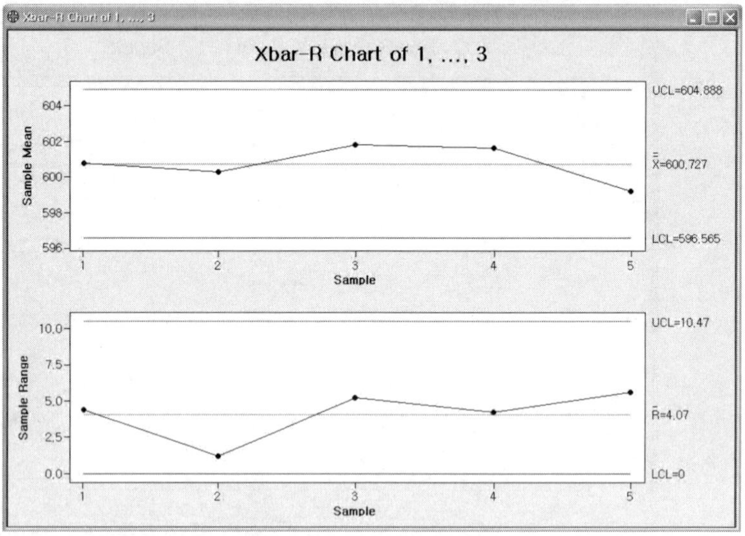

· X bar 관리도의 Center line의 평균은 600.727이고, 관리상한선(UCL)은 604.888 관리하한선(LCL)은 596.565로 나타내고 있으며, 타점이 모두 관리선 안에 있으므로 관리상태라고 볼 수 있다. R 관리도의 중심은 4.07이고 관리상한선(UCL)은 10.47 관리하한선(LCL)은 0으로 나타나고 있으며, 타점이 모두 관리선 안에 있으므로 관리상태라 볼 수 있다.

7.6.2 $\overline{X}-S$ 관리도

[**단계** 1] 데이터를 입력한다.

atob.MTW

↓	C1
	DATA
1	601.6
2	600.4
3	598.4
4	600.0
5	596.8
6	599.8
7	602.8
8	600.8
9	603.6
10	604.2

[**단계** 2] Stat → Control Charts → Variables Charts for Subgroups → Xbar−S...을 선택한다.

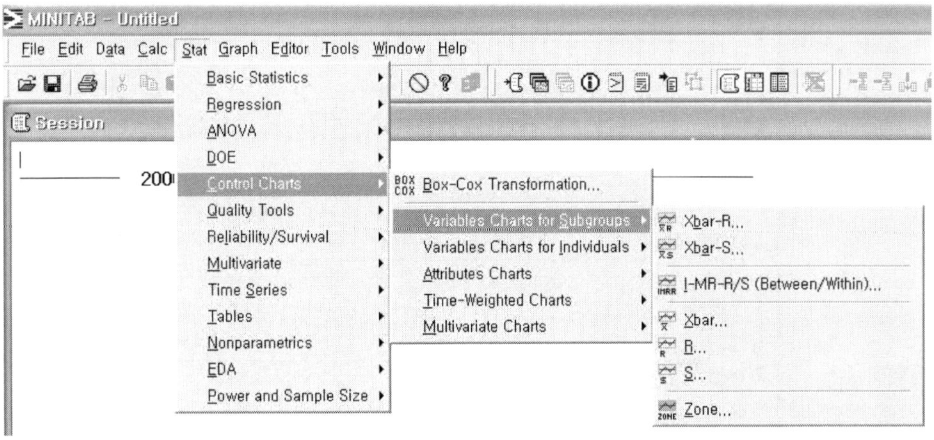

[**단계** 3] 다음과 같은 다이얼로그 창이 뜨면 아래와 같이 입력한다.

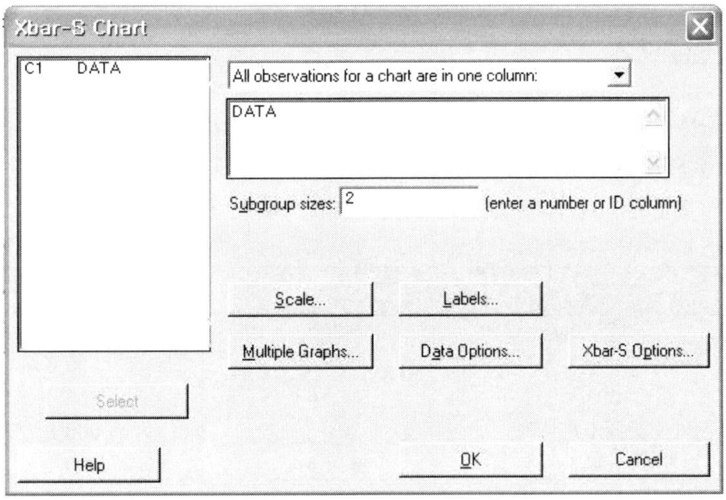

[**단계** 4] 실행결과는 다음과 같다.

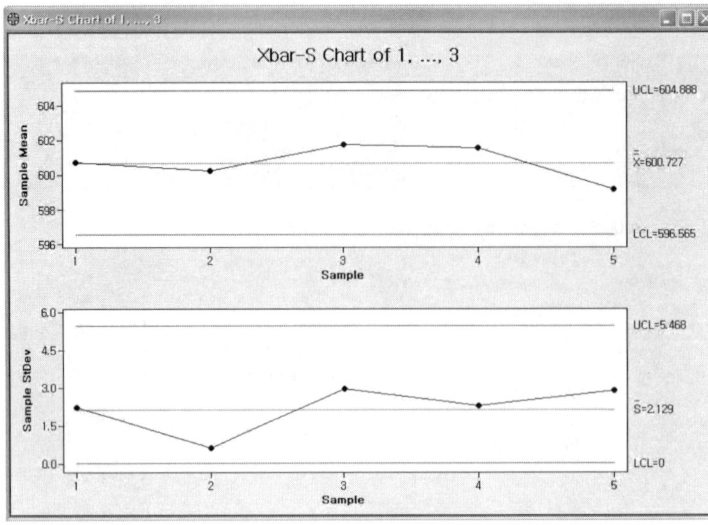

· X bar 관리도의 Center line의 평균은 600.727이고, 관리상한선(UCL)은 604.888 관리하한선(LCL)은 596.565로 나타내고 있으며, 타점이 모두 관리선 안에 있으므로 관리상태라고 볼 수 있다. s관리도의 중심은 2.129이고 관리상한선(UCL)은 5.468 관리하한선(LCL)은 0으로 나타나고 있으며, 타점이 모두 관리선 안에 있으므로 관리상태라 볼 수 있다.

예제 7.2

자동차를 만드는 k회사에서는 자동차 핵심 부품중 하나인 캠샤프의 길이가 만성적인 불량을 일으켜 공급업체에서 납입하는 캠샤프트의 길이에 대해 관리도를 통한 시정조치를 요구하고자 한다. 다음과 같은 데이터를 가지고 Xbar-s관리도를 그리고 해석하시오.

1	2	3
601.1	602.8	598.4
600.4	600.8	599.6
598.4	603.6	603.4
600.0	604.2	600.6
596.8	602.4	598.4

풀이

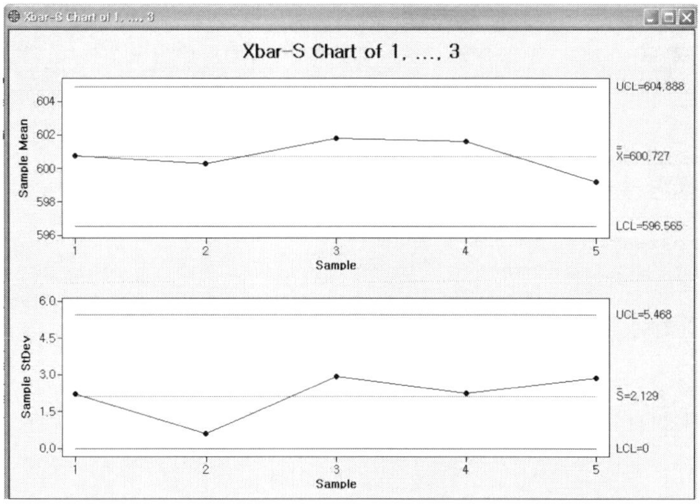

· X bar 관리도의 Center line의 평균은 600.727이고, 관리상한선(UCL)은 604.888 관리하한선(LCL)은 596.565로 나타내고 있으며, 타점이 모두 관리선 안에 있으므로 관리상태라고 볼 수 있다. s관리도의 중심은 2.129이고 관리상한선(UCL)은 5.468 관리하한선(LCL)은 0으로 나타나고 있으며, 타점이 모두 관리선 안에 있으므로 관리상태라 볼 수 있다.

7.6.3 $X-MR$ 관리도 또는 $I-MR$ 관리도

[단계 1] 데이터를 입력한다.

시멘트.MTW

↓	C1 중량
1	925
2	905
3	915
4	930
5	890
6	940
7	860
8	875
9	985
10	970

[단계 2] Stat → Control Charts → I-MR을 선택한다.

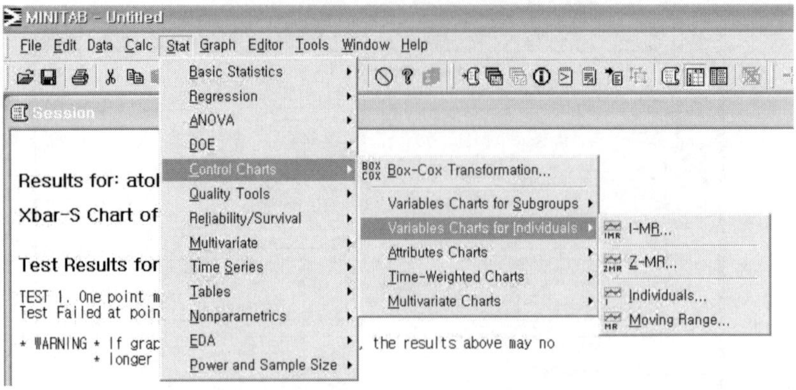

[단계 3] 다음과 같은 다이얼로그 창이 뜨면 아래와 같이 입력한다.

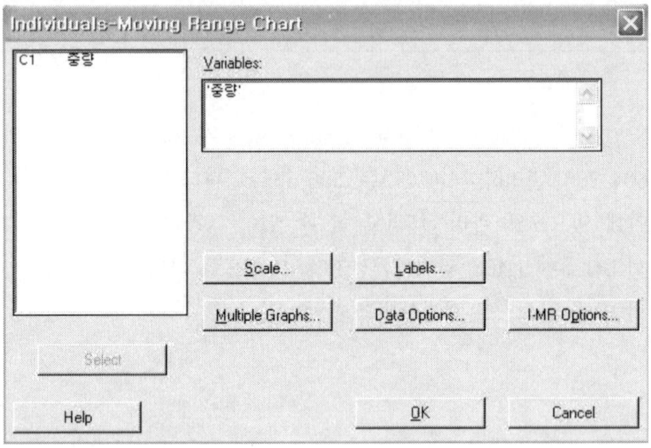

[단계 4] 실행결과는 다음과 같다.

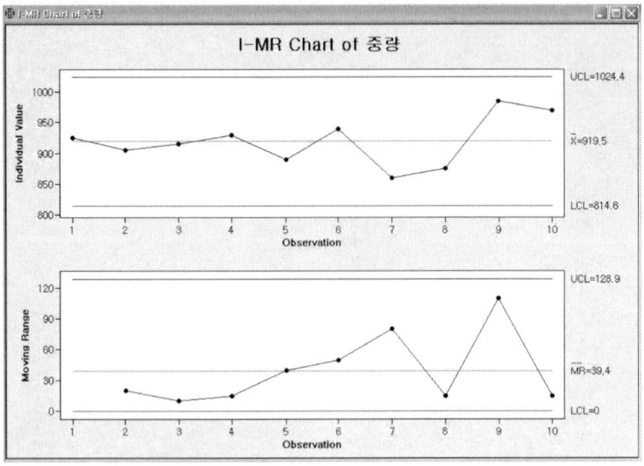

· Individual 관리도를 살펴보면 관리선을 벗어나는 타점이 없기 때문에 관리 상태에 있다고 볼 수 있다.

예제 7.3

새 하늘 시멘트의 Y대리는 외주업체에서 입고되는 원료의 중량을 관리항목으로 두고 1일 1회 걸쳐 5월달에는 5개, 6월달에는 6의 데이터를 수집하였다. 수집된 데이터를 I-MR관리도를 통해 해석하시오.

1	2	3	4	5	1	2	3	4	5	6
905	930	865	895	905	985	960	945	965	940	900

풀이

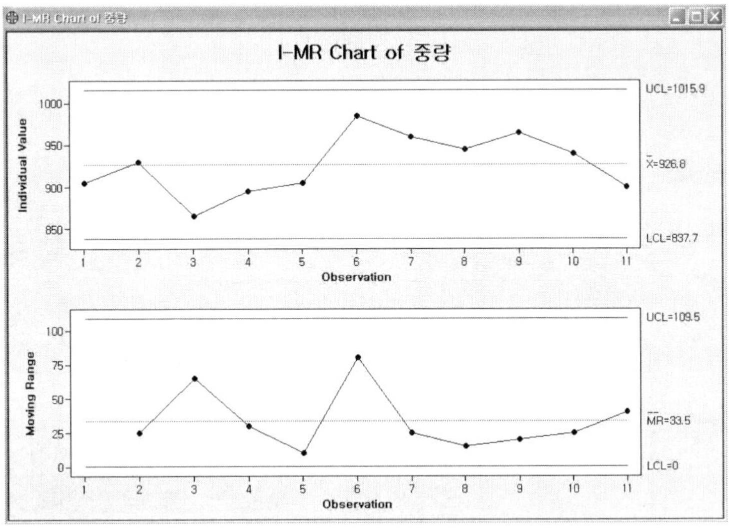

· Individual 관리도를 살펴보면 관리선을 벗어나는 타점이 없기 때문에 관리 상태에 있다고 볼 수 있다.

7.7 section 미니탭을 이용한 관리도 실습(계량치 관리도)

7.7.1 p 관리도

[**단계** 1] 데이터를 입력한다.

모니터.MTW ***

↓	C1 Sampled	C2 Rejects
1	50	7
2	53	7
3	56	9
4	49	5
5	56	8
6	53	9
7	52	9
8	51	10
9	52	9
10	47	10

[**단계** 2] Stat → Control Charts → P를 선택한다.

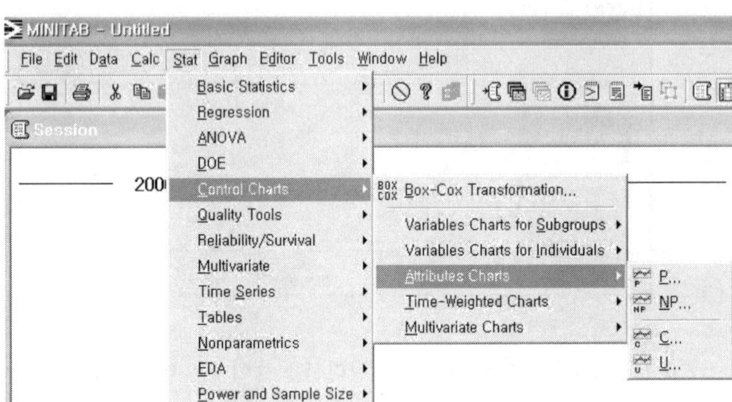

[**단계** 3] 다음과 같은 다이얼로그 창이 뜨면 아래와 같이 입력한다.

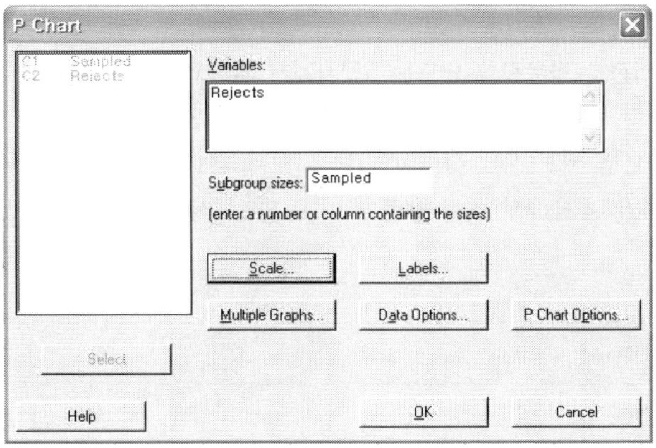

· Variable: 측정한 데이터가 들어 있는 열을 선택한다. (불량수 - np)

· Subgroup size & Subgroups in: 샘플수가 입력되어 있는 열을 선택한다.

[**단계** 4] 실행결과는 다음과 같다.

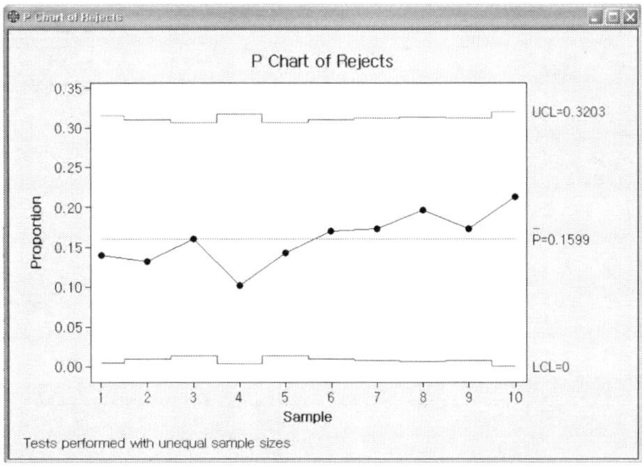

· p 관리도를 살펴보면 모든 점이 관리선안에 있는것을 볼 수 있다. 즉 안정상태라고 볼 수 있다.

예제 7.4

Y씨는 텔레비전 브라운관을 만드는 S전자에서 일하고 있다. 그는 각각의 로트에서 브라운관을 샘플링 하여 육안검사를 하는 검사자이다. 만일 브라운관의 표면에 스크래치가 있다면 불량으로 처리되고, 불량이 많이 나오는 로트에 대해서는 전수검사를 실시한다. 이때 p관리도는 로트에서 취한 샘플이 어느 정도 불량일 때 전수검사를 해야 하는지 보여준다.

시료수	98	104	97	99	97
불량수	20	18	14	16	13

풀이

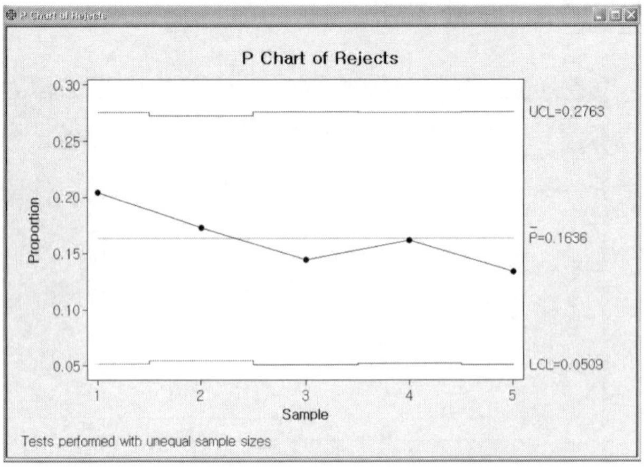

· p 관리도를 살펴보면 특별한 이상 징후가 나타나 있지 않게 때문에 안전 상태라고 볼 수 있다.

7.7.2 np 관리도

[**단계** 1] 데이터를 입력한다.

↓	C1 불량수
1	2
2	0
3	4
4	5
5	8
6	9
7	7
8	5
9	2
10	3

[**단계** 2] Stat → Control Charts → Attributes Charts → NP를 선택한다.

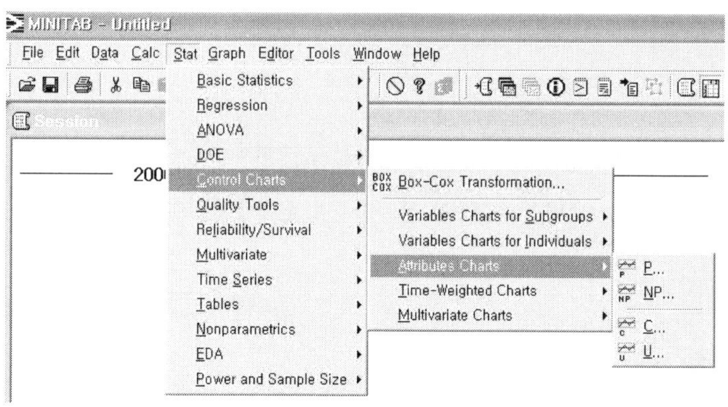

[**단계** 3] 다음과 같은 다이얼로그 창이 뜨면 아래와 같이 입력한다.

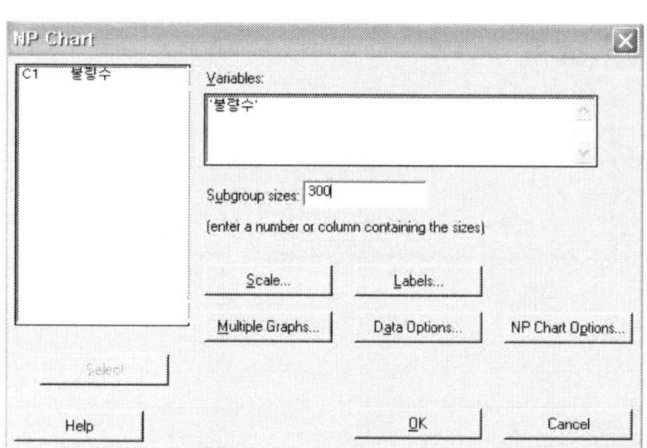

· Variable: 측정한 데이터가 들어 있는 열을 선택한다. (불량수 - np)
· Subgroup size & Subgroups in: 샘플수가 입력되어 있는 열을 선택한다.

[**단계** 4] 실행결과는 다음과 같다.

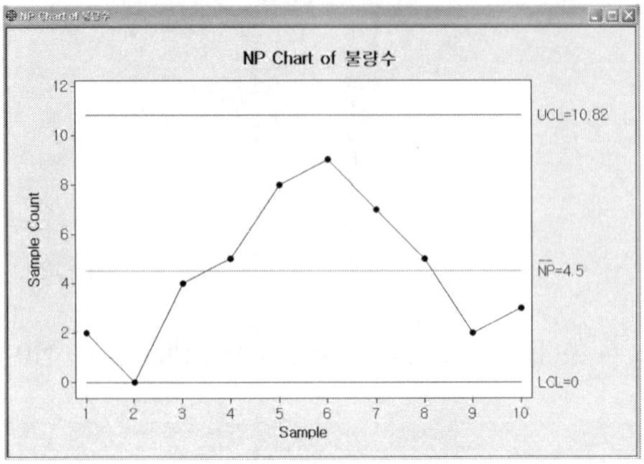

· *np* 관리도를 살펴보면 2번째 데이터가 관리하한선에 걸쳐있는 걸 볼 수 있다. 이는 이상상태가 발생했다고 볼 수 있으므로 이상원인을 찾아내서 해결해야 한다.

예제 7.5

K씨는 텔레비전 브라운관을 만드는 Y전자에서 일하고 있다. 그는 각각 로트에서 브라운관을 샘플링하여 육안검사를 하는 검사자이다. 만일 브라운관의 표면에 스크래치가 있다면 불량으로 처리되고, 불량이 많이 나오는 로트에 대해서는 전수검사를 실시한다. 이때 np관리도를 이용하여 해석하시오.

시료수	300	300	300	300	300
불량수	6	5	6	4	15

풀이

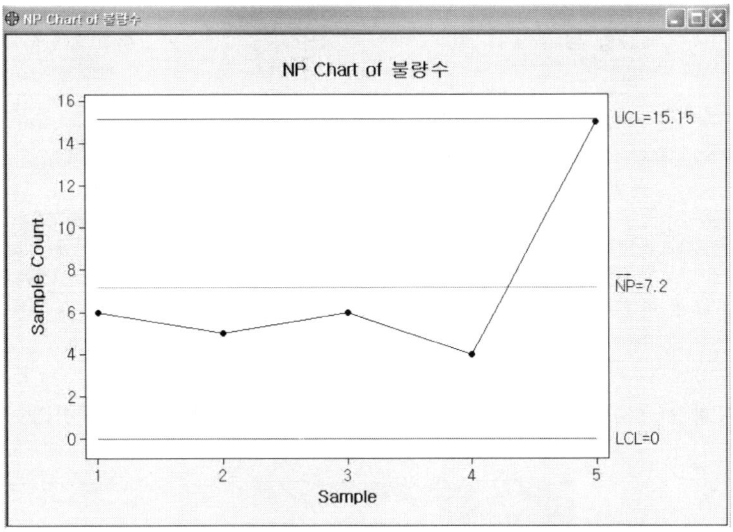

· np 관리도를 살펴보면 모든 데이터가 관리상한선에 있기 때문에 안정상태라고 볼 수 있다.

7.7.3 c 관리도

[단계 1] 데이터를 입력한다.

↓	C1
1	4
2	5
3	4
4	4
5	4
6	7
7	3
8	3
9	4
10	4

[**단계** 2] Stat → Control Charts → Attributes Charts → C 를 선택한다.

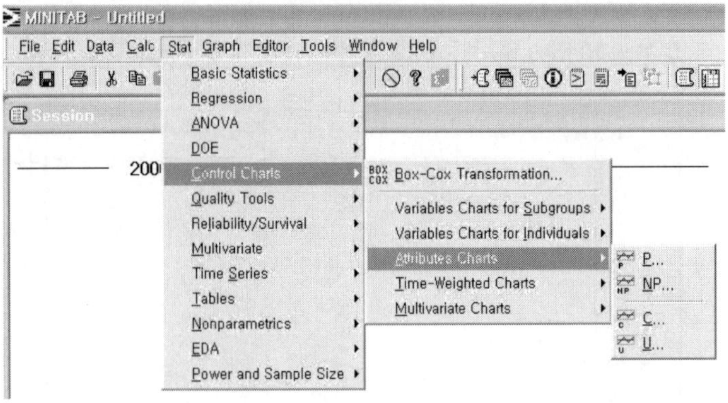

[**단계** 3] 다음과 같이 다이얼로그 창이 뜨면 아래와 같이 입력한다.

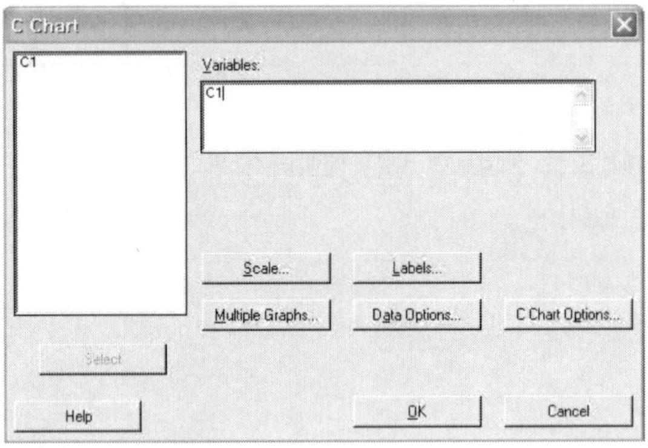

[**단계** 4] 실행결과는 다음과 같다.

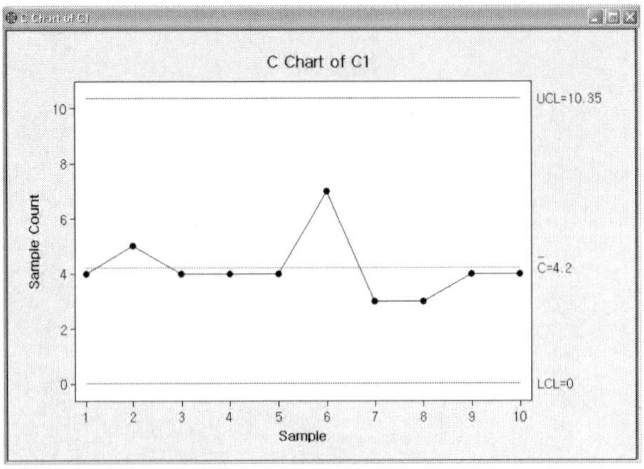

· C 관리도를 살펴보면 모든 데이터가 관리선 안에 있으므로 관리상태(안정상태)라고 볼 수 있다.

예제 7.6

K씨는 컴퓨터의 메인보드를 검사하는 일을 담당하고 있다. 그는 각각의 로트에서 5개를 추출하여 결점수를 기록한 데이터를 다음과 같이 얻었고 c관리도를 통해 관리상태를 판정하고자 한다.

시료군	1	2	3	4	5
결점수	4	5	7	3	4

풀이

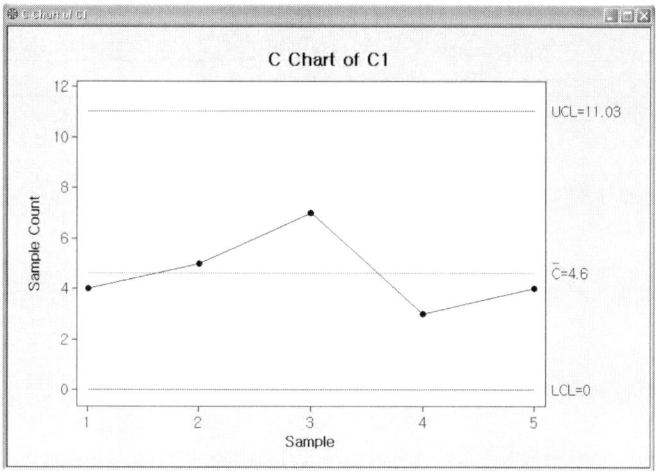

· c 관리도를 살펴보면 모든 데이터가 관리선 안에 있으므로 관리상태(안정상태)라고 볼 수 있다.

7.7.4 u 관리도

[**단계** 1] 데이터를 입력한다.

↓	C1 샘플수	C2 결점수
1	15	28
2	15	29
3	20	40
4	20	37
5	20	36
6	10	45
7	10	21
8	10	16
9	15	25
10	15	28

[**단계** 2] Stat → Control Charts → Attributes Charts → U를 선택한다.

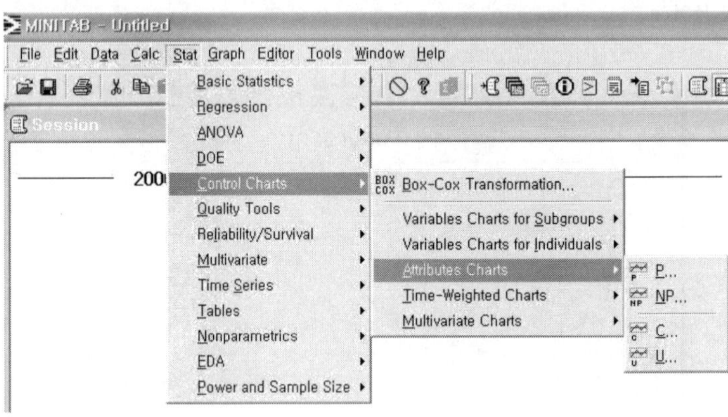

[**단계** 3] 다음과 같이 다이얼로그 창이 뜨면 아래와 같이 입력한다.

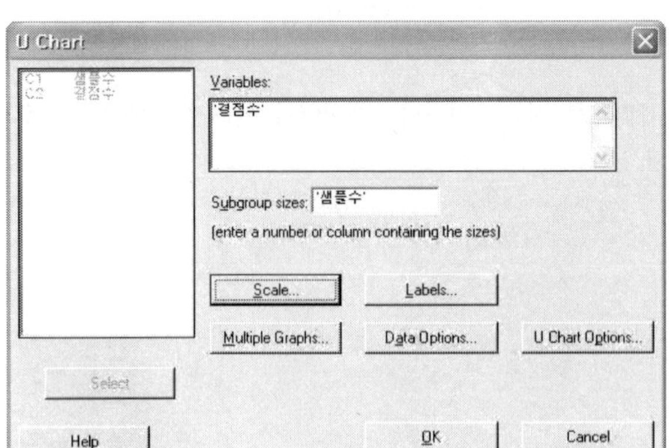

· Variable: 측정한 데이터가 들어 있는 열을 선택한다. (불량수 – np)
· Subgroup size & Subgroups in: 샘플수가 입력되어 있는 열을 선택한다.

[단계 4] 실행결과는 다음과 같다.

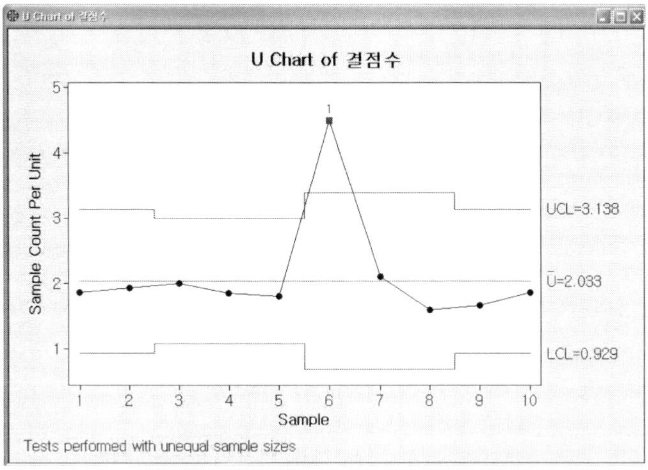

· u 관리도를 살펴보면 6번째 데이터에서 이상상태가 나타나고 있음을 알 수 있다.

예제 7.7

Y씨는 3M 필름코팅실에서 필름의 핀홀을 검사하는 업무를 담당하고 있다. 며칠에 걸쳐 다음과 같은 데이터를 얻었는데, 이에 대한 U관리도를 그리고 해석을 하시오.

샘플수	10	10	10	15	15
결점수	21	35	33	30	42

풀이

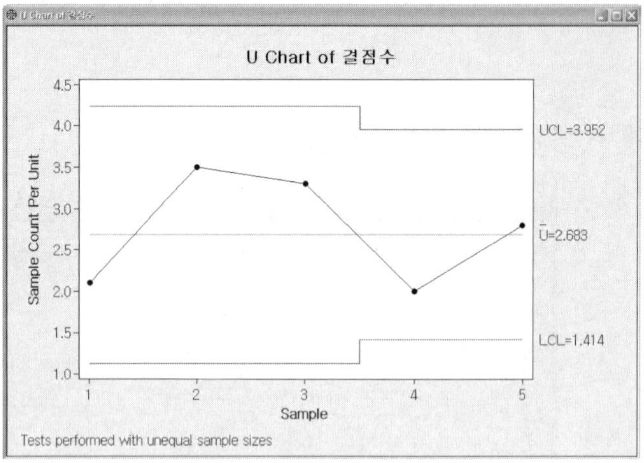

· u관리도를 살펴보면 모든 데이터가 관리선 안에 있으므로 관리상태(안정상태) 라고 볼 수 있다.

7.8 section 표준화 (Standardization)

표준화는 수행한 프로세스에서 다른 차원의 프로세스나 운영까지의 개선안을 적용시키는 것과 관련된 활동입니다.

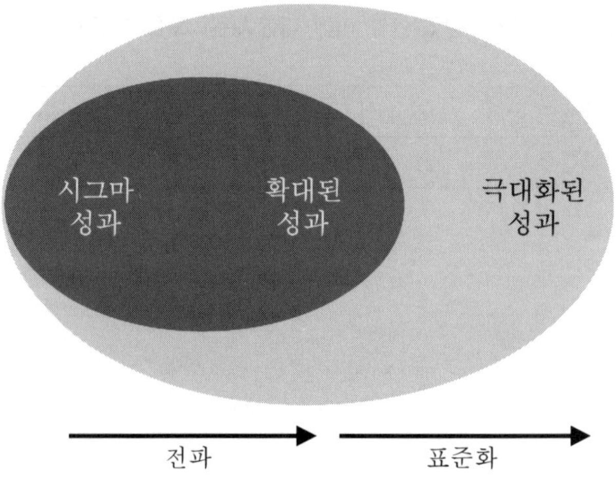

성공적인 시그마 성과를 비슷한 Site 또는 회사차원의 전파를 통해 성과를 확대 합니다. 이렇게 확대된 성과는 다시 한 번 회사차원의 표준화를 통해 극대화된 프로젝트 성과로 탈바꿈하는 것입니다. 서비스 부분은 전파와 표준화를 통해 성과를 극대화하는 것이 매우 중요합니다.

전파와 표준화의 계획

다른 곳에 확산 전개 할 수 있는
해결안의 요소들을 그룹토의를 통해 도출

↓

해결안의 요소들을 적용시켜 효과를 볼 수 있는
프로세스나 사업운영의 목록을 브레인스토밍 하여 작성

↓

토의 결과를 전파/표준화 양식에 기입

↓

전파/표준화 양식

		전파		표준화
개선안	Pilot Test	현장차원	회사차원	회사차원의 프로세스

프로젝트 문서화 평가

※ 문서화 / 공유

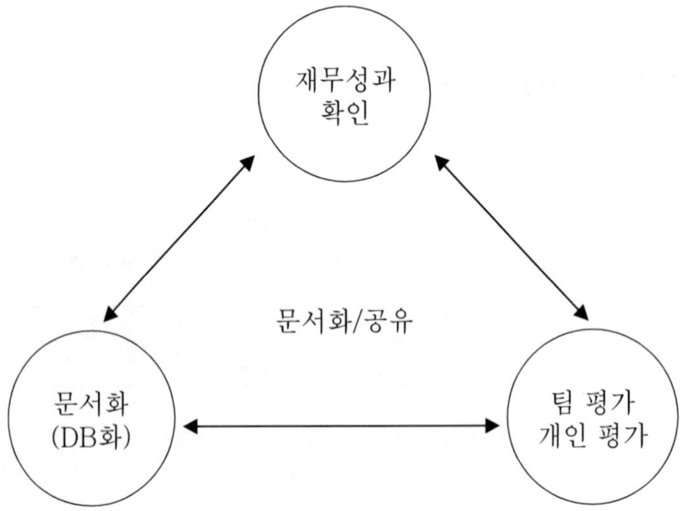

(1) 문서화

문서화란 프로젝트 진행을 통해 얻은 교훈 및 진행과정을 명확히 하여 Reporting 하고 DB화하는 것을 의미한다. Reporting에 포함되어야 할 내용은 프로젝트의 개요, DMAIC의 주요 활동, 주요사용 Tool과 결과분석, 중간 산출물, 프로젝트 개선성과, 시사점 등이 있다.

(2) 재무성과 확인

재무성과 확인이란 프로젝트의 개선활동으로 인해 사업에 미치는 영향인 Business Impact를 정량적으로 평가하는 활동이다.

(3) 팀 및 개인평가

6시그마에서는 팀 및 개인 평가를 보상/인정을 실시해야 한다. 프로젝트를 통해 얻은 성과에 대해 회사차원에서의 단지 특정한 업무만 수행하는 사람보다 더 중요한 인재라는 보상을 인정해 주는 것이다.

표준화의 장점

- 똑같은 문제가 재발되는 것을 방지할 수 있다.
- 개선 기회를 확대할 수 있다.
- 프로젝트 성공에 대한 고객과 운영자와의 의사소통을 원활하게 할 수 있다.
- 프로젝트 성공을 통한 재무성과를 확인할 수 있다.

찾아보기
index

Index

| 저자소개 |

임성욱
성균관대학교 대학원 산업공학과(공학석사, 공학박사)
한국능률협회컨설팅 컨설턴트
현재 : 대진대학교 산업시스템공학과 교수
저서 : AutoMod 기초 및 실습(한경사), 미니탭과 식스시그마 경영(자유아카데미)

윤성필
성균관대학교 대학원 산업공학과(공학석사, 공학박사)
현재 : 제일제어시스템(주) 책임연구원
저서 : 미니탭과 식스시그마 경영(자유아카데미)

안승철
성균관대학교 대학원 수학과 통계학전공(이학석사, 이학박사)
현재 : 우석대학교 e-정보공학과 교수
저서 : 수리통계학의 이해, 미니탭과 통계학(이상 교우사), 통계학입문(자유아카데미),
MINITAB 연습을 통한 기초통계학(경문사), 미니탭과 식스시그마 경영(자유아카데미)

김건호
성균관대학교 대학원 수학과 대수학전공(이학석사, 이학박사)
명지대학교 대학원 산업공학과(공학박사)
저서 : 품질경영론(형설출판사), 미니탭과 식스시그마 경영(자유아카데미)

설영덕
성균관대학교 대학원 산업공학과(공학석사)
현재 : 크레듀(주) 주임 연구원

홍석수
성균관대학교 대학원 산업공학과(공학석사과정)
현재 : 성균관대학교 이노베이션 연구실 연구원

미니탭 14와 서비스 식스 시그마

저　　자	임성욱 · 윤성필 · 안승철 · 김건호 · 설영덕 · 홍석수
발 행 인	주정희
발 행 처	자유아카데미
주　　소	경기도 파주시 교하읍 문발리 527-2 파주출판문화정보산업단지
전　　화	031-955-1321
팩　　스	031-955-1322
홈페이지	www.freeaca.com
전자우편	main@freeaca.com(대표) editor@freeaca.com(편집)
등　　록	제406-2003-017호, 1980. 7. 12
제1판1쇄	2007년 3월 1일 발행
제1판2쇄	2009년 1월 10일 발행
정　　가	22,000원

ISBN 978-89-7338-626-0 93310